JN029132

6ヶ月でチャンネル登録者数を10万人にする方法【超完全版】YouTube大全

小山竜央
Tatsuo Koyama

KADOKAWA

推薦者の声

（順不同、チャンネル登録者数は
2023年2月27日時点の数字）

『タキロン Takilong Kids' Toys』 チャンネル登録者数760万人 創業・運営会社代表　吉川 孝之

弊社ではすでに登録者数100万人を超えるYouTubeチャンネルを運営しておりましたが、2019年頃からアルゴリズムの大幅変更により伸び悩んでおりました。八方塞がりの中で2020年頃に小山さんの勉強会に参加し、その後、小山さんの個別のコンサルティングを受けるなど、直接レクチャーをしていただき、それらを実践したことで、現在なんと登録者数760万人を超えるチャンネルへと急成長を遂げました。常識的な考え方とは違う角度からのマーケティング手法で物事を立体的に考えている小山さんの思考は非常に面白いと思います。

『ライオン兄さんの米国株FIREが最強』 チャンネル登録者数18万人 山口 貴大

小山さんのコンサルを受けてコンセプトやチャンネル名などを変更したところ、毎月1万5000人ほど登録者数が増え、コンサル開始から1年半ほどでチャンネル登録者数が18万人まで増加する快進撃となりました。小山さんはYouTubeを事業として活用する方法を極めている人です。マスメディアと連携してPRの力でブランド力を圧倒的に高めるYouTube活用法などを教えていただき、TV、Web、新聞、雑誌、ラジオなど多数のメディアに掲載され、ギネス世界記録も取得できました。本書はYouTubeで売上を伸ばす、集客を爆発させる、マスメディアと連携してブランドを作る観点で唯一無二の天才の頭の中がわかる本です。

『スピリチュアル・リッチ三凛さとし』 チャンネル登録者数24万人
三凛 さとし

小山さんは間違いなく日本で一番、YouTubeとYouTubeのビジネス活用について詳しい方です。アドバイス通りやったところ、1年で約10万人、2年で約20万人も登録者数が増えました。伸び悩んだときやチャンネル運営について行き詰まったときは真っ先に小山さんに相談しています。

『金運上昇チャンネル』 チャンネル登録者数23万人　たかみー

小山さんとの出会いが僕の人生の岐路となりました。YouTubeチャンネルを立ち上げて登録者数が100人ほどの頃に、初めてアドバイスをいただき、アドバイスの通りに改善したところ2か月後に登録者数が1000人になり、翌月に1万人を突破し、2年で20万人を超えるチャンネルに。広告収益も予想通りになり鳥肌ものです。世の中の最新トレンドや業界を超えたマーケティング力、圧倒的な情報量、視聴者以上に視聴者の気持ちがわかるリサーチ力は僕が今まで出会った方の中で随一です。人が見落とすような小さな気づきや数字を大切にされる方で、経営面でもとても勉強になります。チャンネルの規模が10万人、20万人とステージが変わるたびに的確なアドバイスをいただけるので心強くYouTubeを続けることができています。

『AYAMAR美へアチャンネル』 チャンネル登録者数95万人
運営メンバー

YouTubeを伸ばすための0から100までをすべて言語化されているため、YouTube初心者の私たちでも5か月で10万人登録、1年で50万人登録を達成することができました。小山さんはビジネスの原理原則から教えてくれるので、この本はチャンネル登録者数を伸ばすのはもちろん、あらゆるビジネスに応用できて、幅広く多くの方々のお役に立つ1冊になると思います。

『手のひらセラピスト 齋藤瞳』 チャンネル登録者数23万人　齋藤 瞳

私のYouTubeチャンネルを救ってくださったのは、小山さんです。伸び悩んでいたとき、小山さんに企画を考えていただき、それが見事にバズり、今では登録者数が22万人のチャンネルにまで成長できました。自分では想像もしていなかった景色を見せていただき、小山さんには感謝しかありません。本当にありがとうございます。小山さんのこれまでのノウハウと経験がつまった1冊なので本当にオススメです！

『SHOKO美チャンネル【40代50代の為の美容法】』
チャンネル登録者数35万人　SHOKO

小山さんに教えてもらったことを実行したところ、停滞していたチャンネル登録者数がすぐに1000人になり、1か月後には1万人突破、今ではなんと35万人以上の方々に観てもらえるチャンネルになりました。まさに革命の本です。YouTubeからのマネタイズ手法やマーケティング戦略など、目から鱗の情報をたくさんいただき、小山さんのアドバイスには絶対的な信用があります。今でも悩んだことがあれば相談させてもらっております。

『謎解き統計学｜サトマイ』 チャンネル登録者数23万人　サトマイ

登録者数が800人だったチャンネルをわずか1年で22万人を突破するまでに育ててくれた張本人が小山さんです。他のYouTubeコンサルタントには「統計学のチャンネルなんて伸びない」と言われる中、小山さんだけが「これはイケる！」と言ってくれました。そして、本当に現実がそうなりました。小山さんの先見の明はすごいです。

『ストレッチ整体師とも先生』 チャンネル登録者数23万人　とも先生

独自に運用していた頃はチャンネル登録者数があまり伸びずに悩んでいました。そのときに「新しくチャンネルを作り直したほうがいい！」と小山さんからアドバイスいただき、思い切って新しいチャンネルを作ると、ずっと目標だった登録者数10万人をクリアし、今では22万人にまで駆け上がれました。

『幸運すまいチャンネル』 チャンネル登録者数23万人　八納 啓創

世の中にあるYouTube活用術とは一線を画す内容です。というのも、登録者数10万人までの戦略と10万〜20万、そして20万人以降で戦略も変わってくるからです。さらに時代の変化を先取りしてこれらの戦略も個別にカスタマイズしていただき、1年11か月でチャンネル登録者数20万人を超えたのは、小山さんのアドバイスがあったからこそ実現できたと言っても過言ではありません。

『YouTube不動産』 チャンネル登録者数9万人　印南 和行

小山先生には、コンセプトメイキングから企画の考え方、そして、撮影・編集、サムネイルのポイントなどを教わりました。

先生のアドバイスは予想ではなく、検証された結果からのアドバイスだったため、すぐに実践で結果が出ました。先生のおかげで、予想以上の速さで理想の結果が得られました。先生にはとても感謝しています！　ありがとうございます！

『やりすぎ節税チャンネル【税理士社長】』 チャンネル登録者数8万人 永江 将典

小山先生のYouTubeノウハウで新しい収入の柱ができ、人生が楽しくなりました。YouTubeから問い合わせをいただけるお客さんは皆様、私のことが好きな状態で仕事を依頼してくれます。そのため、とても仕事がやりやすく、楽しいです！　ぜひ、やりすぎ節税チャンネルの初期の動画を観てみてください。「こんな低レベルなところからでも1億円稼げるんだ！」と希望を持ってもらえるはず。小山先生の教えはどれも本物でした。

『口元美容 かおり先生』 チャンネル登録者数９万人　かおり先生

　私がYouTubeチャンネルを立ち上げた当初からお世話になっています。小山さんは、世の中の流れやこの先こうなるという展望がしっかりと見えていて「今はこれをしましょう！」と具体的かつ的確に今やるべきことをアドバイスしてくれます。私は、特に難しいことをしたわけではなく、アドバイス通りに進めただけで飛躍的にチャンネルパワーを大きくすることができました。この本は「なぜ、自分のビジネスは成功しないのか？」「どこが間違っているのか？」という悩みを最短ルートで解決することができます！　いつまでも、間違いだらけのSNSマーケティングを続けるのではなく、本物から学ぶことで今すぐ成功を手に入れましょう。

『しゃべくり社長』チャンネル登録者数３万人　川瀬 翔

　この本に書いてある内容でYouTubeの本質を知りました。そして、「完全版」という形でコンセプトを定め、今ではチャンネルからの収益は億超えです。YouTubeだけではなく、小山さんがもともと持っているマーケティング技術が素晴らしいこともあり、さまざまなシーンで応用し活用させてもらってます！

『愛と笑いの宇宙法則ちゃんねる』 チャンネル登録者数1.2万人
よっちゃんとさっちゃん

　小山さんとの出会いで衝撃的に人生の視界が変わりました！　ビジネスやYouTubeの知識はもちろんのこと、思考の次元を高めていただき脳をアップデートしてもらいました。YouTubeで成果を出していきたい人は、小山さんから学ばれることを100000000％オススメします！

『かんちゃん住職〔Kankyo Tanikawa〕』 チャンネル登録者数８万人
谷川 寛敬

小山先生のYouTube講座は最強のノウハウがつまっており、的確かつ最先端で、YouTubeの運営に悩んでいた私には目からウロコが落ちる思いでした。先生の講座を学び、ご指導いただいてからは大切なポイントがどんどん理解できるようになり、次々と結果が出るようになってきました。小山先生のおかげで見える世界が変わったと言っても過言ではないほど、大きな衝撃を与えていただきました。

『脂肪デザイン部 くずしま先生』 チャンネル登録者数1.5万人
くずしま先生

YouTubeを極めることができるのとできないのでは、人生が大きく変わります。YouTube攻略の考え方は、マーケティング全般に応用することができ、YouTubeをマスターできれば間違いなく人生の財産になります。その素晴らしさを多くの方々に実感してほしいと思います。ほとんどの人が途中で挫折しますが、継続した人だけが味わうことのできる世界が待っています！　本書が皆様の人生を変える一冊になれば幸いです。

『職人社長の家づくり工務店』 チャンネル登録者数2.6万人
平松建築・代表取締役社長　平松 明展

住宅会社を経営していますが、YouTubeの情報発信はとても有効です。自社でコンセプトやコンテンツを考えていたときは２年でやっと3000人登録でした。これでも十分な売上にもつながりましたが、小山さんの指導でチャンネル登録者数増加のスピードがあっという間に10倍以上になっています。

はじめに

▶ 動画を制する者がビジネスを制する新時代

数多くの本の中から本書を手に取っていただきありがとうございます。

これも何かのご縁です。少しでもいいので読み進めていただければと思います。

本書を手に取っていただいたということは、おそらく何かしらYouTubeや動画メディアに対して興味がある、またはすでに運用されているかもしれません。

この本はひと言で言うと……

「最短最速で0からチャンネル登録者数10万登録を突破させるための方法」

をまとめた本になります。

実際に私がこれまでに立ち上げに関わったり、運用のアドバイスをしてきたチャンネルの**総登録者数は7000万人**を超えています。

本書は、過去に私が手掛けてきたさまざまなYouTubeの膨大な検証結果をもとに、私がコンサルティングでお伝えしてきたことを余すところなく、確実に効果のあった再現性の高い手法をまとめ、誰もが実践できる形で紹介していきます。

【超完全版】となりますので、YouTubeを始めたばかりの人も、これから始める人も、すでにやっている方も、必ず役に立つ情報が満載です。

世の中には多くのYouTubeに関する情報があり、また最近ではインフルエンサー自身も、自分がやってきたYouTubeノウハウをもとにコンサルティングやプロデュースはもちろんのこと、あらゆる情報を発信しています。

ただし、私から言わせると、かなり玉石混交だと感じております。

もちろん、かなり良い情報もありますが、正直、世の中にあるYouTubeノウハウの大半は、実行しても結果につながりづらいことが多いと感じています。

私は、そうした情報の優劣を見抜くために重要な指標になるのが、「これまで取り扱ってきたデータ数」だと考えています。

▶ 膨大な検証数によって生まれたデータこそが真実

たとえばチャンネル登録者数が100万人以上のメガインフルエンサーと呼ばれる方がいたとしましょう。

彼らは当然、そこまでチャンネル登録者数を伸ばす過程をわかっており、知見もノウハウもあるはずです。

しかし、彼らの知見やノウハウを使ったとして、あなたが自身のYouTubeチャンネルを伸ばせるかどうかは別問題です。

なぜなら、**YouTubeの伸ばし方は無数にあり、演者のキャラクター、ジャンル、最終的なゴールによって運営方法が異なるから**です。

「YouTubeチャンネル」と一口に言っても……

エンターテインメント系なのか？　ノウハウ提供型なのか？　によってもまったく違ってきますし、顔を一切出さないで運営するYouTubeコンテンツの例では

「ゆっくり実況等のステルス型」と呼ばれるものと、工場での製造過程やケーキを作る工程を延々と見せる「プロセス型」と呼ばれるものでは運営方法も違います。

もしかすると、ここまで書いた内容だけでも「そんなにYouTubeの運用って種類があるんだ！」と驚いたかもしれません。

YouTubeのジャンルを細分化すれば、それこそジャンルの可能性は無限に存在するため、ひとつの方法だけ上手くいったからといって、それが他でも通じるとは限らないわけです。

先ほどもお伝えした通り、私がアドバイスをしてきたチャンネルの**総登録者数は7000万人**を超えています。

このうち、最初からチャンネル登録者数が10万人を超えていたものは5%にも満たず、**ほとんどが数百人か、友達しか登録をしていないようなチャンネルばかりでしたが、それらをわずか半年ほどで10万人登録まで成長させてきました**。

ジャンルもビジネスを目的にした個人のチャンネルから、上場企業や大企業のB to B向けのチャンネル、エンターテインメント用に作られたチャンネル、芸能人を起用したチャンネル、顔出しを一切しないチャンネル、海外に向けて作ったチャンネル、さらには子どもだけをターゲットにしたチャンネルから、60歳以上だけに向けたチャンネルなどなど。

とにかく多数のジャンルに関わらせていただき、膨大なアナリティクスのデータと、チャンネル登録者数を伸ばすためのプロモーションを何度も実施してきました。

ここでお伝えしたいのは、

「私の言うことをすべて信じる必要はないが、データは嘘をつかない」

という真実です。

私はマーケティングを行う人間なので、その立場から申し上げると、すべての答えは市場にあり、お客様にあり、実際にオモテに出ている現象こそがすべてという話を常々しています。

話題になっている動画はもちろん、若者の間でバズっている動画企画があれば、必ずそれらの現象の原因を突き止めようと分析・研究を続けてきました。

その結果の集大成こそが、本書になるわけです。

▶ 今日からすぐに使えて再現性の高い方法をあなたに

仮にあなたがダイエットをしようとして、パーソナルトレーニングに通ったとしましょう。

痩せやすい体質の人、太りやすい体質の人がいるように、パーソナルトレーナーは、ボディメイキングを行う上で、その人の体質に合わせた提案をするのが基本です。

これはYouTubeも同じで、本来はひとつひとつのチャンネルに合わせて、正しい作り方があり、運営方法も違ってきます。

たとえば「通販でプロテインや化粧品を売りたい」と考えているのに、「ドラム缶いっぱいのプロテインを大量に飲んでみた！」みたいなエンターテインメント型の企画をやってしまうと、動画としては面白いかもしれませんが、商品は売れません。

商品を売るには、商品を売るためのチャンネル運用が存在するわけです。

一方、個人やサービス、商品の知名度を上げたいと考えているのであれば、知名度を上げるためのチャンネルコンセプトがあり、そのための運営方法があります。

YouTubeは常に新しい情報にアップデートされていきますし、常にアルゴリズムも変化していますが、本書で書かれていることは、私がアドバイスして半年ほどでチャンネル登録者数10万人を達成してきた過去の経験と膨大なデータに基づいた内容ですので、登録者数を増やすという意味では、非常に再現性が高いものになっていることは間違いありません。

▶時代が変わっても変わらない原理原則をお伝えします

さらに言うと、時代と共にやり方は刻一刻と変化し続けています。

ひと昔前では、作ったばかりのYouTube動画に対して、ディスカバリー広告を使ってチャンネルを伸ばす方法もありましたが、広告費の高騰により、最近ではショート動画を中心に伸ばしていく手法や、TikTokなどのSNSからの流入を中心に運用をしている方が増えてきました。

これほどまでに変化の速い世の中でも対応できるように、**本書では時代が変わっても変わることのない重要な基本原則**をまとめております。

第0章では、**「あなたが今からでもYouTubeを始めるべき理由」**として、動画マーケティングとは何かについて解説していきます。

第1章では、**「新時代の動画マーケティング・マインドセット」**をお伝えします。ビジネスを拡大させるマーケティングの基本概念をおさらいしながら、あなたがYouTubeをやる目的やゴールをきちんと設定するための大事な項目になります。

第2章では、**「爆伸びチャンネルにするための最高の準備」**として、伸びるチャンネルを開設するときの設定の極意を紹介します。

第3章では、**「本質的な価値を提供する至高のコンセプトメイキング」**というテーマで、最強のチャンネルに成長させるための「土台作り」のすべてを公開していきます。

第４章では、**「爆発的なヒット動画を生み出す神企画の作り方」**について解説します。トレンド分析や最新のリサーチ手法を学ぶことができます。伸び悩んでいるチャンネルの３つの処方箋（しょほうせん）など、お得な情報が満載です。

第５章では、**「最短で登録者数を１０万人にするシン成長戦略」**というテーマで、軌道に乗ったチャンネルをさらに大きくするあらゆる打ち手を紹介していきます。チャンネルパワーを高める具体的な方法や企業案件の取り方などが理解できるようになります。

第６章では、**「思わず二度見する超サムネイル理論」**をお伝えします。動画のヒットを左右するタイトルの付け方とサムネイルのデザインの極意を、わかりやすく誰でも作れるように解説していきます。

第７章では、**「世界進出するための海外への市場拡大プラン」**を紹介します。世界に向けたビジネス展開や海外動画のトレンド分析法、インバウンドプロモーション手法などの原理原則を学ぶことができます。

あなたが行うのは、本書に書いてあることをそのまま実践するだけです。
もしかしたら簡単すぎて拍子抜けするかもしれません。

たったこの本１冊で、今の悩みがすべて解決されるとしたら、これほど素敵なことはないでしょう。あなたのビジネスを飛躍的に進化させる動画マーケティングのメソッド、ぜひ今日から取り組み始めてください。

この本を読むことで、あなたは個性や才能を爆発させて表現者やアーティストとして、マネタイズしながら自由に活動できる未来を手に入れることができます。私たちと一緒にその世界にいきましょう！

CONTENTS

第2章 爆伸びチャンネルにするための最高の準備

第3章 本質的な価値を提供する至高のコンセプトメイキング

第4章 爆発的なヒット動画を生み出す神企画の作り方

第5章 最短で登録者数を10万人にするシン成長戦略

第6章 思わず二度見する超サムネイル理論

第7章 世界進出するための海外への市場拡大プラン

第0章

あなたが今からでもYouTubeを始めるべき明確な理由

1 今からでもYouTubeを始めるべきこれだけの理由

さあ始めよう！

▶ビジネスでは常に新しい顧客を獲得しなければならない

皆さんの中には、まだYouTubeを始めていないけれども、すでにFacebookやTwitter、自社サイトやブログ、LINE、Instagramといった媒体やSNSでのマーケティングは実践済みという方も少なくないでしょう。今やネットで発信せずにビジネスをしている人のほうが珍しい存在です。おそらく、何らかの媒体でコンテンツを提供したことのある方が大半だと思います。

ただ、「YouTubeなどの動画は大変そうだし、やったことがない」、あるいは「YouTubeをやるべきだと周囲から聞くけど、今までの媒体やSNSで十分じゃないか。今から参入してももう遅いんじゃないか」と半信半疑の状態の方もいらっしゃるでしょう。

結論から言うと、**今からでも動画マーケティングは遅くありません**。すぐにでも始めるべきです。また、自分には必要ないと思っている方でも、今一度自分のビジネスを伸ばしていくことの本質を考えてみてください。

たとえば、2020年に新型コロナウイルスが登場したことで、ご存じのように飲食業や観光業が大打撃を受けました。特に、老舗で昔ながらの「一見（いちげん）さんお断り」や会社や学生などの団体客をメインに商売をしていた旅館は、軒並み廃業せざるをえなくなっています。

どうしてこうなってしまったのか。その理由は簡単です。

ビジネスとは、常に新規の顧客を獲得していかなければ生き残れないからです。

もちろん、リピーターを大事に育てることも重要でしょう。しかし、時代が変わったら、新しい時代に新しい顧客をどうやって集めるかを、常に経営者は考えていかなければならないのです。

このことは、新型コロナウイルスの時代に限った話ではありません。いついかなるときでも、ビジネスにおいては新しい時代を意識すべきです。どんなに今のお客様を大事にしていたとしても、いつの間にか時代が変わってより新しい手法が出てきたら、そのお客様のマインドも簡単に奪われてしまいます。

マインドシェアという言葉があります。ユーザーの心（マインド）に占める企業や商品の占有率（シェア）のことです。どんなに今、自分がお客様をガッチリ囲い込んでいると思っていても、世の中はどんどん変化し、さまざまな方法で彼らにアプローチしていきます。そんな奪い合いの状況が常にある中、果たしていつまでも今のお客様があなたの商品、コンテンツだけを購入し続けるでしょうか。

▶「動画」は新しい文化の中心。やらないのは英語を使えないのと同じ

さほど動画マーケティングの必要性を感じていなかった方も、ここまでの説明でおわかりになったかと思います。

ひと言で言うと、**動画は新しい文化**です。そして、この動画というものが、今は新しいマーケティング文化の一角を形成するに至っているのです。

そうしたときに何が起きるかと言うと、今までのあなたのやり方では受け入れられなくなる可能性が出てきます。少なくとも、新しい文化の中にいる新しい顧客にはアプローチできないことになります。

文化が違うと、どんなに良いコンテンツや商品でも受け入れてもらえません。わかりやすく言うと、あなたがとびきり美味しい日本食の料理人だとして、その素晴らしい料理をサバンナに住むアフリカの人たちに振る舞ったとしても、まったく評価を得られないでしょう。ある文化で良いとされるものでも、文化が異なれば受

け入れられないことがあるのです。

今までは、特定の場所（たとえば日本）にずっと住んでいて、その地域にいる狭い範囲の人に商品やコンテンツを提供していればよかったかもしれません。しかし、今やインターネットで世界中がつながり、インターネットを媒介にさまざまな文化が発展しています。今、そのような文化の中心的な存在のひとつに動画があります。**もはや動画という文化は、言語における英語のような存在**です。

もし英語が話せたら、世界中のどこにでもアクセスしてビジネスが可能です。それに対して、もし日本語しか話せないと、行ける場所やビジネスできる範囲が非常に狭まります。それはとてももったいないことになります。

「動画マーケティングは自分には必要ない」と今の時代に考えるのは、「英語なんて話せなくてもいい」と言っているようなものです。

新しい文化が形成されているのなら、その文化ならではの手法を早めに学ばないと、気がついたときには自分だけが取り残されているかもしれません。今までの手法だけに頼っていたら、お客様は新しい文化のほうに奪われてしまうかもしれません。

変化に気づき、あわてて新しい文化に合わせたアプローチを試みても、文化に即した手法を理解していなければ、お客様は簡単に受け入れてくれないかもしれません。

そこで我々がやらなければならないのは、**とにかく新しい文化を知り、その文化における受け入れられ方を理解した上で、正しいアプローチをしていく**ことになります。

今、動画マーケティングを学ぶべき理由は、そこにあるのです。

2 ネットメディアには3つの文化がある

さあ始めよう！

▶ 文字文化、動画文化、音声文化

ネットの世界は大きく分けて文字、動画、音声の3つのメディアがあり、**それぞれの特性に応じた文化**が形成されています。

それぞれの違いを簡単に説明しましょう。

初期のネット社会は、文字文化が主流でした。基本的に、今もネット文化の主体は文字文化です。代表的なのがブログやTwitterで、特にTwitterは文字文化の代表的なものと言えます。ただ、最近はこのTwitterにもストーリー形式の短い動画、つまり動画文化が入ってきました。

基本的にネットは、ベースとなるのが文字文化で、その上に動画文化が乗ってくる構造と考えてください。ただし文字文化と動画文化は、それぞれまったく対極の存在という見方もできます。

動画文化の特徴は、我々の時間を最も奪いやすい点にあります。

なぜなら動画を観ている間は、そこから目を離すことができず、その間ずっと拘束されてしまうからです。その際に重要な概念として、**人は時間を使った分だけ相手に共感する特性がある**ということです。極端に言えば、マインドコントロールされるのです。

マーケティング業界では「教育」という言葉が大切にされています。その理由は、お客様の「教育」に費やした時間が長ければ長いほど商品購入率は高くなり、ファンになる確率も上がるという法則があるためです。

したがって動画マーケティング、とりわけYouTubeマーケティングをやるべき理由は、相手の時間を拘束できる点に尽きます。もちろん、忙しい経営者や投資家などは時間が一番大事なので、できるだけ動画文化を消費しないようにしています。どうしても動画を観る必要があるなら2倍速にする人も多いでしょう。しかし、一般の人々は動画にハマればハマるほど、どんどん時間を使って教育されていきます。

一方で、文字文化は基本的には自分のペースで読めるので、時間に拘束されず、教育の度合いとしては浅くなります。この点では動画と対極のメディアですが、その代わりに忙しい**富裕層にも比較的リーチしやすい**と言えます。

そのため、いくら動画文化が流行(はや)ったからといって、文字文化が早晩なくなることはないでしょう。雑誌は「オワコン(終わったコンテンツ)」と言われることもありますが、今すぐすべてがなくなることはないでしょうし、仮に数が少なくなったとしても、そのコンテンツはおそらく「NewsPicks」や「新R25」のようなWebメディアとして残っていくはずです。開催されたセミナーや会見の内容の全文を書き起こして記事にする「ログミー」というサイトまであるほど、文字文化は根強いのです。もちろん、Twitterもなくなることはないでしょう。

文字文化とうまく付き合うことで動画メディアの効果が高まります。

▶ 音声は「ながら文化」。動画の次に「教育」しやすい

音声文化は、文字文化と動画文化の中間にあたります。特徴は、ハンズフリーで聞けるので手間がかからない**「ながら文化」**のメディアである点です。

文字メディアや動画メディアは、ユーザーが自らの「目」を使ってコンテンツを確認する必要があるという共通点があります。パソコンやスマホを開いて、Twitterならスクロールして読み、YouTubeなら目の前にスクリーンを置いて動画を再生しなければなりません。目を使ってコンテンツを確認している間、それ以外の行動がかなり制限されることになります。

これに対して音声文化は、圧倒的に「何かをしながら」享受する文化です。音声

文化は文字文化とともに長い歴史を持っていて、ネット以前からあるラジオや、テレビのニュースなどが代表的なものでしょう。近年ではYouTubeもこれに近い形で利用されつつあります。

たとえば、さまざまな本を15分ほどに要約した漫画動画を投稿しているチャンネルがあります。このチャンネルの動画は、画面を観ながら楽しめることはもちろんですが、画面を観ずに音声だけを聴いても楽しめます。家事やランニングをしながら、YouTube動画の音声を聴くという「ながら」利用される傾向が、年々増しています。このような使われ方は音声文化に近いと言えるでしょう。

このように、音声文化は**相手の時間を奪わずに教育するのに最適**です。「ながら」でできることから習慣化しやすく、教育の度合いとしては動画の次に強いメディアになります。ものすごくマーケティングの上手い人なら、メルマガで音声を配信するだけでも熱狂的なファンを作ることが可能でしょう。

「Voicy（ボイシー）」や「ポッドキャスト」「clubhouse（クラブハウス）」「Twitterのスペース」といった音声メディアがありますので、そちらものぞいてみると面白いかもしれません。

我々がネットメディアを使う際は、この３つの文化のどれかでアプローチすることになります。その中で、急速に市場が伸びている動画を今はやるべきです。

本来はどの文化でアプローチしてもいいのですが、動画という文化がものすごい勢いで発展している中で、まったく手掛けないのは非常にもったいないです。成長の芽を自ら摘んでいるとさえ言えます。それこそが、本書で学ばなければならない理由です。

	文字文化	動画文化	音声文化
特徴	ネット文化の主体。ベースとなる。	時間を拘束し、時間を使わせただけ教育ができる。	何かをしながら享受する文化。時間を拘束せずに教育ができる。
教育度合い	小	大	中
代表例	Twitter、ブログ NewsPicks、新R25	YouTube、TikTok、 Instagramのリール	Voicy、ポッドキャスト、 Twitterのスペース

3つの文化の特徴

3 動画のスキルは応用が利く

さあ始めよう！

▶ 他の文化にも応用しやすい動画マーケティング

動画を手掛けるべき理由はもうひとつあります。

それは、**ここで学んだノウハウやスキルが他の文化でも応用しやすい**ということです。

実際、動画マーケティングをしっかり学んで実践できる人は、文字メディア、たとえばブログでも成功するし、ランディングページでのコピーも上手いし、Twitterでもフォロワーを集めやすいのです。同じように、ちゃんとヒット動画を作れる人であれば、音声メディアでコンテンツを出しても成功するでしょう。

しかも動画は一番市場が伸びているメディアですから、一番検証がしやすい場でもあるということになります。

伸びざかりのメディアには新規参入者が増えるので、ライバルが多くなりますが、その分、検証にはうってつけです。一度成功すれば一気に認知度が高まるので、手掛けておいて損はありません。

学びの環境としてもYouTubeは断然有利なのです！　動画を極めれば、YouTubeショート、Instagramリール、TikTokも攻略可能！

▶ 学習環境が整っているYouTube

先ほどYouTubeなどの動画を英語にたとえました。皆さんがこれから新しい言語を学ぶとしたら、やはり多くの場合は英語を選ぶと思います。もちろんどんな言語でもいいのですが、言語習得の難易度があるにしても、学ぶ環境がたくさんあるほうがやりやすいですよね。

みんなが学んでいて、教室もよりどりみどりで、練習もしやすそうな言語となると、やっぱり英語がいいかなと考えるのは当然です。学ぶ環境が整っているという意味でも、今伸びているメディアに参入するべきだと言えます。

いかがでしょうか。

動画が今最も発展しているメディアだということ、そして動画文化を学ぶことで、YouTubeだけではなくTikTok、Instagramのリールはもちろんのこと、他のあらゆるメディアでも成果を出せるということがわかれば、もはやYouTubeを始めない理由はどこにもありません。

ゼロからでも大丈夫です。この後の章を順番に読み進め、少しずつステップアップしていきましょう。

第1章

新時代の動画マーケティング・マインドセット

1 最初に心しておくべき、3つのマインドセット

マーケティング

YouTubeを始めるにあたっては、まず**チャンネルをしっかりと立ち上げることが最初のゴール**です。では、さっさとチャンネルを開設して企画の立て方を学べばいいのでしょうか？

違います。そんなものは後からじっくり取り組めばいいのです。それよりも先に私が皆さんに教えたいのは、その前段階のマインドセットです。マインドセットが重要なのはYouTubeに限らず、すべてのマーケティングに共通です。

▶３つのマインドと、本質を掴む力を持とう

この本を手に取ってくださった皆さんは、初めてYouTubeチャンネルを立ち上げる方、すでにチャンネルを持っているけれども伸び悩んでいる方、これからもっと大きくしていきたい方など、さまざまだと思います。しかし、きちんとしたマインドセットもなく、がむしゃらに突き進むだけでは、求める結果は得られず時間のムダになってしまいます。

これから、YouTubeを始めるにあたり持つべき３つの重要なマインドセット、すなわち「SEEの原則」「数字だけを見る」「概観を把握したらすぐ始める」について紹介します。

これらのマインドセットが目指すところは、**本質を掴（つか）む力を磨く**ということです。これが無茶苦茶重要で、これがすべてと言っても過言ではないほどです。この能力さえあればYouTubeでなくても、何でも成功します。

SEEの原則

数字だけを見る

概観を把握したら
すぐに始める
（やりながら学ぶ）

本質を掴むためのマインドセット

本質を掴む力

本質を掴む力とは、言い換えれば**「本当の原因に到達できる力」**を意味します。ヒットした原因、上手くいった本当の原因に到達できていない人にありがちなのが、何かヒットしているものの上っ面だけを真似てしまうことです。しかし、それをいくら繰り返しても、思うような成果は出ません。

「そんなことを言われても、本当の原因なんてどうやってわかるの？」と思ったことでしょう。そのためにすべきことが、**ヒットした原因をひたすらリサーチする**ことなのです。

▶ マインドセット①
本質を掴むために絶対必要な「SEEの原則」

ひとつ目のマインドセットは**「SEEの原則」**です。「SEE」とはすなわち「見る」ことです。ひたすらヒット動画を観て原因を分析するのです。

まず、これから自分がやろうとしている分野に近いチャンネルで、ヒットしている動画を見つけましょう。次に、そのヒットの原因をとにかく分析してください。これはもう、毎日暇さえあればやってください。自分以外にスタッフがいるなら、そのスタッフに毎日ヒット動画を探させましょう。

登録者数に対して３倍以上再生されている動画は、基本的にヒットしていると言えます。とりあえずは、この基準で見るとわかりやすいでしょう。

もちろん、ヒット動画を見つけて終わりではありません。**ヒットしている原因を考えることが大切**です。

「自分に似合うメイクの重要性」というテーマの動画がヒットしている場合を考えてみましょう。まず、「ヒットにつながるノウハウはこれかな？」と仮説を立てて、同じような動画を調べてみます。ところが他の動画は伸びていないとしたら、次に「いや、このYouTuberの女性にファンが付いているのかもしれない」とか、「普段はやっていないことをこの動画だけがやっているから、たまたまヒットしただけかもしれない」などと、さまざまな原因を考えて調査していきます。

ここで本当の原因を理解し、それにプラスアルファできれば、さらに上に行ける可能性があります。ヒットの原因はすかさずメモして、分析を繰り返しましょう。

SEEの原則で押さえるべきポイントは、次のふたつです。

SEEの原則のポイント（1） 3つのトレンドを押さえろ

ここでの「トレンド」とは、メガヒットしている話題を指します。長さによって3種類に分けられます。

①ミドルレンジトレンド

バレンタインやクリスマスなど、一定の周期（「1年に一度」など）でやってくる行事に対応したトレンドです。このトレンドを押さえていると、**ネタに困ったときに前年のトレンドをチェックすることで、企画を見つけることができます**。

②ベリーショートトレンド

未開拓ジャンルでヒットし始めたトレンド。1週間から、長くて1か月ほどの期間で発生するトレンドです。市場規模が不透明なため、長期的にヒットし続けるか否かはわかりません。「アルミホイルを丸めてアルミホイル球にする」という企画のように、初期段階でトレンドが過ぎてしまうものが非常に多いです。

ただし、初期段階を超えて、ショートトレンドになる企画もあります。ショートトレンドになる企画をベリーショートトレンドの時期から扱っていると、その企画の先駆者と認識されます。

③ショートトレンド

ベリーショートトレンドよりも長く続くトレンドを指し、1～3か月ほどの期間で発生するトレンドをこう呼びます。市場規模が比較的大きく、誰が扱っても再生数が伸びる企画を指します。ダイエット系やストレッチ系のチャンネルで流行した「カエル足」企画がこのトレンドに当てはまります。

ベリーショートもショートも非常に短い期間ですが、当たるとものすごい再生数の伸びが期待できます。しかし、ショートは限界値がある程度見えています。そのため、私は**ベリーショートを摑み、先駆者中の先駆者になる**ほうが好みです。

新型コロナウイルスが発生した初期にマスク不足が起こったとき、「簡単マスクの作り方」という企画だけで、登録者数が1万人規模のチャンネルで再生数118万回以上を記録した動画もありました。実に、登録者数の100倍です。1か月後に、私たちが運営しているチャンネルでも同様の動画を投稿したところ、登録者数の3倍の再生数になりました。トレンド発生直後だったら、それだけで楽に数万人の登録者数が獲得できたことでしょう。

つまり、このショートトレンドは初動チャンスさえ押さえられれば、すぐにでもチャンネルを大きくすることが可能なのです。ここで「SEEの原則」が生きてきます。とにかく、毎日ひたすらリサーチしてください。そしてある日突然大ヒットする企画を見つけたら、その瞬間に真似してみましょう。

すぐにでも登録者数10万人のチャンネルを目指すために、スピードアップしてチャンネルを大きくしたいのであれば、ベリーショートトレンドとショートトレンドを押さえることは有効です。

SEEの原則のポイント（2） アナリティクスをひたすら見続けろ

もうひとつ重要なのが、YouTubeチャンネルを開設すると利用できるようになる分析ツール「YouTube Studio」に用意された**「アナリティクス」**の画面を見続けることです（詳しくは第２章を確認してください）。

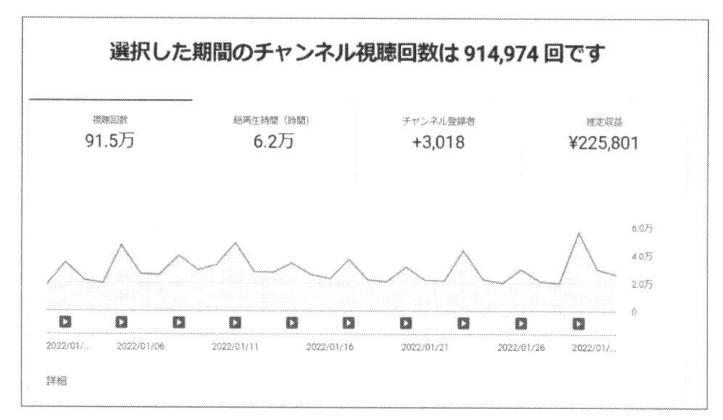

YouTube Studio アナリティクスの画面

なぜアナリティクスを見続けるべきなのかというと、**公開した動画がこのまま伸び続けるか、停滞するか、衰退してしまうかについて、自分で確証が持てる**ようになるからです。基本的に動画の動向は、この３つのパターンしかありません。それをチェックするために日々アナリティクスを見る必要があります。

ただし、注意してほしいことがあります。それは、最初の１か月間は多くの場合、ほとんど登録者数は伸びないということです。では、いつになったら伸び始めるのでしょうか。条件が揃（そろ）えば２～３か月ほど、時間がかかっても半年くらいで急激に伸び始めます。

なので、最初の１か月で見るべきなのは登録者数や再生数ではなく、**土台がしっかりできているかどうか**です。「土台を見る」というのは、チャンネルの方向性や数字が予想よりぶれていないか、このまま進めて問題ないかなどを把握することです。

これが非常に重要です。ここでの仕込みができていないと、どんなにポテンシャルが高くてもチャンネルは伸びていきません。最近は芸能人がYouTubeに参入し始めていますが、上手くいかずに消えていってしまうケースも少なくありません。１か月目に土台を作らず、とりあえず「有名人」であるというだけで、企画もコンセプトも練らずに始めてしまうと、結局、途中で衰退してしまうのです。

最初の１か月でするべきことは、ふたつの「SEEの原則」です。これは押さえておいてください。

- **ヒット動画をリサーチし、トレンドを確実につかまえること。**
- **常にアナリティクスを見て、自分の作った土台が間違っていないかを確認すること。**

▶ マインドセット②
YouTubeでは数字がすべて。数字だけを見るべし

最初の１か月目は土台作りであって、数字を期待しない。これはぜひ、皆さんに覚えておいてほしいことです。

もちろん、中には公開してすぐに再生数が増える人もいます。しかし多くの人は、最初の1〜3か月程度では結果が出ないものです。そうした場合、期待しすぎているとモチベーションが続きません。そこで、**「数字」の動きだけを追うことが鉄則**というマインドを持ちましょう。

YouTubeを感情論で進めるのは非常に危険です。基本的には数字しか見ない、数字がすべてと考えてください。数字が出るからやる、原因がわかっているものだけをやる、この繰り返ししかありません。

「原因はわからないけれど、ヒットするかもしれない」と考えるべきではありません。当然「チャレンジしてみないとわからない」という企画もありますが、その場合も、少なくとも勝てる要素があり、理由を説明できるものを手掛けるべきです。「どうなるかわからないけれど、とりあえずやってみる」ことは時間のムダです。

なぜなら、伸びている人は動画の企画会議を毎日しているからです。

最初の1か月で何をしているかと言えば、まず数字を把握し、「なぜこの数字になったのか」という原因の調査を毎日繰り返しています。原因がわかっていれば、たとえ数字が悪くても、いずれチャンネルは伸びていきます。なお、出演者の他にマーケターも擁するチャンネルを作った場合は、必ずマーケターも企画会議に入るようにしてください。出演者だけではズレた原因を挙げてしまいがちで、そうなると分析の結果も大きくズレてしまうおそれがあります。

ところで、いくら「数字を見ろ」といっても、**登録者数を見るのはやめてください。**初期の段階でそこを見ても意味がありません。「1か月目でたった100人か……」とか、「ついに1000人到達した」などと、一喜一憂しても意味がありません。

チャンネルによっては1か月目で100人しかいないケースもあれば、3000～5000人に到達するケースもあります。その時点では千差万別なので、登録者数だけに惑わされないことが大切です。それよりも、この後に説明するアナリティクスの数字が上向いているかを確認しましょう。それらが上昇基調なら、登録者数が伸びていなくても問題はありません。

登録者数と同様に、最初は**再生数も見なくて大丈夫**です。むしろ、初期の段階でこれらを気にしているとモチベーションの低下につながります。極力見ないと肝に銘じておきましょう。

チャンネル登録者数や動画再生数は、初期段階は見なくてOK！

見るべき数字は「平均視聴回数」と「視聴者維持率」

スタート段階で見なければならないのは、どの数字でしょうか？　それは「アナリティクス」の画面から確認できます。YouTube Studioで「アナリティクス」をクリックし、「視聴者」というタブをクリックしてください。ここで「詳細」をクリックすると**「視聴者あたりの平均視聴回数」**という項目が表示されます。ここをチェックしてください。

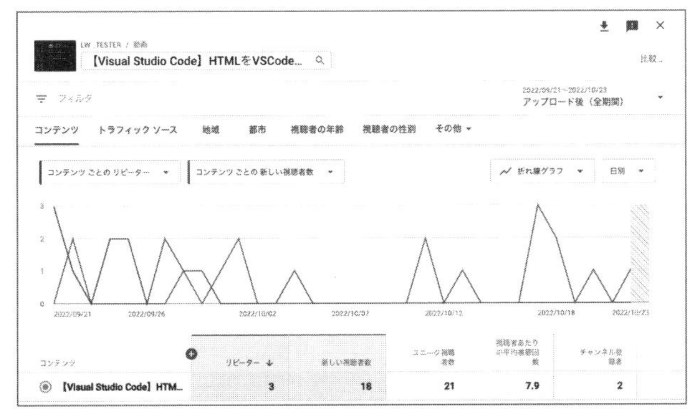

アナリティクス「視聴者あたりの平均視聴回数」

もし1か月間でここが「2回」を切っているようなら、視聴者がすでに興味を失ったチャンネルだと言えます。そういうチャンネルはリピーターが付かないため、だんだん観てもらえなくなります。

次に見ておきたい数字が**視聴者維持率**です。

YouTube Studioの「コンテンツ」をクリックし、個々の動画を選択します。そして個々の動画の「アナリティクス」をクリックすると、「エンゲージメント」というタブがあります。「エンゲージメント」タブを開くと視聴者維持率を確認できます。視聴者維持率とは、視聴者が最後まで動画を観たかどうかを表します。

最後まで観てもらえば100%。大成功です！

現実的には、全員が最後まで動画を観ることはほとんどありえません。しかしこのパーセンテージを高めることは、ひとつの目安となります。目安はジャンルや時期、ライバルの動きなどで変動しますが、エンタメ系では35%以上、ビジネス系では40%以上ほしいところです。ちなみに睡眠音楽や咀嚼(そしゃく)音を聞かせる動画（いわゆるASMR系の動画）の場合は、60～70%以上でやっと成功というレベルです。

また、チャンネルを立ち上げた時点で自分のファンや顧客をチャンネルに呼び込んでいる場合は、最初から50～60%くらいに達することも珍しいことではありません。そこからだんだん視聴者が飽きて数字が下がり、40%くらいに落ち着けばいいという感覚です。

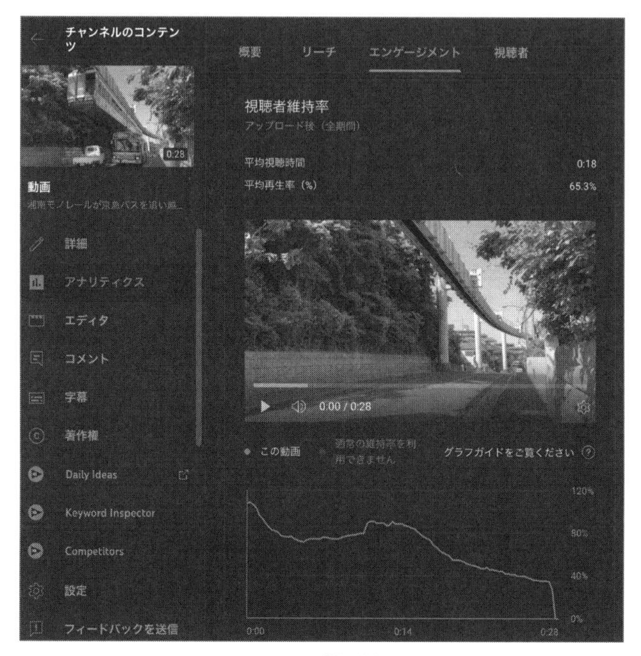

アナリティクス「視聴者維持率」

視聴者はどこから来るのか？　理想は「ブラウジング機能」から

次に、一番見るべき画面である「リーチ」というタブにある**「トラフィックソースの種類（視聴者がこの動画を見つけた方法）」**を確認してみてください。

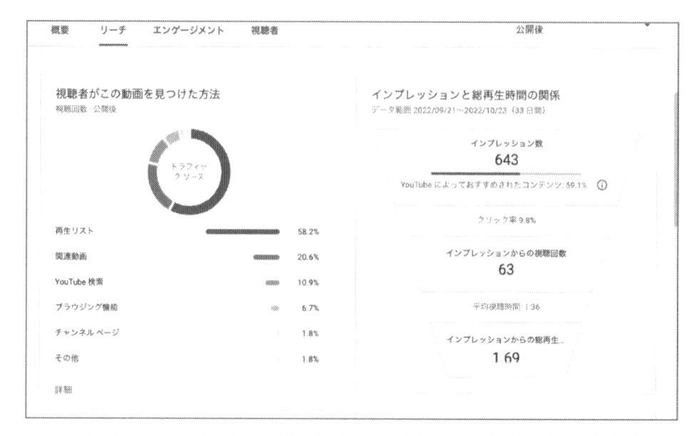

トラフィックソースの種類（視聴者がこの動画を見つけた方法）

「トラフィックソースの種類」とは、動画を観た視聴者がどこから来たのかをケースごとに分類したもので、それぞれの割合が多い順に並んでいます。この中に**「ブラウジング機能」**があるかどうかを確認してください。「ブラウジング機能」のほとんどは、YouTubeのトップ画面に表示されるおすすめ動画からのアクセスです。

この割合がトップにあるか、トップにない場合は割合が増えているかをチェックします。

それ以外のトラフィックソースには「関連動画」「YouTube検索」「チャンネルページ」などいろいろありますが、チャンネルを大きくしたいのであれば、「ブラウジング機能」がトップに来ることを目指しましょう。

理想的な順番は「ブラウジング機能」→「関連動画」です。それ以降は、チャンネルや時期によって傾向が変わるため、それほど重要視しなくていいでしょう。

なお、SEO対策をある程度導入しているなら、初期の頃は「YouTube検索」がしばしば上位に来るはずです。ただし、常に「YouTube検索」がトップという状態はかなり問題です。「YouTube検索」には限界があり、「ブラウジング機能」がトップにならなければチャンネルは伸びていかないので、原因を徹底的に分析してください。

「ブラウジング機能」からの流入はYouTube自体の紹介基準(アルゴリズム)も影響するため、なかなか傾向が摑みづらいものです。かつては動画を30回程度投稿すると反応が現れてきたこともありましたが、ライバルが増えた昨今では「100回投稿しなければ正しい反応がわからない」と、ある大物YouTuberも言っているほどです。

本当に100回投稿しなければわからないとすると、ほぼ3か月はやってみないとわからないことになります。そこまでモチベーションが続かないのであれば、とりあえず「ブラウジング機能」がトップになる動画が一部でもあればそれでよし、と前向きに考えるのもいいでしょう。

大枠を捉えてから細かい部分へ行くべし

なかなか結果が出ず、自分の方向性に不安を感じたときは、落ち着いて４つの原因について考えてください。

４つの原因とは、

①企画
②トーク
③編集
④サムネイルもしくはタイトル

です。

ヒットしない動画は、このどれかに原因があります。ちなみに、編集の良し悪しは、視聴者維持率の数値から判断できます。

数字が悪くなったときには、必ずこの４つの原因に立ち戻って、どの原因か分析しましょう。

しっかりとコンセプトを練り、原因を分析して、毎日きちんと投稿していて伸びないチャンネルはありません。これだけは確実に言えますので、挫(くじ)けることなく、まずは続けることに注力してください。

▶ マインドセット③ 概観をざっくりと把握できたら始めてみる

ここまでさんざん「アナリティクスの数字を見ろ」「100回投稿して傾向を摑め」と説明しましたが、YouTubeはすべてを理解することが非常に難しいメディアです。細かいことまで理解してから始めようと考えていては、なかなか第一歩を踏み出せません。YouTubeというものの概観をざっくりと把握できたら、始めながら身につけていく姿勢が大切です。

本書の内容はかなりボリュームがあるので、すべてを熟読してから始めようとは決して思わないでください。

YouTubeはやってみなければわからないことも多いです。**これからチャンネルを立ち上げる人は、最初の30回くらいの投稿は練習感覚でいいと思います**。まずはスタートして、上手くいくまでテストを繰り返してみる。そんな感じでいいのです。これから説明することも、まず大枠を捉えてもらって、できるところから始めてください。細かいところは後からでかまいません。そのほうがきっとスムーズに進められるはずです。

「まずは練習のつもりで始める」というマインドが大切です。

マーケティングの基本概念をおさらいしよう

マーケティング

3つのマインドセットを押さえたら、さっそくYouTubeを始めましょう！

……と言いたいところですが、その前に「YouTubeで動画を投稿する意義」の基本的な考え方について説明させてください。

皆さんがYouTubeを始める理由は、自分が目立ちたいからではなく、あくまでビジネスのためです。なので、ビジネスにおけるYouTubeの意義を理解していなければ、YouTubeを活用できないままYouTuberを続けることになってしまいます。それでは本末転倒でしょう。

そこで、まずはマーケティング理論の基本をおさらいします。

▶ビジネスを大きくする３つの基本概念

マーケティングの基本概念は、私が監修した世界的なマーケターであるジェイ・エイブラハム氏の著書『《新訳》ハイパワー・マーケティング』(KADOKAWA) に書かれています。この本をまだ読んでいない人でも、おそらく書名は耳にしたことがあるのではないでしょうか。

この本に書かれている内容は、ビジネスを大きくするやり方は次の３つしかないということです。

①新規顧客を獲得すること
②高単価の商品を売る、すなわち顧客単価を上げること
③リピーター、および一人あたりが購入する回数（リピート率）を増やすこと

この3つを実践することが、継続的にビジネスを発展させるためには必要不可欠です。「そんなことは当たり前だ！」という方に対して質問です。

あなたのビジネスは、毎月新規顧客が増えていますか？

もし、ほとんど増えていないのであれば、施策を間違えているとしか思えません。では、次の質問です。

あなたが販売している商品の平均顧客単価はどれくらいですか？　その顧客単価は定期的に見直していますか？

我々もセミナー事業を始めてから徐々に平均顧客単価を引き上げ、現在では当初より15万円ほど上がっています。それによって売上がどれだけ変わるかは、わかりますよね。

リピートにつながる対策はとっていますか？　その結果、リピーターやリピート率は上がりましたか？

これも定期的に見直しをして、伸びないのであれば改善策を立てるべきです。

多くの場合、この3つのシンプルな基本概念がビジネスでうまく噛み合っていません。理由は簡単で、**見直しをしていないから**です。できれば月に1回は事業の状況の棚卸しをして、スタッフ全員、もしくは自分自身で見直しましょう。

月に1回の棚卸しの機会を持たない会社は、年商が伸びなくなります。逆に言えば、年商10億円を突破するような会社の大半は、定期的にこの3つの基本概念を使って棚卸しをしています。スタートアップ系で伸び盛りの会社であれば、毎日やっている会社もあります。月に1回もやらないことはありえません。

▶ YouTubeは３つの基本概念のすべてが効く

ビジネスを大きくする際に必須となる３つの基本概念は、YouTubeにおいてどのように活かすことができるでしょうか。

①新規顧客の獲得

動画メディアをスタートすることで、集客できる範囲が格段に広がります。これこそが、まさに皆さんがYouTubeに期待していることの筆頭でしょう。

②顧客単価を上げる　③リピート率を上げる

実はYouTubeは、平均顧客単価を上げることにも役立ちます。なぜなら視聴者は、YouTubeであなたの動画を観れば観るほどあなたの熱心なファンになるからです。同時にこのことが、顧客のリピート率を上げることにもつながります。

このように、YouTubeを始める大きなメリットは、ビジネスに欠かせないこの３つの基本概念すべてを底上げできる点にあります。

そして、底上げを成功させるために重要な考え方は、**YouTubeチャンネルのメディア価値を高めていく**ということです。

ここをしっかり頭に入れないと、YouTubeを始めるメリットがありません。

YouTubeはテレビと同様に、コンテンツが残り続けてファンが付くメディアです。それがわかっていない従来のビジネスモデルの人たちは、あくまでもリストを取る（＝見込み客の連絡先リストを構築する）ためだけにYouTubeを使おうとする傾向があります。

結論から言うと、その使い方は間違いです。

▶ YouTubeでリストを取ることの意味

YouTubeを使ってリストを取ることは可能です。チャンネル登録者数の10％くらい取れるので、もし登録者数が10万人であれば1万人の公式LINE、もしくはメールアドレスの取得が見込めます。また商品購入率はおよそ1％です。登録者数10万人で1000人が商品を買ってくれることになります。しかも、**この1000人は基本的にリピーターにもなってくれるのです**。

リスト・商品購入する登録者の割合

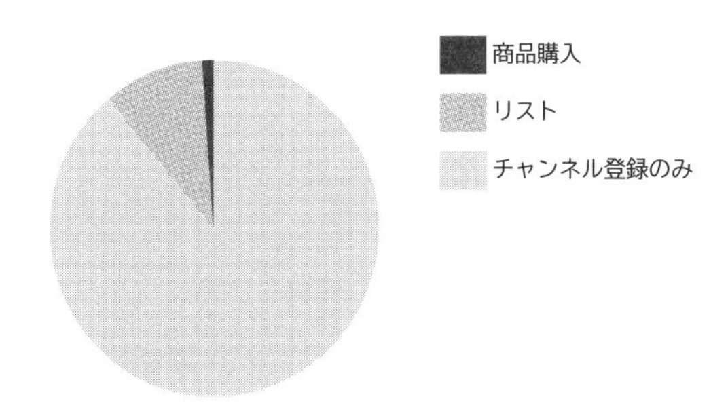

これがYouTubeのすごい点です。普通であれば、リストを取った人たちにプロモーションをして商品を販売し、その1回で終了です。YouTubeの場合は1回では終わりません。商品を買う人たちはすでにあなたのファンになっているため、何度も買い続けます。YouTubeとは、そのくらい強力な媒体です。

その半面、使い方を間違えるとチャンネルの価値が下がってしまい、再生数が減ってくると、二度と商品を買わなくなってしまう恐れもあります。これが最悪な展開です。

ネットビジネス系の人たちはこの展開に陥りやすいです。その理由は、リストを取ることしか目的にしていないからです。リストを取ることを目的にしたチャンネルは、視聴者からビジネス目的のチャンネルだと認識され、敬遠されてしまいます。それによってチャンネルの価値が下がり、再生数が減り、結局はリストも取れなくなるという悪循環が起きてしまうのです。これでは、一体何のためにYouTubeを始めたのかわからなくなってしまいます。

▶ 利用者と提供者では価値が異なる

本書で扱う価値という概念は、利用者と提供者で意味合いが異なります。利用者にとっての価値は、**利用時間で測る**ことができます。YouTubeであれば、毎日30分観ていたチャンネルを、15分しか観なくなれば、利用者にとってそのチャンネルの価値が下がっていると考えられます。

提供者にとっての価値は、提供者の目的との距離で測ります。目的は「認知」や「購入率」「リピート率」「ブランド価値（単価）」など、さまざまな観点があります。たとえば、リピート率（YouTubeの動画を繰り返し観ること）が上がると、それだけ視聴者の時間を使わせていることになります。つまり、視聴者にとってそのチャンネルの価値が上がっていることを意味します。

このように、いかに利用者に時間を使わせるかという視点が重要です。YouTubeビジネスでは、視聴者に時間を使わせるほど強力な教育を施せるのです。

3 チャンネルの価値を高める

マーケティング

YouTubeで重要なのは**チャンネルの価値を高めていくこと**です。高めた価値は、あなたの商品をひたすら買い続けてくれる熱烈なファンを作れるという効果を生み出します。熱烈なファンは、プロモーションなしで何度も買ってくれるお客さんです。素晴らしいですね。誰でも、こんなお客さんがぜひ欲しいと思っていることでしょう。

YouTubeでチャンネルの価値を高めるためには、3つ必要なことがあります。**①関係値、②日常化、③メディアミックスの3つ**です。これがないと、ただリストを取って、やがて上手くいかなくなって終わってしまいます。

▶ ①関係値 ——チャンネルの価値を高める第一歩は「距離感」

これはYouTubeで真っ先に必要なことです。関係値とは、距離感つまり動画の視聴者やお客様との関係になります。

ビジネス系チャンネルを立ち上げる人にありがちなのが、先生役の出演者がただノウハウを教える形式のいわゆる教材動画です。これはあまり伸びていきません。理由は視聴者との関係値にあります。

伸びていくチャンネルの特徴は、視聴者が出演者たちのことを好きになるという点にあります。料理やダイエットのプロであったり、先生として実績があったりする人のチャンネルでも、単純にノウハウだけを教えている場合は伸びません。同じような人物でも、自分のプライベートを絡めた話をしている人は伸びています。

つまり、チャンネルが伸びる理由は情報としての質だけではなくて、視聴者との近い距離感にあります。

視聴者との距離感を近づけるため、出演者のプライベート情報を出していくことが重要です！

たとえば、私が関わっていた料理系のチャンネルでは、ミシュランを獲得したプロ中のプロのシェフがレシピを教えていました。しかし、ただ料理をしていても面白くありません。その上そのシェフはトークが上手ではなかったので、相方に「この料理ってどこで知ったの？」「普段何してる？」「料理をしている以外の時間はどうしてるの？」など、質問してもらうようにしました。このようにすることで、プライベートな情報を自然に出せたのです。

英語を教えるチャンネルでは、ただの英語レッスンだと誰も観てくれません。そこで、出演者である先生が、過去にアメリカで銃を突きつけられて隣の人が撃ち殺された体験を話してくれました。このような、**その人ならではの珍しい経験、プライベートな情報といったエピソード**をトークに混ぜ、その状況をどのように切り抜けたかを英語で語ることで、視聴者との距離感が近くなっていきます。

少しだけエンタメ要素を入れたり、自分の話題を入れたりすることが視聴者との距離感を縮めるコツです。

著書もベストセラーでチャンネル登録者数20万人を超える、ある大物美容系YouTuberも例に出しましょう。彼女に人気がある理由は、プライベートの姿を出しているからです。「一緒にメイクしていきましょう」というGRWM（Get Ready With Me）の企画では、ボサボサの寝起き顔を旬顔までフルメイクするという流れで、自分の素の姿を見せていました。

もしあなたがメイクアップアーティストだったら、寝起きの顔を出す決心ができるでしょうか？　ダイエットを教えているとしたら、自分が太っている一番ひどい状態の姿を見せることができるでしょうか？　そもそも、あなたの自宅を動画に映すことができるでしょうか？

自宅を映すことができる人は強いです。みんなここができません。最悪なのは完璧なスタジオを作って、カメラを構えた状態で動画を撮っている人です。これは本当に伸びません。そんなスタジオを作るよりも、**スマホで手軽に始めてください。**

カメラが揺れていてもかまいません。むしろ揺れていると臨場感があり距離感が近く感じられるので、そういう動画を出してください。

テレビ局の撮影現場では4カメ、5カメが当たり前で、アングルを完全に固定して作っています。そうすると、やはり視聴者との距離感が遠くなりますが、テレビは大画面で観る映像だから成立するのです。

それに対してYouTubeは、どのように観るものでしょうか。リビングで50インチの大画面テレビで観ないですよね。だいたい電車の中やベッド、ソファなどライトな状態で観るはずです。YouTubeをテレビ画面で観る人の割合はいまだに5%くらいしかいません。つまり、95%はモバイルでフラットな状態で観ているのです。

モバイルで観る場合、固定したカメラの映像よりも、フラットな状態で観られる臨場感のある画面が好まれます。だから、スマホでいいのです。**とにかく内容、映像ともに、視聴者との距離感が近くなることを心がけてください**。

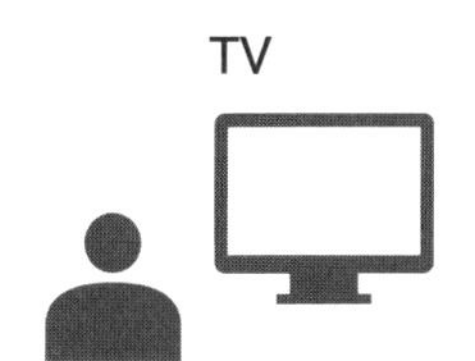

	TV	YouTube
視聴環境	テレビから離れて視聴	ベッドやソファなどリラックスした環境で、モバイル端末で視聴
映像の特徴	複数のカメラで固定した映像	ハンディカメラやスマートフォンで撮影した映像
視聴者との距離感	カメラと出演者の距離があり、視聴者とテレビが離れているため、小さい画面の場合は視聴者との距離が遠くなる	小さい画面を前提としているため、物理的に映像と視聴者が近くなり、出演者をより身近に感じる

TVとYouTubeの違い

▶ ②日常化――毎日決まった時間に配信する

関係値の重要性を理解できたら、次もそれに関連したポイントとして、日常化できるコンテンツかについて考えましょう。

「日常化できる」とは、あなたの動画の視聴者が、動画視聴を普段の生活に取り入れるスキームがあるかどうかを指します。この観点から見て良くないのは、真面目な内容が詰まっているコンテンツばかり配信しているチャンネルです。**内容の濃い、しっかりした良いコンテンツでもいけない**のです。なぜなら、ギチギチに内容が詰まったコンテンツしかないチャンネルは「日常化」されないからです。

「3分クッキング」というテレビ番組がありますね。この番組が毎日観られている理由を考えてみましょう。それは、**3分で終わるから**です。3分で簡単にレシピを理解できるから、「じゃ、明日も観よう」とフラットな状態でストレスなく観ることができるのです。

もしも毎日1時間の濃い内容の番組だった場合、毎日観てもらえるでしょうか。よほど興味があっても、大変なので観てもらえない可能性が高いです。

ここから、**頑張って観なければいけない動画は日常化されない**ことがわかります。「すごく良いノウハウを出しているはずなのに、なぜ伸びないのでしょうか」とよく聞かれます。答えは重すぎるからです。どんなに中身が良くても、重すぎる内容は日常化されないので再生数は伸びません。

もちろん、ときどきは重量感がある内容のコンテンツを出してもいいでしょう。たまに濃いコンテンツがあると、「こんなのもあるのか」と新鮮に受け取ってもらえます。ただし、普段はあくまでもフラットな状態で観られるものを基本としてください。

投稿時刻は18時がおすすめ

比較的簡単に日常化させる方法としては、**いつも同じ時刻に投稿したり、毎日投稿したりする**ことが有効です。「どのくらいのスパンで投稿すればいいですか?」という質問をされますが、**基本は毎日**です。毎日できなければ、少なくとも週3回です。これができないのであれば、率直に言ってYouTubeは諦めたほうがいいでしょう。週3回、月に12本の投稿がギリギリのラインです。これを切るようであればYouTubeチャンネルはなかなか伸びていきません。

また、「動画を投稿する時刻はいつがいいですか？」という質問も多いです。考え方はいくつかありますが、迷っているのであれば**18時一択**です。次点としては、19時か20時でしょう。

YouTubeにおけるゴールデンタイムは20時です。そのため多くの人気YouTuberは20時に投稿するスタイルをとっています。しかし私は18時に投稿すべきだと考えています。なぜなら、YouTubeにはトップページなどに最新の動画が反映されるまでにタイムラグがあるからです。また、20時に投稿した動画に、視聴者がすぐに気づくとは限りません。そこで、18時に投稿して、ゴールデンタイムにYouTubeを開いた視聴者が気づくことができるように、前もって準備します。

なお、20時に多くのチャンネルが動画を投稿するため、多くの新規動画の中に自分の動画が埋もれてしまう可能性があります。18時投稿は、これを避けることもできます。

もっとも、適切な投稿時刻はチャンネルの属性によっても変わる面があります。たとえば、視聴者が主婦中心のチャンネルであれば、昼間の12時頃がいいでしょう。視聴者が深夜に多いなら20〜21時のほうがいいでしょう。YouTubeのアナリティクスを調べて、調整してみましょう。

重要なことは、投稿時刻を統一することです。

視聴者がまだ定まっていないなら、18時が無難です。先ほど触れた美容系YouTuberも、毎回18時に投稿するルーティンを作っています。そうすることでチャンネルに興味を持っている視聴者は、毎日18時に待機するわけです。ここまで来ると、もはや視聴者はノウハウを得ることではなく、動画を観ること自体がルーティンとなります。

このような視聴者は、何をやっても商品を買ってくれます。**信者ではなく、習慣だから**です。

彼女が使っているクリームであれば迷いなく購入するし、この筆が使いやすいと言えば筆、プロテインを飲んでいますと言えばプロテインも購入します。直接商品を売らなくてもいいのです。動画を出すだけで、数千個単位の商品が売れる流れができています。

このように、日常化できているチャンネルに成長すると非常に強力です。そのためには、**①頑張って観るような動画を作らないこと**、**②常に同じ配信時刻にして基本的には毎日投稿すること**を意識してください。

▶ メディアミックス ——「他のSNSと混ぜる」と価値が高まる

チャンネルのメディア価値を高めるために重要なことの3つ目は**メディアミックス**です。メディアミックスとは、YouTubeと他のSNSを混ぜることです。かつては、SNSごとにユーザーは異なっていると考えられていました。しかし最近では、YouTubeをやっている人が同時にTwitter、Instagram、TikTokなどもやっています。なぜなら、YouTubeを観ている人たちが、動画を観た後でコミュニケーションを取るためにそれらのSNSを使うからです。

「でも、YouTubeにはコメント欄があるでしょう？」と思う人も多いのではないでしょうか。しかし、実際には本当のファンはコメントだけではなく、各種SNS上でも交流しています。

それではSNSでどんなことを発信すればいいでしょうか。**正解は日常**です。なぜなら、YouTubeはある意味で「テレビ」のような役割を担うからです。もちろん、実際のテレビよりもずっと距離感が近いのですが、やはり視聴者は「テレビ」という感覚を持っているはずです。そこで視聴者は「この出演者さんはプライベートでは何をしているか」という「日常」に興味を持つわけです。

YouTubeを運営するならSNSとの相乗効果が重要！

動画文化とSNSをミックスする

マーケティング

▶ SNSからYouTubeに誘導する

先ほど、メディア価値を高めるために最初に必要な要素として、視聴者との関係値を挙げました。距離感を近くするために、過去のストーリーなどプライベートをもっと出しましょうと説明しました。しかし、現実にはYouTube動画で出せるプライベートな話には限界があります。

ここで忘れてはならないのは、第0章で紹介した**ネット文化の特性**です。それぞれのネット文化にはメリット・デメリットがあります。動画文化のメリットは時間を拘束することで、視聴者が観れば観るほど強力に洗脳できる点にあります。その一方で、時間が拘束されるということは、そもそも観ること自体が面倒くさいというデメリットもあります。つまり動画文化は、ちゃんと観せることができれば強いマインドコントロールが働く半面、観るまでのハードルが高くて何度もリピートしてもらえないという弱点を抱えているのです。

そこで、動画を観るためのきっかけ作りとして、どうしても文字文化が必須になります。

観るまでの行動が重くなりがちな動画文化に対して、TwitterやInstagramなどの文字・写真文化は気軽にアクセスできます。そしてSNSの本質は交流です。そのため、おすすめの手法は、**動画文化では距離感を近く感じられるようにした上で学んでもらい、文字・写真文化では出演者の日頃の姿を発信するという運用**です。こうすると、ファンをより強力なファンにすることができます。

それぞれのネット文化の特性を上手く組み合わせましょう。

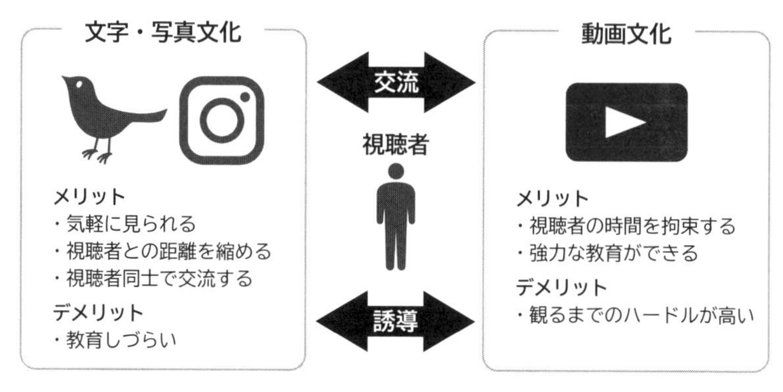

文字・写真文化と動画文化を往復してもらう

たとえば数人の女性がDIYをするチャンネルでは、SNS上ではDIYやリフォームの話だけではなく、「今日は○○ちゃんの誕生日でした」や「△△へ食事に行きました」など、日常的な内容の投稿も頻繁にしました。チャンネルの内容と関係ない投稿を何のためにしていたかというと、視聴者との関係値を高めるためです。

このように日常の姿を普段から投稿することによって、視聴者は近い距離感で動画を観ることになります。「ビジネス系では、日常的な投稿は似合わないのではないか」と思う人もいるでしょう。しかし、このやり方はビジネス系でも十分有効です。SNSを使った視聴者との距離感の縮め方をマスターすると、飛躍的にチャンネルが伸びていきます。ぜひ活用してください。

▶ 相性が良いSNSでのシェアは初期の起爆剤になる

SNSを活用せず、YouTubeだけの人は伸び悩むと思ってください。

YouTubeの動画には、**「共有」**という他の媒体とシェアをするためのボタンがついています。スマホとパソコンでアイコンは若干変わりますが、TwitterやFacebook、LINEなどの媒体への共有ボタンが表示されます。基本的に左側に表示される媒体で共有するほど、YouTubeの内部評価が高くなると考えられます。

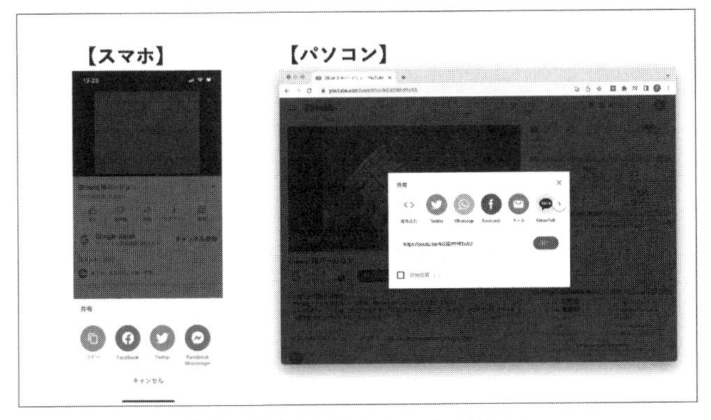

共有で表示されるソーシャルメディア

常にTwitterとFacebookは上位にあるので、**このふたつの媒体にひたすらシェアをする**ことが、特に初期の段階では重要な戦略になります。

ちなみに、基本の3つのマインドセットを解説した際に「トラフィックソースの種類（視聴者がこの動画を見つけた方法）」でブラウジング機能がトップに来ているかを常にチェックしろ、と説明しました（39ページ）。本来、YouTubeでヒットする動画は、ブラウジングからの流入がトップになるはずです。しかし、これはある程度安定的に運用できるようになってからの話です。

最初のうちは**SNSなどの外部からの流入をどれだけ増やせるか**がポイントになります。なぜならあなたのチャンネルがYouTube上で認識されていない段階では、なかなかYouTubeからの高評価が得られないからです。そこで、ひとまず外部からの誘導をガンガンやって、まずはYouTubeに認識してもらう作業が必要になってくるのです。

ただし、マーケターとして見ていると、ときどき勘違いした出演者が「俺の力でFacebookからガンガン紹介しているのに、いつになったら伸びるんだ」と言ってくるケースがあります。

皆さんに覚えておいてほしいことは、最終的には**企画と動画のクオリティを上げない限り、本当の意味でチャンネルは伸びていかない**ということです。

だから、先に書いたように伸びなかったら、企画、トーク、編集、サムネイルもしくはタイトルの４つのどれが問題か、毎日ひたすら分析する必要があります。

ある程度チャンネルが軌道に乗って、さほど投稿しなくても再生数が伸びていくようになれば、外部からの流入をそれほど意識しなくてもよくなります。

たとえば、Twitterで視聴者が積極的に動画についてツイートしてくれるような状態であれば十分でしょう。それでも、**メディアミックスは継続してやり続けるべき**です。

おすすめしたいメディアとしては、共有できるTwitter、Facebookはぜひ利用するべきですし、ほかにもnoteやブログなどの媒体もやっておいて損はないでしょう。市場性を考えると、InstagramやTikTokもおすすめです。

TikTokはバズりやすいので、YouTubeの練習として使ってみてもいいでしょう。

ビジネスを大きくする5つのステップ

マーケティング

さて、実際にチャンネルを立ち上げる前に、もう少しだけ重要な概念の話があります。これはYouTubeに限ったものではなく、事業を大きくするために必要となる**5つのステップ**、すなわち**①コンセプトメイキング**、**②コンテンツメイキング**、**③リストメイキング**、**④メディアメイキング**、**⑤ルールメイキング**です。この5つについては、必ずYouTubeの運用と同時進行で考えなければなりません。

▶ステップ①
「コンセプトメイキング」でテーマ性を高める

YouTubeにおけるコンセプトメイキングには、3つのポイントがあります。ひとつ目は**専門チャンネルであること**です。

今やYouTubeは誰もが狙(ねら)っている市場であるため、すでに同じジャンルにさまざまな人たちが参入しています。たとえば美容系のチャンネルで調べると、山のようにメイクチャンネルが見つかります。そうなると、今さらその中で戦っても勝ち目があるとは思えません。

しかし、私が関わった美容系チャンネルで伸びたものがあります。たとえば40代、50代の視聴者を対象に絞ったチャンネルです。それまでは若い女性向けのメイクチャンネルは多数ありましたが、40代以降をターゲットにしたチャンネルはほとんどありませんでした。そのため25万人まで登録者数を伸ばすことができました。

他にも、最初の1か月で5000人というハイペースで登録者数を伸ばしたチャンネルがあります。このチャンネルは子宮に特化した企画にしました。医者である出演者が膣(ちつ)や子宮、性病などのテーマを専門的に解説するチャンネルとして、ほぼライバルがいない状態で立ち上げられたことが勝因です。

エンタメ系では、包丁作りに特化した専門チャンネルがあります。キャンディーや卵、鰹節、Amazonの段ボール。さまざまな材料でひたすら包丁を作ったり研いだりしている動画をあげて、約350万人の登録者がいるチャンネルもあります。

チャンネルを開いたときに何をやっているかが視聴者に伝わらないと、その段階で見限られてしまいます。

最悪なのが、ビジネス系でよく見かける「稼ぎ方教えます」「ネットビジネスのやり方教えます」といったチャンネルです。こうした何をやっているかがわかりづらいチャンネルは、絶対に真似しないでください。

専門的であることを心がける

では、ビジネス系やコンサルタント、士業の場合、どのようなチャンネルを作ればいいでしょうか。この場合も、取り上げるテーマをより特化したチャンネルを作りましょう。

税理士であれば、一般的な節税の話ではなく、仮想通貨専門チャンネルにするのはどうでしょうか。そのチャンネルでは、仮想通貨の税金だけに絞った話をしましょう。他にも、あまり世に出ていないブラックな税金の話に特化するなど、ディープなコンセプトでやれば、他の税理士チャンネルに埋もれることなく伸びていけます。

要するに、ビジネス系であっても最初のコンセプトが専門的で、しかも誰もやっていないテーマが見つかれば伸びるのです。その上で、最終的にあなたのビジネスのターゲット層につなげていくことができればベストだと思います。

ターゲット層を意識することは、コンセプトメイキングでとても重要です。たとえば、あなたの目的がアンチエイジングクリニックのお客さんを増やすことなら、ターゲット層は子どもや若者よりも大人がメインです。そのため、チャンネルは大人向けを意識して作ることになります。

このようにビジネスにおけるチャンネル作りでは、**動画の内容が専門的であるか、ターゲット層に合ったコンセプトであるか**という点を同時に意識しなければなりません。

オンリーワンであることを心がける

もうひとつのポイントは、**オンリーワンからスタートすること**です。

たとえ専門的であっても、すでにライバルがいた場合、後発が負けてしまう可能性は高いです。だから、あなたのチャンネルがライバルのいない状況、すなわちオンリーワンか見極めなければなりません。

詳しくは「ランチェスター戦略」や「ナンバーワン戦略」といった戦略論を調べてみてください。YouTubeに限らず、ビジネスで戦う際に常識となる考え方です。

ニーズがあることを心がける

最後のポイントは、**ニーズがあること**です。ただし、漠然と「このジャンルにはニーズがある」という認識ではいけません。

YouTubeにおける「ニーズがある」ことを定義しましょう。YouTube分析ツールの「vidIQ（ビッドアイキュー）」を使って分析すると、数字が一定以上のものを「ニーズがある」と定義することができるようになります。

そのため、まずは「vidIQ」をGoogle Chromeの拡張機能としてパソコンにインストールしましょう。アナリティクスやvidIQの大部分の機能は、パソコンでしか見ることができません。YouTubeチャンネルはスマホで立ち上げることもできますが、さまざまな分析ツールを活用するにはパソコンでの操作が必須です。そしてWebブラウザはGoogle Chromeが最適です。

さて、Google ChromeにvidIQを入れた状態で、YouTube上で調べたいキーワードを検索してみましょう。そうすると、右側にvidIQの「Search panel」が表示されます。その中にある「Search Team」の「Avg Views（平均再生数）」という項目に注目してください。これが、そのキーワードの平均再生数になります。

この数値は調べるたびに変わります。「コーチング」というキーワードを検索すると、原稿執筆時点では3万3388回と出ました。果たしてこの数字はニーズがあると言えるでしょうか。

答えは「ニーズはありません」。基本的に「ニーズがある」基準は、**この数字が20万回以上の場合**です。それ以下はチャンネルを作る意味がないので、最初から手を付けないほうがいいです。

vidIQを入れたときのYouTube画面

もしもあなたが、これからコーチングのチャンネルを作ろうとしているなら、「コーチング」というジャンルはYouTubeの世界では興味を持っている人がいないので、伸びないからやめるべきだという結論になります。それでは、コーチングでYouTubeをやりたいという人は、この時点で諦めなくてはならないのでしょうか。

そうではありません。その場合は「コーチング」ではなく、**コーチングに興味のある人が、他に興味があるものは何か**を調べましょう。

狙うのは「ニーズがある」キーワードのジャンルだけ

「Search panel」のリストの中に、関連キーワードや「Top channels for this search term」などの項目があります。これらを参考にしてニーズがある動画を見つけましょう。また、vidIQをインストールした状態で動画を開くと、その動画が利用しているタグなどのデータを見ることができます。

このようにして、ニーズがないキーワードであったとしても、他のニーズがあるキーワードを見つけて組み合わせることで、ニーズがあるチャンネルを作り上げることができます。

たとえば「コーチング」チャンネルを開設する場合は、「Avg Views」が3万3388回の「コーチング」に、「Avg Views」が常に80万〜85万回の「心理学」というワードを組み合わせてみてはいかがでしょうか。ニーズが低いキーワードでも、ニーズがあるキーワードと組み合わせることで、戦うことができるチャンネルになります。

ここでぜひ覚えておいてほしいのは、もし皆さんが最速でチャンネルを大きくしたいなら、**「AvgViews」が最低でも20万あるジャンル、できれば50万以上を狙うべき**でしょう。20万を切るようなジャンルは、伸びるペースが遅いので諦めましょう。最初から50万以上のニーズがあるジャンルを狙うか、そうでないところで始めるか、それだけでほぼ勝ち負けが決まります。

このように、コンセプトメイキングで3つのポイントを事前リサーチするか否かで、始める前からYouTubeでの勝ち負けがほとんど決まります。大半の人たちは、コンセプトメイキングをせずにいきなり勝負しています。これでは当然負けてしまいます。

必ず「専門性」「オンリーワン」「高ニーズ」の原則から始めましょう。

▶ステップ②
「コンテンツメイキング」で価値ある動画を提供する

YouTubeでは、あなたの動画が良質であることは大前提です。ときどき、「動画の内容は良いのに伸びません」と相談に来る人がいます。しかし、私は毎回必ず「当たり前です」と返します。

トークが良いのは当たり前、内容が素晴らしいのは当たり前、つまり「コンテンツが良い」というのはYouTubeではもはや当たり前の前提条件です。その上を行かなければ勝てません。

ただし、「コンテンツメイキング」とは、単に良質な動画であるということだけでなく、動画をスムーズに提供しているということも意味します。そこで、視聴者に対し、正しいコンテンツをスムーズに提供できているかという視点で考えてください。

コンテンツの正しさとは？

コンテンツ提供者に必要な正しさとは、**利用者にストレスを与えることなくスムーズに提供**できるかどうかです。

たとえば、通信販売で商品を購入したときに、購入した商品がいつ届くかわからないと利用者はストレスを感じます。Amazonのように購入した翌日などに届くのであれば理想的ですが、それができなくても「いつ届くか」を利用者に明示できると、ストレスは軽減されます。

コンテンツ提供者がすべきことは、利用者に未来（「いつ」「どのように」）を提示し、予定どおりにコンテンツを提供することです。これが正しいコンテンツです。

YouTubeでは、投稿頻度や投稿時刻を守りましょう。

「トークが苦手……」や「動画編集はやったことがなくて、良質な動画を作る自信がありません……」という方もいると思います。でも安心してください。トークや編集などのテクニックは、第３章以降でお話しします。まずはマインドを理解することに努めてください。

▶ ステップ③ リストメイキングで売上を作る

リストメイキングとは、**見込み客を集めてマネタイズする流れ**を指します。単純に言えば、獲得した見込み客に対して最大の売上を作っていくことです。これをマーケティングの世界では、「営業最適化」とも言います。

この概念はYouTubeやネットビジネスに限らず、ビジネス全般で重要になります。たとえばセミナービジネスであっても、セミナーに来たお客様から最大の利益を得るにはどうしたらいいか、スムーズに早く売上を上げるにはどうしたらいいか考える必要があります。

YouTubeにおいても同様です。もしもあなたが10万人の登録者がいるチャンネルを作ったとして、どこからどのようにしてキャッシュを生み出すのでしょうか。

このとき、広告収入は除外して考えてみましょう。

そうなると、あなたは登録者数が10万人のチャンネルから、何かしらのマネタイズの流れを作らなければなりません。動画を観ている人からリストを取ってもいいし、説明欄に直接、商品などのリンクを貼って誘導してもいいし、方法は自由です。リスト経由では高単価の商品が売れ、説明欄からは低単価の商品しか売れない傾向があります。このように、キャッシュを生み出す道筋を決めておかなければ、YouTubeを始めてもビジネスとしての展望はありません。

YouTubeを起点としてさまざまな売上の作り方があります。これらを学んでいるかいないかで、他のYouTubeをやっている人と比べて売上に大きく差が出てきます。皆さんもリストメイキングのやり方をある程度知っておきましょう。

▶ステップ④「メディアメイキング」で認知度を広げる

YouTubeを使ったマネタイズの方法はさまざまです。たとえば、YouTubeを使ってメディアにつなげていくやり方があります。ここでは、YouTubeをもとにテレビの通販番組につなげていくパターンを紹介しましょう。

通販番組を専門に流しているショップチャンネルをご存じでしょうか。ショップチャンネルにはランクがあり、最大ランクまで上がると1日4億円ほど売れるようになります。YouTubeでの露出から始めて、そのYouTube動画をもとにテレビに出られるようにし、1年後にはショップチャンネルの一番売れる時間帯に差し込んで商品を売っていくというプランを立てます。これができればマーケティングは完成です。

一般的にはYouTubeからリストを取って、そのリストを使って視聴者を教育していくパターンが多いでしょう。しかしこれだけではなく、先ほど紹介した通販番組戦略のようにショップチャンネルに展開するプランや、テレビであればCMと連動した戦略も考えられます。あるいは、YouTubeからセミナーに呼んで商品を売る方法や、お店に呼んで購入してもらうプランもいいでしょう。どの方法でもかまいません。ただ、獲得した見込み客に対して最大の売上を作るプランさえできていればいいのです。

せっかく頑張ってYouTubeを始めるのであれば、それを使ってビジネスを拡大していく方法もわかっていないと、もったいないと思いませんか。そのためにはYouTubeだけではなく、さまざまなマーケティング手法も学んでいくべきでしょう。

▶ステップ⑤「ルールメイキング」で自分に有利な状態を作り出す

ルールメイキングとは、具体的には、競合他社が参入してこないように、独自のルールを設定したり、あるいは自分の人脈を活かした、他の人たちがやらないようなひとつ上の戦略を指します。

私の場合は、独自の情報と人脈を活用して、**ある時期から週に1回、公式のニュースレターがTwitter社の担当から届く**ようになりました。このニュースレターには、前週Twitterで上手くいった事例や調査報告、行うべき具体的な活用例などがグラフ付きでまとめられています。わざわざ公式の詳細な情報や、運用の仕方まで丁寧に説明してくれる上、さらにわからないことがあれば担当者に聞けば細かく教えてくれます。

そうなると、普通にTwitterを活用している人よりも情報量が多くなり、有利に使えるわけです。その上、よくTwitterでアカウントが凍結・削除されて困るという話を聞きますが、そんなことが起きなくなります。

ただし、担当者をつけてもらえる明確な条件は提示されていません。そのため、皆さんに同じことをしましょうと言っても難しいと思います。そこで必要になるのが、次の考え方です。

キーマンとの人脈作りでルールメイキングができる

Twitterで担当者をつけるようなルールメイキングは、一般的な手法ではありません。限られた人しかできないからこそ価値はありますが、再現性に欠けます。

そこで、皆さんにも可能なルールメイキングを紹介します。それは**他の人の人脈を借りる**ことです。YouTubeコンサルタントなど顧問を雇い、その人脈を活用しましょう。他人の「人脈」や「知識」「時間」を使うことでレバレッジがかかり、一人では実現できないことが可能になります。

たとえば、テレビ局の役員とコネクションがある人物と顧問契約を結ぶと、「地方局でCMを打つので、キー局にもCMを流してください」とお願いすることもできるかもしれません。

ルールメイキングの起点は、人脈です。

人脈作りとは、その業界におけるキーマンを押さえることを意味します。キーマンを見つけて手を組むことができれば、ライバルには真似できないプランを立てることも可能になります。そうなると、より速くYouTubeチャンネルを拡大できるので、事業の成長も加速されます。

そのためには、**まず自分が有利になるキーマンは誰か考えましょう**。ここからスタートして、**キーマンと顧問契約を結び、困ったことがあったらキーマンに頼る**ようにしましょう。

以上の５つのステップのうち、ステップ①～③はノウハウどおりに行えば成果は上がります。しかし④と⑤は、正直なところ再現性のあるノウハウがありません。一人ひとりで狙うべき戦略が違い、誰もが同じ手法を使えるわけではありません。また、ある程度お金をかけることが必要かもしれません。まったくお金をかけずにプレスリリースなどを使う戦略もあるものの、一般的にはコストパフォーマンスを考えながら柔軟にやり方を考える必要があります。

そのため④と⑤は、そのような考え方がある、ということを今は覚えておくだけでかまいません。

6 従来のマーケティングとYouTubeの違いを知ろう

マーケティング

さて、YouTubeでチャンネルのメディア価値を下げてしまうやり方として、ネットビジネス系の人たちがリストを取ることだけを目的としたために、悪循環に陥ってしまうと説明しました。

これはビジネスでYouTubeを始める際に、多くの人がやりがちなことです。ここでYouTubeと従来のリストマーケティングとの違いを理解し、リストを取って集客することが目的となってしまう悪手に陥らないようにしましょう。

▶ YouTubeでは見込み客が永遠に「教育」され続ける

従来のマーケティングでは、見込み客のリストを集め、教育し、販売するという3つのステップが原則でした。そのため多くの人がこの流れを取り入れていました。

しかし、YouTubeにおいては、不思議なことにこの流れは通用しません。YouTubeでは、極端な言い方をすれば**視聴者が永遠に「教育」され続ける**現象が起きます。最初の段階で、動画を観た人たちに対して「ファン化」という「教育」がなされるのです。すると視聴者は動画を観るたびに「教育」され、商品を購入してくれるようになります。しかも、一度購入した人は別の動画も観てくれるため、再び「教育」が起こるというサイクルが生まれます。この点が、一度販売したら終わってしまう従来型マーケティングとの違いです。

この特徴を利用して、自分のチャンネルを観ることが日常化されるような状態に持っていく流れを作れば、ごくたまに商品を紹介するだけでも売れ続けるようになります。

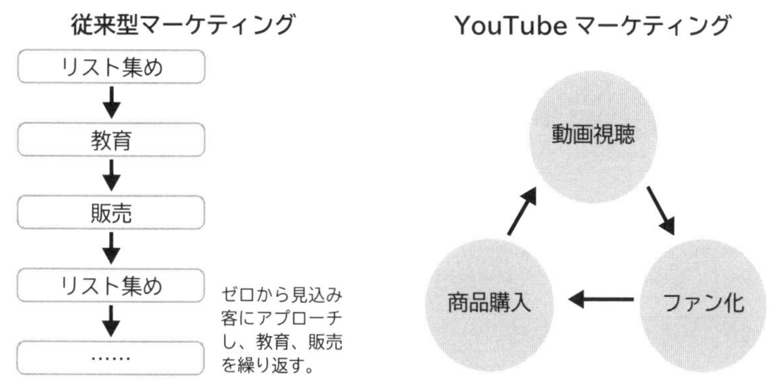

従来型マーケティングとYouTubeマーケティングの違い

　このようにYouTubeマーケティングにおける「教育」は、従来のリストマーケティングと比べてライトなアプローチと言えます。動画を観ている時点で視聴者は教育されているので、商品紹介の際も単純に問題提起・原因・解決をさらっと教えてあげれば十分だからです。

　従来のリストマーケティングでは、キャッチコピーで顧客の心をえぐり、タイトルにギラギラした強い感じを出していたと思います。YouTubeではそのようなテクニックは必要ありません。コンセプトを伝えるだけでちゃんと売れます。「最近私がやっている○○」のようにシンプルなタイトルだけでいいのです。むしろ、広告らしさを出してしまうと視聴者が離れてしまい、最悪の場合**チャンネル自体が潰れてしまいます。**

　もちろん、商材やターゲット層によっては、従来型のアプローチがマッチするパターンもありえるでしょう。男性が対象である通販型商品の場合、ゴリゴリのニュースレターが効いている例もあります。
　しかし基本的に、YouTubeではブランディングを重視します。「この人がおすすめしているものなら間違いない」という感情を視聴者に抱かせる流れを作りましょう。それには、シンプルなコンセプトと飾りすぎないキャッチコピーだけで売れるスタイルを貫くことが望ましいと思います。商品を購入した人が次も自分の動画を観てくれるかをチェックしつつ、この流れを意識するようにしてください。

7 そもそも、YouTubeを始める目的とは何か？

マーケティング

▶出口戦略を考える

YouTubeと従来のマーケティングの違いを押さえたところで、そろそろこの章のまとめとして、「YouTubeを始める目的とは何か？」をおさらいしましょう。

YouTubeを始める際は、前もって**最終的な出口（ゴール）**を用意しておきます。「出口」にはさまざまなパターンがありますが、本書を読んでいる皆さんの場合、YouTubeを使った集客やリスト集めがゴールであり、これがYouTubeを始める目的としては一般的でしょう。しかし、集客やリスト集めが目的であれば、YouTubeでなくてもいいのです。それでは、YouTubeを始める最大の目的は一体何なのでしょうか？

「まだ実践的な話に入らないのか」とジリジリしている皆さんに、私があえてこんな話をするのは理由があります。YouTubeを始めたばかりで、一生懸命やっていてもチャンネルが全然伸びない時期には、多くの人が「自分は一体何のためにYouTubeをやっているのか」と自問自答をし始めます。そして「ああ、そういえば集客してリストを取るためだったな。でも全然上手くいかないから、さっさと違う方法でやったほうが早いんじゃないか」と、この段階で離脱する人がかなり出てきます。

しかし、YouTubeの一番の敗因というのは、途中でやめることです。これこそが、敗因のすべてだと断言できます。

途中でやめなければ、結局は勝てるのです。

「やめずに頑張っているけど、全然チャンネルが伸びないんです」という人もいますが、そういう人はたいてい、原因を調査していません。**原因を調査して対策もして、やめなければYouTubeの世界で負けることはありません**。これだけは覚えておいてください。

▶ レバレッジをかけて最大の効果を得ることがYouTubeの目的

YouTubeを始める最大のメリットは、小さなリスクで加速度的に大きなリターンを得ることができる、すなわち**大きなレバレッジがかけられる**ところにあります。

これはどういうことかというと、まずチャンネルが伸びていくと集客ができ、リストが取れるようになります。たとえ登録者数が伸び悩んでいたとしても、概要欄にリンクを貼っているだけで、リストはそこそこの数が集まってくるでしょう。

しかし、これ以上に大きいメリットは、**案件が増えてくること**です。ここで言う「案件」とは、企業とのコラボレーションのことです。誰もが名前を知っているような知名度の高い企業から案件があれば理想的です。こうした有名企業の案件が取れるようになってくると、チャンネルの伸びるスピードが一気に加速します。

YouTubeを始めていない人にとって、企業案件がどんなものかは想像がつかないかもしれません。YouTubeでの企業案件は、企業がお金を払い、その代わりにあなたのチャンネルで自社商品やサービスを紹介してもらうのが一般的です。

しかし、ビジネス系の場合はもうひとつパターンがあります。**「○○さんをYouTubeチャンネルで見かけました。□□についての先生かと存じます。専門家としての立場から我々に協力していただけませんか」というオファーです**。実はこのパターンが最近かなり増えています。

それは、企業がYouTubeをリサーチツールと考えているからです。

ひと昔前であれば、大企業がアプローチをかけるのは、本を出版したりテレビに出演したりしている著名な先生が一般的でした。たとえば、動画について詳しい人にアプローチしたいと思ったら、テレビで動画の専門家として登場している人を探します。その人のサイトなどを調べて、問い合わせ先を探して連絡するという手間をかけてオファーをしていたのです。

しかし、YouTubeが広く普及した結果、YouTubeチャンネルにダイレクトにメッセージをしてくるケースが非常に増えています。ビジネス系のチャンネルを作るなら、企業からの「専門家としてタイアップしましょう」という**オファー案件を取ることを目指すべき**でしょう。

実のところ、チャンネル立ち上げ後に「自社商品を紹介してください」といったオファーはよく来ます。しかしビジネスとしてYouTubeを始めるなら、自分を専門家としてタイアップを依頼してくる案件を狙うべきです。こうすると飛躍的にチャンネルが伸び、ビジネス自体も伸びていきます。

そして、いよいよ企業から専門家としてのオファーが来るようになった際は、**同時進行でメディアメイキング（63ページ）を仕掛けていく**といいでしょう。テレビや雑誌、Webメディアなどの媒体に出ることで、チャンネルの成長速度が加速します。

何だかんだ言っても、テレビの影響力は今でも大きいものです。テレビに出ると、続いて雑誌やWebメディアにも露出できるようになります。雑誌は右肩下がりであまり見られていないと思うかもしれませんが、たとえば「AERA」という雑誌であれば「AERAdot.」というネットメディアを運営しています。このメディアは月間で約6000万ビューに上るため、そこに掲載されることで拡散が狙えます。

うまくメディアメイキングできれば、テレビ自体の影響に加え、Webメディアの効果も加わるため、企業タイアップ案件からの加速度が想像以上に大きくなります。しかもYouTube自体が、外部からのアクセスがあると評価が高くなるシステムなので、**相乗効果によって再生数も登録者数も一気に増えていく**はずです。

レバレッジが効いてきた未来について、イメージだけでも摑めたでしょうか？この未来像をわかっていれば、諦めかけた状態からであっても、わくわくして再スタートできるはずです。

▶ ビジネス系は登録者数10万超え以外にもゴールがある

一度企業案件が来るようになると、好循環が生まれます。たとえば我々の場合、企業案件が取れているチャンネルでは、PRプランナーに対して「このチャンネルは、こういったクライアントが来ていますよ」と情報提供するようにしています。そうすると、「なるほど。あなたのチャンネルはこういった企業に求められているのですね。じゃあ、ほかにもこんな案件はいかがですか」と別の案件につないでくれたり、関連した番組を取ってきてくれたりとチャンスが広がっていくのです。

したがって、チャンネル登録者数やリストの構築、集客数などをYouTubeのゴールとするのは早計だと言えます。むしろ私は**ビジネス系では企業案件を取ることをひとつのゴールとすべき**と考えています。

チャンネル登録者数だけをゴールにしていては見えない部分も数多くあるのです。

我々が手掛けているチャンネルの中には、まだ登録者数が3000人台なのにすでに4～5件の企業案件が来ているところもあります。

実際のところ、登録者数が少ないチャンネルでも、案件を起点にしっかりと育てていく方法もあったりするわけですね。このことは、立ち上げたチャンネルの未来像のひとつとして、頭の片隅に置いておくといいでしょう。

▶ 人を中心にブランディングする

さらに、この段階まで来たらその先の戦略も変わってきます。ここからはブランディング戦略となっていくのです。

通常、ブランディングというのは、商品・サービス、人、会社の名前のどれかを有名にしていく戦略です。ではYouTubeを使ってどれを有名にすべきなのでしょうか。

YouTubeをやっている本人、本人が使っている商品・サービス、どこの会社がやっているか。どれを有名にしたいかは、それぞれ違うでしょう。ただし、YouTubeでブランディング戦略をする場合、それぞれ向き不向きがあります。

まずYouTubeでは、**会社を有名にすることは正直難しい**です。この方向性を狙うのであれば、同時進行でメディアメイキングを仕掛けていく必要があります。

では一番やりやすいのはどれか。それは、**やはり「人」**です。YouTubeは出演者にファンが付いて、有名になることが基本になります。その上で、その人が紹介する商品やサービスといったコンテンツを売っていくことがオーソドックスなやり方になります。

自社の商品・サービスを有名にしたいという人もいますが、会社同様にYouTubeだけでは難しいのが実情です。そもそもYouTubeで商品・サービス名をストレートに連呼すると宣伝になり、チャンネルが伸びなくなります。

だからこそ、「人」を中心にあらゆるブランディング戦略を立てるのです！

土台作りで挫折する前に最終的な展開をイメージしよう

出演者をブランディングする場合、ビジネス系であれば**「文化人」を目指す**ことになると思います。

「文化人」とは、いわゆるその分野において第一人者と認められている人を指します。「○○博士」「○○家」といった肩書きがあり、この人が言っていることなら間違いないだろうと社会的に信頼された専門家を指します。

このレベルになると、YouTubeがなくなったとしてもさまざまなメディアから連絡が来ます。「でも、メディアにいくら載ってもたいした報酬でもないし」と思わないでください。

テレビや雑誌などのメディアから頻繁に声がかかるようになると、どんなことが起こるでしょうか。大半のメディアは、たくさんの企業とつながっています。そこで、「○○社で今度□□勉強会を開くそうで、先生にオファーがありましたがどうですか」「□□という大企業のイベントで話ができる人を探しているのですが、いかがですか」といった依頼が来るようになります。

この段階まで到達した人であれば、各方面からの紹介も多々あるでしょう。そのため、紹介率の高いお客さんも自ずと増えてきます。

文化人枠まで上りつめることがYouTubeチャンネルを始める上で、ひとつの立派なゴールになるでしょう。

それ以外の出口戦略としては、**チャンネルを丸ごと売却する**という方法もあります。私がよくやっているパターンは、チャンネルを始める前の目標として、売却先を決め、「登録者数が10万人を超えたら○億円で売却する」といったことです。売却先が決まっているので、あとはチャンネルを大きくしていくだけになります。

やや離れ業的なゴールですが、チャンネルが大きくなった暁には考えてみてもいいでしょう。

ここまで説明したように、YouTubeのゴールは一様ではありません。リストや集客はあくまでも最初の小さなゴールです。登録者が増えるに越したことはありませんが、それだけを目的としてしまうと、増えていった先の目標がなくなってしまう危険性があります。本当に集客だけが目的なら、苦労してチャンネルを大きくしたりしなくても、広告を打てばいいだけの話です。

ですから、実際にチャンネルを立ち上げる前には、最終的にこうした展開が狙えることを頭に入れておいてください。それがあれば、スタートから数か月の地道な土台作りも頑張っていけるのではないでしょうか。

第2章

爆伸びチャンネルにするための最高の準備

1 YouTubeにおいて必要な機材とは何か？

チャンネル開設

第1章でカメラはスマホで十分と説明しましたが、中にはYouTubeを始めるなら良い機材を使いたいと思っている方もいるのではないでしょうか？　そんな方におすすめのカメラや、意外と必須になる機材を紹介します。

▶ 機材選びのコツ

さて、理論を学んだからといって、いきなり初心者がYouTubeで成功することはありえません。理論を実践することが必要です。自分でチャンネルを立ち上げて、何かひとつ動画を投稿することが最初の目標です。

しかし、動画投稿どころか、プライベート以外で動画を撮ったことがない人も多いのではないでしょうか。そのような人からは、「まず何を購入すればいいですか？」と質問されることが多いです。

特に撮影機材についてよく聞かれます。結論から言ってしまうと**iPhoneかAndroidのスマホで十分**です。というのも、YouTubeがテレビではないからです。

テレビ局のように、スタジオを作って、プロ向けの機材で撮ったような動画は絶対に伸びません。そうではなく、YouTubeでは**フットワークが軽くて距離感の近いものがウケる**のです。それならば、スマホで十分撮影できます。画面が揺れても問題視しないどころか、むしろ距離感が近くなるので好印象になります。

カメラの種類別の特徴を、次の表にまとめました。

カメラの種類	重量	装飾（マイク・ライト）	耐熱性	バッテリー容量	画質
スマートフォン	◎	△	×	◎	○
ハンディカメラ	○	○	△	○	○
アクションカメラ	◎	×	△～○	△	△
一眼カメラ	×	◎	△～○	○	◎

カメラの特徴

カメラのおすすめポイント

画面が少し揺れる程度であれば、かえって視聴者に臨場感を与えられます。しかし、激しく画面が揺れると画面酔いしてしまい、観続けることができません。そのため、どのカメラを選ぶ場合でも、手ぶれ補正が必須です。この機能は年々進化しているため、最新の機種を購入すれば問題ないでしょう。以下で、おすすめのカメラをご紹介します。

①スマホ（特にiPhone）

カメラは専用機でなくてもかまいません。私はスマホ、特にiPhoneの最新機種をおすすめします。編集などで使うパソコンがAppleの製品であれば、「AirDrop」でデータの共有が容易だからです。Androidであれば、画質が良いSonyのXperiaシリーズもおすすめです。

②ハンディカメラ

Sonyの「FDR-AX60」がおすすめです。ハンディカメラは使い勝手は良いですが、暗い場所での撮影に向きません。そのため、夜間に外で撮影する企画などがあるチャンネルの場合は、おすすめできません。

③アクションカメラ

「GoPro HERO」シリーズの10以上のバージョンがおすすめです。外部マイクを装着できるため、1台で撮影が可能です。その上、非常に軽量で、レンズ側にもモニターがあるため、映像を確認しながら撮影ができます。

④一眼カメラ

写真撮影に特化した一眼カメラは非常に高画質の動画が撮れます。その一方、視聴者が映像の美しさに距離を感じてしまう危険性があります。そのため一眼カメラは、チャンネルのコンセプトが映像の美しさで勝負する方向に決まってから選びましょう。

一眼カメラで注目すべき点は、「重量」と「バッテリー容量」です。一度の撮影で30分以上使用できなければ、どんなに高画質でも無意味です。Panasonicの「Lumix DC-G99」は、両方問題ないのでおすすめです。

カメラ名	特徴
iPhoneシリーズ（Apple）	手軽に撮影が可能で、視聴者と近い距離感を演出できます。
FDR-AX60（Sony）	手軽に撮影が可能で、音質やバッテリー容量も安定しています。一方で暗所の撮影には向きません。
GoPro HERO10 Black（GoPro）	最も手軽に撮影が可能で、GoPro HERO10以上のモデルはカスタマイズ機能が優秀。
一眼カメラLumixDC-G99（Panasonic）	高画質かつ重量、バッテリー容量ともに十分です。レンズキットがおすすめ。

おすすめのカメラ

▶ サッと撮れることを主眼に機材を選ぼう

繰り返しますが、プロ向けの専用機材にこだわる必要はありません。サッと撮ってサッと出すことがYouTubeの基本であって、TVのように作り込まれた映像作品でなければ注目されないわけではありません。それが可能なフットワークの軽い機材でないと、いくら優秀な機材でも価値はありません。

それから、本格的なスタジオセットも必要ありません。YouTubeでは**何よりも距離感が大事**なので、本格的なスタジオはむしろ邪魔です。それよりもサッと撮れることを重視してください。

ライトは必須アイテム

また撮影機材で、カメラと並んで聞かれることが、「ライトはあったほうが良いか」という質問です。**ライトはあったほうが良い**です。

ライトがないと画質が低くなり、視聴者に安っぽい印象を与えてしまいます。出演者に対する**視聴者の印象に影響する**ため、自宅で撮るのがメインという人やノウハウ系、美容系の人にとって必須のアイテムと言えます。

ライトのおすすめは「Neewer リングライトキット 18"/48cm-1.8cm超薄型」です。多くのYouTuberから愛用されており、私も使用しています。

Neewer リングライトキット 18"/48cm-1.8cm超薄型

Amazonなどネット通販でも手に入りますが、実際に見て買いたいなら家電量販店や電器店でも購入できるはずです。

もっと言えば、これ以外のライトはおすすめしません。なお、ディスカウント店などで売られている2000円以下の安価なライトは、安っぽく写ってしまうのでやめたほうがいいでしょう。

2 チャンネル開設で必要な設定をする

チャンネル開設

YouTubeチャンネルは、ただ開設すればいいというものではありません。使用するアカウント選びが重要になります。また、チャンネルを開設してすぐに動画を投稿するのではなく、事前に準備すべき項目がたくさんあるので、ひとつずつ確認していきましょう。

▶既存のアカウントを使うメリット・デメリット

いよいよチャンネルを立ち上げていきますが、その前に、非常に重要な話があります。**YouTubeには親チャンネルと子チャンネル（サブチャンネル）が存在する**ということです。そしてGoogleは、親チャンネルを評価します。

つまり、親チャンネルが評価されないと、いくら頑張ってもサブチャンネルの評価は上がっていかないのです。よくあるのが、過去にGoogleアカウントやYouTubeチャンネルを量産するような悪質なことをやっていてペナルティを受けていたケースです。この場合、サブチャンネルを立ち上げてもヒットさせることが非常に難しくなります。

チャンネルの評価は、チャンネルを作ったGoogleアカウントの質によってある程度決まります。長年使われているアカウントで、そのアカウントで広告を出したことがある、あるいは過去にYouTubeチャンネルとして運用しているとポイントが高くなります。これらが揃ったアカウントでチャンネルを立ち上げることができればベストです。

最初に立ち上げるなら、これが一番おすすめのやり方です。それだけで1日目から伸び方が違ってきます。プロである我々が、通常より1か月ほど前倒しでチャンネルを大きくさせられる理由は、もともと反応が良い、**すでにヒットしているアカウントを使ってサブチャンネルとして立ち上げるから**なのです。

ただ、皆さんの中には「まだGoogleアカウントを持っていないので、これから作ります」という方もいるかもしれません。そういう方は、新規で作るのでもかまいません。ただし、その場合は既存のアカウントを使って有利な状態で立ち上げたチャンネルと比べて、感覚的に２週間〜１か月くらい遅れをとってしまうことを覚悟してください。

このような場合は、第１章で説明したように、１か月目はひたすら土台作りに徹しましょう。

ちなみに、すでにGoogleアカウントを持っている人が、新規のアカウントを作ってYouTubeを始めるのは絶対にやめてください。

チャンネルを持っていたが放置している人、これからふたつ目以降のチャンネルを作りたい人、グループでチャンネルを持ちたい人たちが、新しいGoogleアカウントでチャンネルを立ち上げるのは、Googleの評価を考えると、非常にもったいないのです。

ふたつ目のチャンネルを開きたい場合は、頑張って大きくした**ひとつ目のチャンネルからサブチャンネルを作るべき**です。

それから、もしGoogleの広告を利用する場合は、必ずメインアカウントを使ってください。そうすることで、紐付(ひもづ)けされている子チャンネルも評価が高い状態からスタートできます。

毎回新規のアカウントは作らず、既存のアカウントからチャンネルを増やすことがチャンネル作りでの鉄則です！

▶ 設定画面では「キーワード」を必ず入れる

では、チャンネルを立ち上げていきましょう。

なお、ここではYouTubeチャンネルの開設方法そのものについては詳しく説明しません。チャンネル開設の手順は、ちょっとネットで調べればいろいろな人が解説しているので、それを確認すれば十分です。そもそも、Googleアカウントがあれば、「新しいチャンネルを作成」というボタンをクリックするだけです。

ここで説明するのは、**チャンネルを作った後の設定**についてです。設定には注意すべきポイントがあります。すでにチャンネルを立ち上げている人も、ぜひもう一度設定画面を見直してみましょう。

設定画面を開くときはスマホではなく、**必ずパソコンで**行いましょう。

アカウントのアイコンをクリックしたら、その中から「**YouTube Studio**」を選びます。YouTube Studioを開いたら、まずは画面左下の「設定」ボタンを押しましょう。最初に表示される「全般」タブでは、「デフォルトの単位」として通貨の設定が出てきます。こちらは「日本円」に設定しておきましょう。

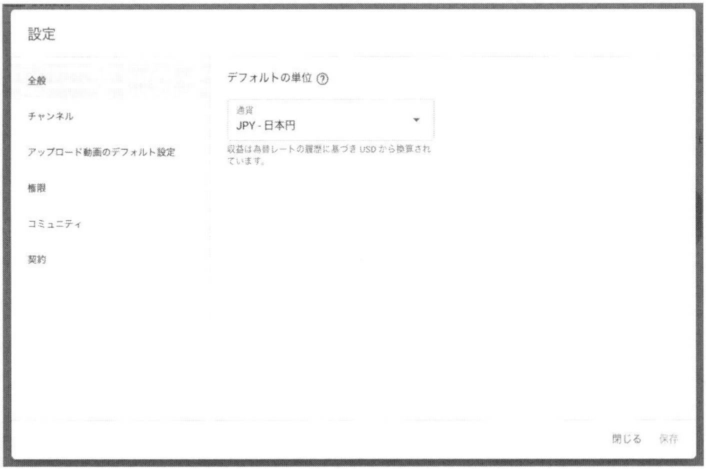

YouTube Studio→設定→全般→デフォルトの単位

次に「チャンネル」を選ぶと、「基本情報」「詳細設定」「機能の利用資格」という設定項目が出てきます。ここで必ず設定しなければならないのが、**「基本情報」の「キーワード」**です。

キーワードには、チャンネルに関係するワードを入れてください。ただし、タブーとなるワードがあるので、注意が必要です。ありがちなケースとして**他人のチャンネル名を入れてしまう**パターンがあります。検索されることを期待して有名なYouTuberの名前を入れると、たちまちYouTubeの評価が下がります。

設定

全般
チャンネル
アップロード動画のデフォルト設定
権限
コミュニティ
契約

基本情報　詳細設定　機能の利用資格

居住国
日本
現在お住まいの国を選択してください。詳細

キーワード
キーワードを追加
カンマで区切って入力してください

キャンセル　保存

YouTube Studio→設定→チャンネル→基本情報

これはタグの設定でも同じです。

また、キーワードは多ければ良いというわけではありません。原則的には3個、多くても5個までがベストです。ちなみに、私が運営しているチャンネルでは、ほとんどが3個のキーワードを設定しています。

「詳細設定」では「チャンネルを子ども向けとして設定しますか？」という項目があります。ここで「はい」を選択すると、動画に対して視聴者がコメントできなくなったり、YouTubeが個人情報をもとに表示していた広告（パーソナライズド広告）が表示されなくなるなどの制限がかかります。ビジネス目的であれば、子ども向けのチャンネルではないはずです。必ず「いいえ」を選んでください。

▶ 悪質なワードをあらかじめブロックするとコメントが荒れない

続いて「コミュニティ」タブについて説明します。

YouTube Studio→設定→コミュニティ

ここにも必須の設定項目があります。

最初に行うべきなのが、「リンクをブロックする」にチェックを入れることです。ここにチェックがないと、スパムメッセージなどが来てしまいます。**リンクはすべてのチャンネルでブロック**しておきましょう。

その上部に「ブロックする単語」という項目があります。ここには、自分でブロックするワードを想定して入れておくといいでしょう。たとえば、「死ね」や「詐欺」といったワードを設定しておくと、登録したワードを含むコメントは確認のため保留にされます。

私の場合は、最初の段階で多くの単語を登録しています。「ネットビジネス」「やらせ」「パクリ」など、基本的にネット上のネガティブなワードは全部入れておきます。

覚えておいてほしいのは、こうしたコメントのフィルタ作業をこまめに行うことです。もしムカつくコメントが来たとしたら、そのコメントの中に**ブロックできるワードが入っていないか確認**しましょう。たとえば「ババアは黙ってろ」と書かれたとしたら、「ババア」というワードをブロックすればいいのです。常にコメントをチェックし、不適切なコメントの中から悪質なワードを抽出し、「ブロックする単語」に入れてから消すようにしていると、コメントが荒れなくなってだんだんきれいな運用ができるようになります。

運営スタッフがいる場合は、コメントのチェックを徹底させてください。

また、ブロックしたいユーザーがいる場合は、どんどん「非表示のユーザー」に登録してかまいません。それ以外は、デフォルトでは「コメントをすべて許可する」の設定でいいでしょう。

▶ あえて「コメントをすべて許可する」にしよう

次に「アップロード動画のデフォルト設定」をやっていきましょう。ここも重要な項目です。

先に「詳細設定」から見ていきましょう。まず「ライセンス」は「標準のYouTubeライセンス」にします。「カテゴリ」は、自分の動画ジャンルに合ったものを選んでください。ビジネス目的のチャンネルであれば、「ハウツーとスタイル」か「教育」が大半ではないでしょうか。場合によっては「エンターテイメント」を選択してもいいでしょう。

「動画の言語」は「日本語」を選択し、現段階では「字幕の認定」は「なし」にしておくのが基本です。チャンネルの方向性によっては、最初から海外も狙いたい場合もあるでしょう。その場合は、第7章で海外戦略について解説しているので、そちらを参照してください。

YouTube Studio→設定→アップロード動画のデフォルト設定→詳細設定

最後に「コメント」の設定です。デフォルトでは「不適切な可能性があるコメントを保留して確認する」になっていますが、「コメントをすべて許可する」に変更します。

「ネガティブなコメントが来たら嫌だな」と感じる人も、当然いるでしょう。しかし、コメントができないチャンネルは、はっきり言って伸びません。さらに、SEO的にも「コメントをすべて許可する」にすると評価がプラスになるので、この設定はぜひ変えておいてください。

コメントをすべて許可した上で、悪質なコメントはこまめなフィルタリングで除去する、という運用がおすすめです。

3 動画の説明文に絶対入れるべき文言とは？

チャンネル開設

「基本情報」の中で最も重要な動画の「説明」欄を埋めていきましょう。

設定
全般
チャンネル
アップロード動画のデフォルト設定
権限
コミュニティ
契約
基本情報　詳細設定
タイトル
動画について説明するタイトルを追加しましょう
説明
視聴者に向けて動画の内容を紹介しましょう
公開設定
公開
キャンセル　保存

YouTube Studio→設定→アップロード動画のデフォルト設定→基本情報

ここに登録しておくと、動画を投稿するときにデフォルトで表示されるので、最初に入れておくと毎回入力する手間が省けます。我々が作るチャンネルでは、**投稿するすべての動画にデフォルトの文言が入るように設定**しています。

▶説明欄は７要素で構成する

「説明」欄は、以下の７つの要素で構成するといいでしょう。

ちなみに、他のチャンネルのテキストを丸ごとコピペして使う人がいますが、まったく同じにするのはやめましょう。YouTubeの視聴者たちは、意外と細かい部分を見ているので、「この人とこの人のチャンネルの説明欄って同じだよね？」と気づかれると、真似したことがマイナスに働くことがあります。真似をするなら、エッセンスだけにしましょう。

まずはあいさつから始める

①あいさつ文を入れましょう。あなたの名前や動画の冒頭で使っている定番のあいさつなどがあれば十分です。

②今回投稿する動画についての説明を1～3行入れましょう。この動画で何をするか概要を説明します。

YouTubeから誘導する

③SNSやLINEへのリンクを入れましょう。複数のSNSを利用している方は、すべて載せましょう。YouTubeを伸ばしていく上で特に必須なのは、Twitterです。Twitterアカウントを持っていない場合、今すぐ作成しましょう。

④PRや案件用の連絡先も入れましょう。「取材・コラボ・お仕事関係の連絡はこちらから」といった一文と、メールアドレスを入れます。まったく同じでなくてかまいませんが、この案内はぜひ書いておくべきです。

連絡先はメールアドレスがおすすめです。

すでに自分の会社や事業のWebサイトを持っている人は、「自社のサイトのURLを掲載したほうがいいのではないか」と思うかもしれません。しかし、**YouTubeチャンネルは、あくまでも個人がやっているものと認識されています。**そのため、会社のURLが書いてあると、「このチャンネルは企業がやっているんだな」と見られてしまいます。

今YouTubeは、個人でも人気のあるチャンネルは企業からのオファーがどんどん舞い込んできます。少し大きくなったチャンネルが事務所に所属していなければ、すぐに**UUUM（ウーム）などの著名なマネジメント会社から連絡が来る**ようになります。その一方、自社サイトのアドレスが記載されていたら、「この人はもうどこかに所属しているんだな」と思われて連絡が来にくくなります。**個人のメールアドレスのほうが「素人」っぽく見え、オファーされやすい**のです。

メールアドレス以外に載せるのであれば、TwitterかInstagramのアカウントです。繰り返しになりますが、YouTubeを通じて企業案件や仕事関連、コラボレーションの依頼などはよくあります。しかし連絡は、**メールアドレスかTwitter、Instagramからが大半**です。

注意が必要な要素

次に、**⑤プロフィールを入れましょう。**

ただし後述しますが、載せないほうがいいプロフィールもあります。

そして、**⑥自己紹介動画へのリンクを入力しましょう。**自己紹介動画は非常に重要です。こちらも、後で掘り下げて説明します。

最後は、**⑦SEO対策にハッシュタグを入力しましょう。**

次のセクションからは、⑤プロフィール、⑥自己紹介動画、⑦SEO対策のハッシュタグについて、深掘りしていきます。

4 プロフィール、自己紹介動画、ハッシュタグの考え方

チャンネル開設

プロフィールに載せるべきではない肩書きを使っている人が多く見られます。プロフィールを間違えると、チャンネルの価値が下がってしまいます。また、自己紹介動画へのリンクを載せることのメリットを、YouTubeのアルゴリズムを絡めて説明します。

▶ 誰が見ても「すごい」プロフィールでなければ載せるな

皆さんは、プロフィールにどのようなことを書こうと考えているでしょうか？

ノウハウ系のチャンネルでは、できればプロフィールを載せたいものです。なぜなら、プロフィールに説得力があると、動画で語っているノウハウの説得力も増すからです。

ただし、プロフィールには「載せたほうがいい場合」と「載せるべきではない場合」があるので注意が必要です。載せるべきなのは、**客観的に評価されているビジネス上の強み（ブランディング）を持っている場合**です。これがない場合は、載せるべきではありません。

YouTube上で「コンサルタントとしてこれまで300人を指導してきて、売上300億円になりました」といったプロフィールを見かけることがあります。このようなプロフィールは完全にタブーです。売上を書くなど、ダサすぎて最悪です。「今までに〇千人の弟子がいて、彼らに〇〇万円稼がせてきました」といった内容もやめてください。こうしたマウンティング自慢は何もプラスになりません。むしろ自分の価値を下げてしまうので、絶対にやってはいけません。

では一体、プロフィールには何を書けばいいのでしょうか。必要なのは自称の肩書きや売上金額ではなくて、**第三者からの評価**です。そういう意味では、資格を書くのはありです。「一般社団法人〇〇協会」「〇〇協会〇〇資格」でもいいでしょう。

自分と他人を明確に差別化でき、世間の誰が見ても「この人はすごい」と感じられる第三者からの評価を書きましょう。

▶「自称」ブランディングと客観的ブランディングの決定的な違い

誰が聞いても「すごいよね、それ」とわかるものと、一部の人しかわからないものはまったく違います。そこを勘違いしないでください。つまり、あなたの業界では「すごい」と言われている強みでも、世間的に「すごい」と言われないものは、プロフィールに使ってはいけません。

たとえば「コーチングの第一人者」と名乗っている人がいたとします。誰が「第一人者」と決めたのか調べた結果、その人の自称だったとしたら、その人を信用できるでしょうか。

一方で、「『新R25』でコーチングの第一人者として紹介されました」とか、経済誌の「Forbes」で「今コーチングの第一人者はあの人」という記事で特集されましたなどであれば話は違います。つまり、**自分が勝手に名乗っている程度の強みはブランドではない**のです。

この点を理解できていない人が多いので、もう一度繰り返します。YouTubeにおいて、**自分で名乗っているだけのビジネス上の強みは、ほとんど意味がありません。**かえってそれを書いているからこそ、視聴者からの信頼を失って負けてしまうのです。強力な強みが書けないなら、プロフィールはカットしてしまったほうがマシです。

誰もが認める強みが思いつかないという人は、過去に雑誌やメディアで紹介されたことがないか思い出してください。それもないなら、自分が関わっている人のすごい点を書いてみましょう。その人がどんなに有名な媒体で活躍しているか、ベストセラー商品があれば数字を付け加えれば説得力が増します。

自分の関係者のブランドを活用する

どうしても自分の強みが見つからない方もいるでしょう。そんな方は視野を広げてみましょう。あなたの関係者に強力なブランドを持っている方はいませんか。自分のことではなくても、自分とその相手の関係性に説得力があれば、他人のブランドを上手に活用できます。

私が協力しているチャンネルでも、プロフィールで苦労する方が少なくありません。ずっと裏方で活躍していた方がYouTubeを始める場合、その人自身には説得力がある実績がなかったりします。しかし、関係者に目を向けると、パリコレモデルや100万部を超えるベストセラー作家など、ブランド力のある人たちの仕事を手伝った経験がある人もいました。

自分とその相手の関係性に説得力があれば、プロフィールとして活用しましょう。

ただし、勝手に有名人の名前を使ってはいけません。しっかりと許可をもらうようにしましょう。

それらがまったく思いつかないとなると、厳しくなります。まずチャンネルを立ち上げるまでに、何らかの強みとなる要素を作ることが最優先です。

▶ 自己紹介動画へのリンクは必須

そもそも自己紹介動画がどのようなものか、皆さんはご存じでしょうか。リサーチしているとわかるかと思いますが、多くのYouTubeチャンネルで最初に投稿されている動画が**自己紹介動画**なのです。

自己紹介動画とは何か？

自己紹介動画とは、読んで字のごとく自己紹介する動画です。もちろん、紹介する内容はあなた自身のことではなく、YouTubeチャンネルのコンセプトについてです。これがあるのとないのとでは、チャンネルの成長速度にも関わってきます。

チャンネルを立ち上げた段階で、ある程度コンセプトは決まっていると思います。自己紹介動画には、視聴者に向けてコンセプトを伝え、さらに親近感を与える役割があります。そのため、最初に投稿する動画は、必ず自己紹介動画にしてください。

自己紹介動画の内容

自己紹介動画の構成は、**①名前と実績、②コンセプト、③理念、④登録と高評価のお願い**です。

まずはあなたが何者で、どのような人たちと関わってきたかを説明します。次にYouTubeチャンネルではどのような内容の動画を投稿していくか、コンセプトを伝えます。ここで注意していただきたいのは、コンセプトと異なる動画を投稿したときに視聴者が離れる可能性があるということです。そこで、コンセプトが明確に定まっていない場合は、「メイクについて」や「法律について」など、ぼかすのもありでしょう。

続いて理念では、なぜYouTubeを始めたのかを語りましょう。もちろん、多くの人は「ビジネスのため」だと思いますが、それでは視聴者が観てくれません。「〇〇という悩みを解決したい」など、**ストーリーやミッション**について説明します。

最後にチャンネル登録と高評価のお願いをします。これに関しては、すべての動画に入れるようにしてください。どんなにトークが苦手でも、これだけはしっかりと言えるように練習しましょう。

自己紹介動画を使って、視聴者にあなたを知ってもらいましょう。

自己紹介動画のひとつ目のメリット

自己紹介動画のひとつ目のメリットは、**視聴することでどのようなチャンネルか理解してもらう**ことができる点です。

YouTubeでは、皆さんが思っている以上に動画の説明欄が見られています。視聴者はそこからリストに登録したり、過去の動画を探したりしています。中でも、自己紹介動画はかなりクリック率が高いです。なぜなら多くの視聴者は、自己紹介動画が最初にアップされた動画だとわかっているからです。半分の人は面白がって、残りの半分の人はどのようなチャンネルか確認するためにクリックします。

▶ 自己紹介動画へのリンクを載せる「もうひとつのメリット」

ここからが重要なのですが、自己紹介動画をクリックさせることはYouTubeのアルゴリズム上、**YouTubeの内部評価アップにつながりやすい**のです。これについて、詳しく説明しましょう。

YouTubeには常に競合相手が存在する

YouTubeには、自分の動画と似たような動画があります。その中で自分の動画を観てもらうために、YouTubeの仕組みを知りましょう。

たとえば、あなたがプリンを作る動画をアップするとします。同じ内容の動画をAとB、ふたつ作ってアップしました。視聴者はまず動画Aを平均1分30秒観ました。その次にBの動画に移って、平均3分30秒観ました。この場合、YouTubeにとってAとBのどちらが良い動画だと思いますか。正解は、後から見たBが評価されます。

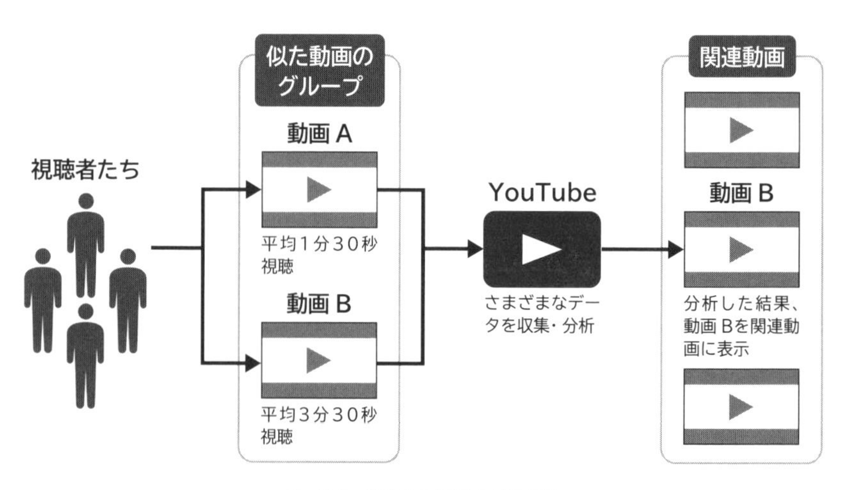

YouTube動画の比較アルゴリズム

その理由は、YouTubeのアルゴリズムにあります。YouTubeに**「関連動画」**という機能があることは、皆さんご存じでしょう。これは、ある動画の視聴者に対して、自動的に関連した動画を表示する仕組みです。ここに何の動画を表示するかは、YouTubeが100種類以上の指標から判断して決めています。

先ほどのプリン作り動画で説明すると、プリンと関連した動画を観ている視聴者に対してBの動画は関連動画として表示されますが、Aの動画は関連動画に表示されません。なぜこんなことが起きるかというと、**YouTubeではすべての動画が比較されている**からです。数ある動画の中から、さまざまなデータによってYouTubeのアルゴリズムが判断を下しているのです。

まったく同じような動画にもかかわらず、なぜここまで扱いが違うのかわからないと思うかもしれません。おそらく、皆さんは今まで、目の前のお客さんにコンテンツを提供することがほとんどだったのではないでしょうか。しかし、YouTubeは違います。

YouTubeには、**常に競合相手が存在**します。

たとえば、あなたが「私の美味しいアンパンをどうぞ」と言っている横で、「僕はアンパンを2個あげるよ」と言う人や「もっと美味しいアンパンがありますよ」と言う人、さらには「栗入りのアンパンですよ」と言う人まで登場して、全員が「はい、どうぞ」と言っている状態がYouTubeです。

しかも、お客さんはどれでも好きに食べられるため、「じゃあ、全部いただこうかな」と言う人も出てきます。そして食べ比べた上で、「あなたのアンパンは美味しくない」などと評価をするのがYouTubeです。つまり、敵が多すぎるのです。

皆さんはその中で勝たなければいけません。しかし、YouTubeが判断している指標は数多く、複雑で、正確にその仕組みはわかりません。ただし、その中でも最初の指標というものがあります。それは、**チャンネル内で視聴者が回遊するかどうか**です。この指標を活用して、他のチャンネルより一歩先へ踏み出しましょう。

自己紹介動画に誘導するメリット

視聴者が動画の説明欄にある自己紹介動画をクリックすると、チャンネル内の動画同士を行き来したことになります。これが**あなたのチャンネルに来た人がもう一度あなたのチャンネルで別の動画を観るか**、つまりチャンネル内で回遊するかということを意味します。

チャンネルを料理店にたとえて考えてみましょう。YouTube上で誰かがあなたの動画を観たとします。それは、あなたの店で誰かが料理を注文して食べたことを意味します。

あなたの店のシェフの腕がすごく良かったとしたら、一品頼んで「すごく美味しい」と感じたお客さんが、「次は他の店で別な料理を食べてみよう」とはならないですよね。本当に美味しかったら、「じゃあ、このメニューも注文します」とか「デザートもいただきます」など、またその店で食べるはずです。

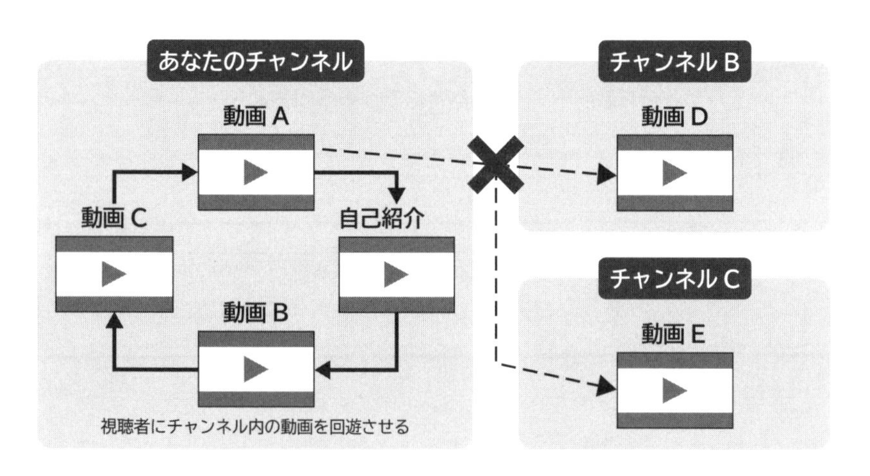

視聴者をチャンネル内で回遊させる

このように、視聴者をあなたのチャンネル内に留めて回遊させるための施策が、説明欄に自己紹介動画を記述するメリットなのです。つまり、あなたの動画を観た人がついでに自己紹介動画を観るようにしておけば、自分のチャンネルの中の動画に自然に誘導できるため、自動的に評価アップにつながりやすくなります。それを促すために、**最初の設定で必ず動画の説明欄の中に自己紹介動画を載せることを忘れないでください**。

視聴者をあなたのチャンネル内で回遊させましょう！

▶ 商品を紹介する企画URLを載せるのもおすすめ

自己紹介動画のほかに、チャンネルによっては商品紹介動画へのリンクも入れておくといいでしょう。

実はYouTubeでは原則として、**動画を使って、特定の規制対象の商品やサービスを販売することは禁じられています**。そのため、ダイレクトにそうした商品やサービスの販売を目的とした動画を投稿すると、最悪の場合アカウントが停止される可能性もあるのでやめておきましょう。

だからといって、LINEなどのリストを取って商品を紹介するのも避けるべきです。第1章でYouTubeとリストマーケティングの違いを説明したとおり、YouTubeマーケティングでは**商品を購入した人もリピートし続けるのが基本**です。

単純に商品を売りたいだけなら、購入したらもう観ることはない広告で十分でしょう。リスト集めやランディングページに飛ばすのは、本来のYouTubeの使い方とは言えません。

もしYouTubeで商品を販売したいなら、商品紹介動画をおすすめします。つまり、商品を紹介する企画をひとつ立ち上げるのです。

商品販売が目的だとはっきりわかる動画はいけませんが、商品を紹介しているだけの企画は今のところ**グレーゾーンとして黙認**されています。たとえば、美容系のチャンネルでは化粧品の紹介動画がよく作られています。「この化粧水を使うとすごく肌が整うので、それを使った後に乳液を……」といった内容は、スキンケアを教えている説明動画として違和感がないからです。

このように商品を紹介しているというよりも、あくまで企画の中に商品が登場するという位置付けのコンテンツにすることがポイントです。そうした企画がひとつあれば、動画の説明欄に企画へのリンクを載せると、自己紹介動画と同様にYouTubeの内部評価アップも期待でき、商品の販売促進にもつながります。

これを上手く使っている筋トレ系のチャンネルでは、動画の説明欄に「〇〇プロテイン販売中！」という項目があり、その後に「〇〇の成分に関する疑問を徹底解説した動画はこちら！」とプロテインの解説動画のリンクを記載しています。

この動画はプロテインの成分や筋肉増強にどれだけ効果的かという説明をしているだけなので、直接的な商品販売のコンテンツと見なされていません。

このように、企画として成り立つ「徹底解説動画」のような形で商品を紹介するのもひとつの手です！

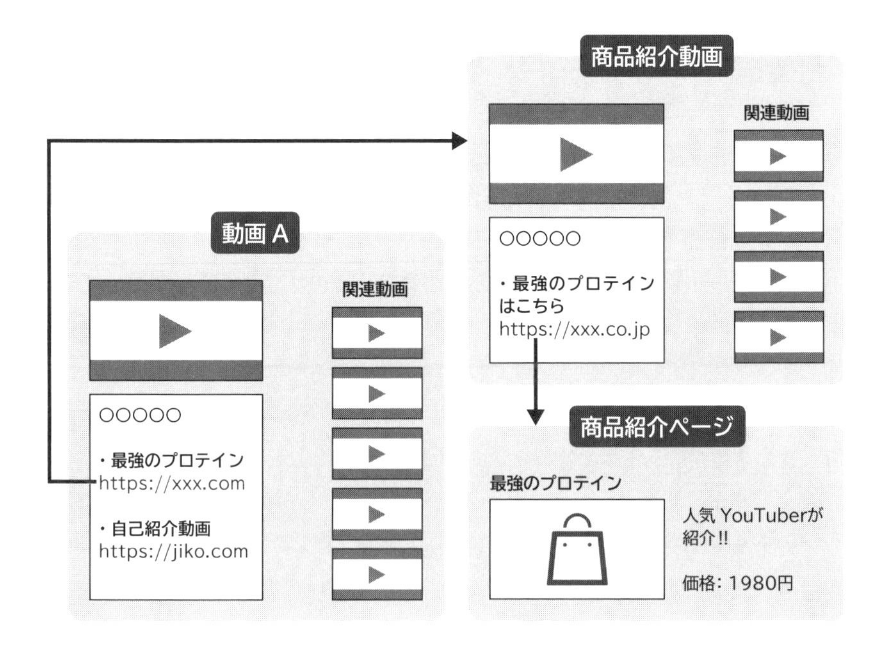

商品紹介動画を使った誘導

▶ タグはいくつ入れる？　強いタグの探し方

ハッシュタグとは「#YouTube」のように、「#（ハッシュマーク）」と後ろのワードを組み合わせてタグ化したもののことです。ハッシュタグをつけることで、検索されやすくなるというメリットがあります。

ハッシュタグは、あまり多くても意味がありません。**せいぜい3～4つまで**にしましょう。

毎回動画に合わせてハッシュタグを入力すればいいのですが、よく使う基本的なワードをあらかじめ説明欄に入力しておくと、動画を投稿するときに入力する手間が省けます。

次の「公開設定」は「限定公開」にしておきます。その下の「タグ」欄には、チャンネルに関わるタグをすべて入れておきましょう。最初に入れるのは、自分のチャンネル名です。これは必須です。

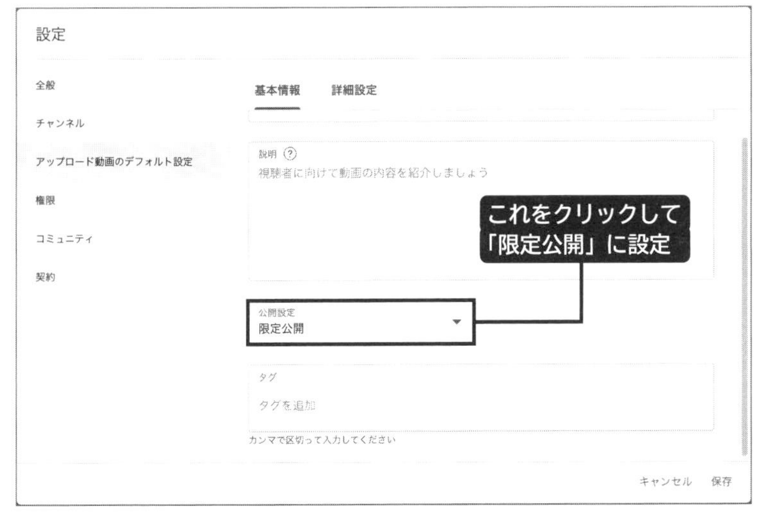

YouTube Studio→設定→アップロード動画のデフォルト設定→基本情報

ほかにも自分の名前や会社名、事業名などを入れておくと、それらの名称で検索に引っかかるようになります。

チャンネルと関係ない単語を入れると、YouTubeの内部評価がマイナスになってしまうので注意しましょう。「タグ」を入れられる数は、自分のチャンネルと関係さえあれば、何個入れても問題ありません。

どんなタグを入れるかは、事前にリサーチしましょう。調べる方法はいろいろあります。ひとつは**Googleトレンド**から引っ張ってくる方法です。私は旬のタグしか使わないため、この方法をよく使います。

何を入れればいいのかさっぱりわからない場合は、59ページで触れたvidIQを使いましょう。vidIQをインストールした状態でYouTubeの動画を開くと、その動画で使われているタグをすべて見ることができます。自分がベンチマークしているチャンネルのタグを参考にしてみるのもいいかもしれません。

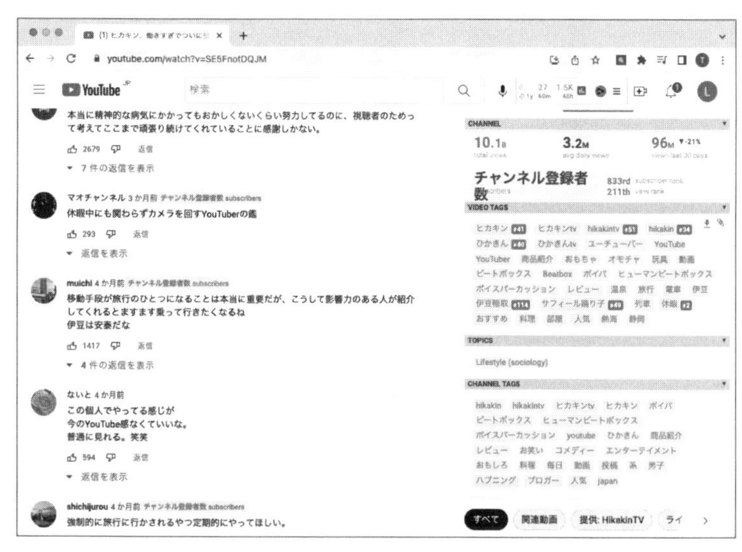

vidIQでタグを表示した画面

ただし参考にする場合に、**相手のチャンネル名を入れない**ように注意してください。相手のチャンネル名をタグに入れると、アカウント停止される可能性があるため、絶対にやめてください。

ちなみにGoogle ChromeにvidIQをインストールしていると、動画に対してタグの数が足りているかなどの評価を確認できます。他のチャンネルの動画でもタグをクリップボードにコピーしたり、CSVデータとして一括ダウンロードしたりできます。ぜひ、活用してみてください。

さまざまな設定を有効活用しよう

チャンネル開設

ここまでで、設定画面で必要な準備はひととおり終わりました。ただし、ほかにも最初の段階でぜひやってほしいことがあります。チャンネルの細かい点まで気を配ることで、他のチャンネルと差をつけましょう。

▶ 終了画面とトップページのヘッダーを設定しよう

終了画面とは、動画の末尾に挿入する画面です。新しい動画を投稿するときか、投稿済みの動画に対して後から設定します。まだ動画を投稿する前の段階だと思いますが、あらかじめ設定方法を知っておいて損はありません。

動画を投稿するときなら一連の流れの中で設定できます。投稿済みの動画に挿入する場合、YouTube Studioの「コンテンツ」をクリックし、鉛筆のマークの「詳細」をクリックすると「終了画面」というボタンが出てくるので、そこから設定します。

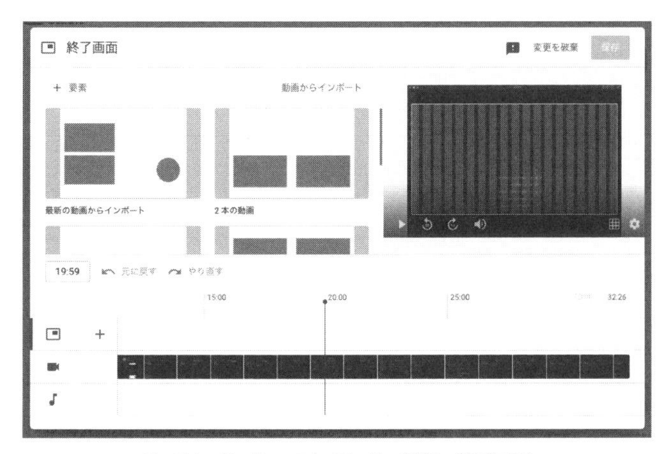

YouTube Studio→コンテンツ→詳細→終了画面

終了画面で設定してほしいのは、**「登録」ボタンの設置**と、**「動画」へリンクを貼っておく**ことです。先ほどYouTubeの評価について説明したとおり、視聴者をチャンネル内で回遊させることで、YouTubeの内部評価が高くなるからです。

テクニックとして、**再生リスト**を使うのもひとつの方法です。動画が増えてきたら、テーマごとに動画を再生リストにまとめて、「再生リスト」へのリンクを貼ってみましょう。

終了画面やトップページのヘッダーは外注しよう

終了画面の背景は、**デザイナーに頼んでデザインしてもらう**ことをおすすめします。予算に余裕があればチャンネルのトップページも、まとめて依頼しましょう。まとめて依頼することで、終了画面とチャンネルのトップページに統一感が生まれ、視聴者にチャンネルのイメージを植え付けることができます。

依頼する際に注意すべき点は、**チャンネルのイメージカラー（コンセプト）を伝える**ことです。プロのデザイナーであれば、文字のバランスや画像素材などは調整してくれますが、チャンネルのイメージカラーは読み取れない場合があります。チャンネルのイメージカラーと異なるデザインで運用してしまうと、ターゲット層に刺さらず、限定的な効果しか得られません。

知り合いにデザイナーがいない、もしくは予算が折り合わないなら、ココナラやランサーズなどの外注サービスを使えば、十分見栄（みば）えの良い画面を作ってもらえます。デザイナーによって単価は変わりますが、ココナラなら1000～2000円ほどで依頼できます。有料オプションでTwitterなどのSNSのヘッダー作成も請け負っているデザイナーに依頼する場合は、まとめて作ってもらうことで統一感が生まれます。

ヘッダーデザインは対象年齢によりますが、エンタメ色が強いチャンネルならアニメ系を入れると受けが良く、逆にエンタメ要素が強くなければリアリティのある自分の顔写真などを入れたほうがいいでしょう。

デザインはチャンネルのコンセプトに合わせましょう！

▶「概要」欄にSNSへのリンクを入れるのも忘れない

何本か動画を投稿した後は、チャンネルのトップ画面の一番上に表示される動画を設定しましょう。チャンネルを始めたばかりの段階では、基本的に自己紹介動画を設定します。しばらく経ったら、一番人気の動画を持ってきます。一番人気の動画がよくわからないという人は、再生数が多いか、視聴者維持率が高いかのどちらかで判断してください。

それから意外と見逃されがちなのが、チャンネルカスタマイズです。チャンネルのトップ画面にある**「チャンネルのカスタマイズ」**ボタンをクリックすると、YouTube Studioの設定画面が開きます。

まずは、「基本情報」タブにある「説明」欄を設定します。設定した内容は、チャンネルの「概要」タブをクリックすると表示されます。あなたのチャンネルが気になる人は、必ずここを確認するので、入力しましょう。

チャンネルのカスタマイズ→YouTube Studio→基本情報→説明

▶ リンクからダイレクトに誘導するのはNG

また「基本情報」タブには、「リンク」と「連絡先情報」という項目もあります。連絡先情報にはメールアドレスを入れておきます。

そしてリンクには、Twitter、もしくはInstagramへのリンクを入れてください。リストや商品販売などのWebページへのリンクを入れてしまうと、ダイレクトレスポンスマーケティングという手法になるため、チャンネルが伸びない原因になります。勘違いしているネットマーケターもいますが、やめましょう。

YouTubeでは、チャンネルのメディア価値を高め、再生数を上げることを目指しましょう。そうすると、必然的に**載せるべきリンクはメディアミックスのリンク**、つまりTwitterやInstagram、Facebook、TikTokなどになります。

リンクにはTwitterを載せるのがおすすめ。これが原理原則です。

▶ 何はなくてもvidIQとSocial Bladeは最初に！

さて、ここまでの最低限の設定はできたでしょうか。最初にあれこれノウハウを学ぶのではなく、まずは始めてみることが何よりも成功への近道です。

ただし、もう少しだけ事前準備が必要です。YouTubeチャンネルを始める上で必須になるvidIQ（Chromeの拡張機能）とSocial Blade（Webサイトまたはアプリケーション）を導入することです。

たびたび紹介していますが、vidIQはYouTubeの最初の設定から運用まで、とにかくあらゆる面で役立ちます。何はなくても入れておいてください。

インストール方法は非常に簡単です。公式サイトに登録するだけで、すぐに無料で使えます。これを使って、あなたのチャンネルに関係するキーワードがどのくらいあるかなど、事前に調べておくといいでしょう。

もうひとつ導入したいのが**Social Blade**です。このツールは無料のAndroidとiPhone用アプリやWebブラウザ版、Google Chromeの拡張機能など、さまざまな形で利用できます。

本書ではWebブラウザ版を使って紹介します。Social Bladeを開いたら、検索欄にチャンネル名を入れましょう。

Social Bladeの分析画面を見ると、チャンネルのランクや伸び率、日々の登録者増加率などの数値が細かく出ています。このツールは英語版しかありませんが、調べたチャンネルがどのくらい稼いでいるのかという情報まで知ることができるので、**世界中のチャンネルを丸裸**にできます。

Social Bladeを使って、ぜひ実行していただきたいことがあります。それは、**勢いがあるチャンネルをいくつか登録し、暇さえあればそれらのチャンネルをチェックする**ことです。日頃からベンチマークとしてチェックして、登録者数や再生数が伸びたタイミングでYouTubeを開き、そのチャンネルを確認します。すると、どんな企画をやったかなど、伸びている理由を知ることができます。

これをするべき理由は、伸びるチャンネルにはパターンがあるということを理解するためです。伸びている企画やトレンドを押さえて、自分もそこに乗りましょう。すると、自然に自分のチャンネルも伸びていきます。波乗りと一緒です。

YouTubeでは、他の人が大きくなっていくタイミングで自分も同じような動きをすることで、大きくなれるのです。

過去にどれほど人気があったとしても、勢いが下降しているチャンネルを観る必要はありません。すでに成熟しているチャンネルも同様です。**押さえるべきなの**

は、急成長しているチャンネルです。

急成長しているチャンネルの判断基準は、チャンネル登録者数が日々上がっているかどうかです。そのようなチャンネルはトレンドに乗っていると考えましょう。

▶ チャンネルの命名は「ごく短く」「斬新なもの」を

最後に、チャンネル名の付け方を説明しておきましょう。

チャンネル名は後から変更してもまったく問題ありません。さすがに毎月変えるのは認知されづらくなるので避けたいですが、明らかに合わないなと感じたときはさっさと変えてしまいましょう。目安としては、最初の1か月は30回投稿してから判断します。この段階で企画や方向性も変えてかまいません。

チャンネル名には、文字数の制限はありません。ただし、できれば短い文字数の名前を推奨します。基本的には5～10文字、長くても15文字以内がいいでしょう。**短くてキャッチーな言葉**であることが重要です。

それから、多くの人が勘違いしている点があります。たとえば「10歳若返る」や「1億円稼ぐ」といったキャッチコピーを入れようとすることです。このようなキャッチコピーは、コンセプトを考えるときには必要ですが、チャンネル名に入れる意味はありません。

チャンネル名はテレビ番組名を参考に！

チャンネル名はいわば「看板」であり、視聴者に提供する商品名です。そこに「10歳若返る美容術」などのキャッチコピーが入っていると、そのチャンネルは「10歳若返る」ことから脱出することができなくなってしまいます。さらに、キャッチコピーがチャンネル名に付いていると、視聴者が「何かを売りつけられるのではないか」と身構えてしまうため、動画は再生されません。

チャンネル名を考える際に、参考になるのが「テレビ番組名」です。たとえば、テレビ東京系で放送されているバラエティ番組「モヤモヤさまぁ～ず2」には、キャッチコピー調の言葉がありません。

この番組名の「モヤモヤ」と「さまぁ～ず」が、どちらも名詞であることに注目しましょう。番組のキャッチフレーズである「世界一ドイヒーな番組」には、「ドイヒー（ひどい）」という形容詞が含まれていますが、番組名に形容詞は含まれていません。なぜなら、視聴者はどのような番組か理解した上で観ているため、番組名にキャッチコピー調の言葉、つまり形容詞は必要ないからです。

形容詞を使うとチャンネル名はダサくなります。視聴者の目を引く印象的な名詞を使ったチャンネル名を付けましょう！

チャンネル名は商品名である

チャンネル名を付ける際にもうひとつ押さえてほしい点は、**商標登録を前提とする**ことです。我々の関わっている多くのチャンネルでも、商標登録の申請を出しています。後からチャンネル名を変更することも考え、しばらく運用してみて「この名前で行こう」と決まったら申請をしましょう。

そこまでするのは面倒と思うかもしれません。しかし、もしチャンネルが叩（たた）かれたときに商標登録申請していれば、誹謗（ひぼう）中傷コメントを削除できるなどのメリットがあるので、できれば取っておいたほうがいいでしょう。

第3章

本質的な価値を提供する至高のコンセプトメイキング

1 最強のチャンネルの土台とは？

土台作り

第２章でチャンネルの設定を終えて、「動画撮影を始めるぞ！」と意気込んでいる皆さん、お待ちください！

YouTubeはただ動画を投稿すればいいものではありません。YouTubeでの成功は、**動画を撮影する前から勝負が始まっています**。第３章では、最強のチャンネル作りのための土台について説明しましょう。

▶ 最強のチャンネルとは何か？

さて、ここからいよいよ本格的なチャンネル作りに入ります。ビジネスでYouTubeチャンネルを立ち上げる以上、投稿する動画には何らかのコンセプトと企画が必要です。当然、ヒットさせる前提で考えなくてはなりません。そこで、YouTubeでヒットに必要な５つの要素を押さえておきましょう。

ヒットに必要な要素は①**トーク力**、②**コンセプトの唯一性**、③**企画力**、④**編集力**、⑤**ブランディング**の５つです。まずはそれぞれの要素がどのようなものか、概要を摑んでください。

すべての要素が揃っていれば、遅かれ早かれチャンネルは伸びていくでしょう。

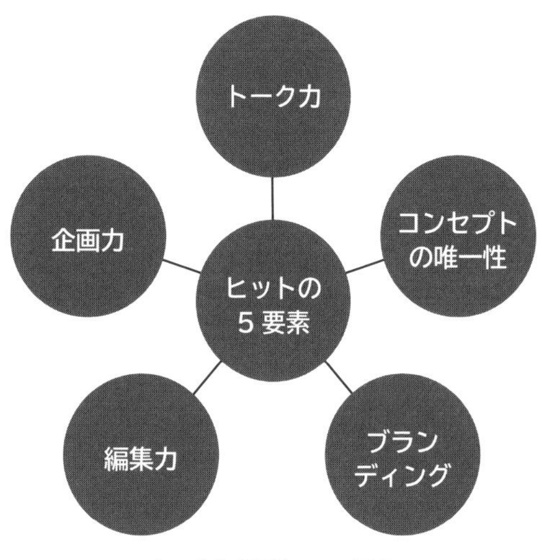

ヒットに必要な5つの要素

ヒットに必要な要素①　トーク力

皆さんはトークのクオリティを、どこで判断しますか。ポイントはふたつあります。

ひとつ目は**カメラに向かって話しかけられるかどうか**です。実はこれができない人が多いのですが、非常に重要です。カメラを人だと思って話し続けられるか、自分でチェックしてみてください。

ふたつ目は**テンポ感**です。これはしゃべりだしたら止まらない状態を意味します。これが重要な理由は、YouTubeの動画が**２秒しか観てもらえない**からです。つまり、視聴者は２秒経っても面白くないと判断したら、別の動画に流れてしまうのです。

視聴者に絶えず面白いと思わせるには、**画面の切り替え**という編集技術と、**２秒途切れることがない歯切れの良いトーク力**が必須です。

YouTubeは情報量がものをいう世界です。そのため、トークがゆっくりとしている人は限られた時間で情報を伝えきれないおそれがあり、残念ながらYouTube

には向いていません。

もちろん、朴訥（ぼくとつ）とした語りやほとんどしゃべらなくても、ヒットしているチャンネルは存在します。しかし、生き残っているチャンネルの9割は、歯切れの良いトーク力を武器にしています。これが厳然たる事実です。もしトーク力がない場合は、編集力などのカバーが必要になりますが、どんなにカバーをしても成功率は低くなります。なので、トーク力の高い出演者がおすすめです。しかし、トーク力をカバーするテクニックも存在します。

トーク力に自信がない方は、120ページ以降の**トーク力をカバーする裏技**を読んでください。

ヒットに必要な要素②　コンセプトの唯一性

第1章のコンセプトメイキングで説明しましたが、専門的な特化チャンネルであること、ライバルがいないオンリーワンであること、そしてvidIQを使って「Avg Views」が20万以上のニーズがあることが重要です。

ヒットに必要な要素③　企画力

「○○をやってみた」や「10秒で痩せるダイエット」のように、動画のタイトルにもなるものです。企画作りにおいて、チャンネルのコンセプトに沿った内容であることを前提として、視聴者に観てもらえるような動画にしなければなりません。

漠然と「こんなことをしてみたいな」と企画を立てるのではなく、vidIQなどのツールを使ってリサーチしなければなりません。**トレンドやニーズがあるキーワード**を見つけて、そこに**オリジナリティ**を加えた企画を作らなければ、他のチャンネルの中に埋もれてしまいます。

詳しくは143ページから解説しますが、まずは企画作りには調査が必要だと認識しておいてください。

ヒットに必要な要素④　編集力

先ほどトーク力のところで触れた**「2秒に1回」面白いと思わせるための画面の切り替え**は、成功しているYouTubeチャンネルでは必ずと言っていいほど使われています。

なぜこのような編集が必要かと言うと、**人は同じ画面が続くと飽きてしまう**からです。ですから、固定カメラで撮った動きのない映像をそのまま観せることは、YouTubeでは避けましょう。

ヒットしている動画を観ると、2秒しないうちに画面が切り替わる動画もあります。まったりとトークしているシーンでも、画面をアップにしたかと思えば、次にカメラを引いて全体を映したり、テロップの色を変えたりなど、テンポ良く画面が変化するように編集されています。

ヒットに必要な要素⑤　ブランディング

ブランディングとは、第2章で説明したプロフィールのように、誰もが納得する肩書きを付けて、ブランド力を高めることです。

何者か説明できない出演者のチャンネルよりも、有名な芸能人が出演者のチャンネルのほうを視聴者が観るのは当然ですよね。本書では、**ブランド力のある有名人にアプローチする方法**（180ページ）についても解説します。

誰もが納得する実績がない方は、この要素で遅れをとることになります。本書で紹介する概念やテクニックをしっかりと理解し、忍耐力を持って勝負しましょう。

2 トーク下手でも勝負できる裏技——トーク力を鍛える

土台作り

YouTubeでヒットするには、トーク力は必須です。しかし、我々が携わるチャンネルの出演者でも、本当の意味でトーク力が高い人は多くありません。そこで、ここでは**トークが苦手な人でも勝負できるようになる裏技**を紹介します。

▶ 合いの手を入れる

YouTubeではトーク力が必要と何度も説明しました。しかし、どうしてもトークが苦手な方が多いことは事実です。実は、トークが苦手な出演者でも、成功しているチャンネルがあります。

手っ取り早い解決策は、**合いの手を入れる**ことです。実際にカメラマンに合いの手を入れてもらう方法がよくあります。カメラマンから出演者に質問をしてもらいましょう。ただし、これはカメラマンにトーク力があることが前提です。

では、カメラマンはどのような質問をすればいいのでしょうか？　合いの手を入れるカメラマンは、以下の２点を意識してください。

①視聴者が知りたいことを予想して質問する
②出演者のプライベート情報を引き出す

①視聴者が知りたいことを予想して質問する

初心者をターゲットにした料理チャンネルで合いの手を入れる場合、カメラマンがすでに料理の作り方やコツなどを知っていたとしても、あえてわかっていることを質問しましょう。つまり、**視聴者が知らなくて聞きたいことをあえて質問する**のです。すると出演者から回答を引き出し、トークが成立します。

視聴者が何を知りたいかを常に意識しましょう！

②出演者のプライベート情報を引き出す

プライベートなことを聞く理由は、視聴者との距離を縮めるためです（47ページ）。

プライベートな話は、出演者にファンを付けるために必要不可欠な情報です。

たとえば、料理人の出演者が「包丁さばきには自信があるんです」と言ったとき、すかさず合いの手役が「どこで身につけたの？」と聞くことで出演者を深掘りできます。出演者の過去や日常のストーリーが伝わる質問をすることで、より早く視聴者がファン化していきます。

合いの手役はカメラマンではなくても、２人組の出演者をボケとツッコミに分ける方法も考えられます。どうしてもトーク力に自信がない場合は、このような対策を考えましょう。

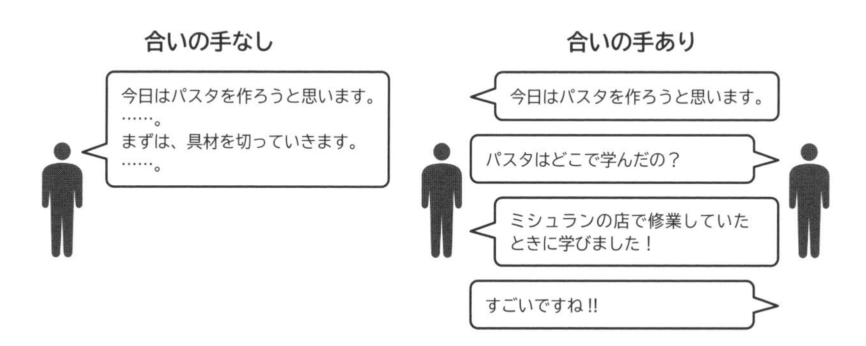

合いの手によるトークの差

▶ 合いの手役がいない場合――視聴者像をイメージする

撮影も含めすべて一人で行う場合は、残念ながらカメラマンとの掛け合いはできません。その場合は、視聴者が知りたいと考えていることを予想して話さなければなりません。これを**レトリック手法**と呼びます。ここで言う「レトリック」とは、「視聴者はおそらくこういうことを聞きたいだろう」とあらかじめ予想して、それについて話すことを指します。

視聴者は変化する

レトリック手法を使うには、自分のチャンネルの視聴者層を把握する必要があります。私が「皆さんは自分の視聴者層を把握しているでしょうか？」と尋ねると、多くの人は「だいたいわかっています」と答えます。自分が持っているリストの人たち、もともとのお客さんやファン、セミナーや講座、お店によく来てくれている層が頭にあるからです。

しかし、**YouTubeは続けているうちにだんだんと視聴者層が変わります**。いわゆるマス層（一般層）が増えます。マス層は最初の視聴者層とは異なります。

たとえば、パクチー専門の飲食店を開業したとします。開業当初の客層は、パクチーが好物のマニアックな人たちです。この飲食店がテレビなどに取り上げられたり、口コミが広まったりすると、マニアックではない一般のお客さんの来店が増えます。このお客さんがマス層です。

YouTubeチャンネルであれば、初動段階に友人や既存の顧客を主な登録者としてスタートしても、登録者数が500人を超えてくる頃には、初動段階の登録者のほとんどが動画を観ていない可能性が高いです。その登録者層のイメージのままチャンネル運営を続けていると、新しい視聴者のイメージから外れた企画しかできず、マス層を逃してしまいます。

これはYouTubeの鉄則のひとつです。

気がついた頃には、視聴者層が変わっています。皮膚のように新陳代謝されて、昔の皮膚はすっかり剝がれて残っていないようなものです。チャンネルを始めてしばらく経った頃には、新しい人たちが観ていることを意識してください。そして、新しい視聴者がどのような層かリサーチし、把握しなければなりません。

視聴者層をコメント欄から予測する

では、どのように視聴者層を調べるのでしょうか。

この調査は非常に難しいのですが、ふたつ方法があります。

- **コメントから判断**
- **アナリティクスの画面で男女比や年齢などから推測**

コメントをしてもらうには、ひと工夫が必要です。コメント欄で視聴者に対して質問を投げかけてみましょう。「今、何してる？」「みんな、どこでこれを観ているの？」などとコメント欄に書くと、意外と視聴者からコメントが返ってきます。

コメントについては注意点があります。**コメントはあくまでも視聴者層を予測するために使う**という目的を忘れないでください。予測するために見るのであって、動画に対する意見や評価は無視してかまいません。

コメントの中には、「カメラワークを変えたほうがいいのでは」「もっと○○をしてほしい」「こんな企画、バズらないよ」など、さまざまな意見があります。しかし、彼らは視聴者として言っているにすぎません。彼らの意見をすべて聞いたところで、チャンネルは伸びないでしょう。一人ひとりの意見ではなく、**見るべきはアナリティクスの数字**です。

アナリティクスで男女比や年齢層を確認するには、まずYouTube Studioを開いて「アナリティクス」をクリックします。次にアナリティクス画面で「詳細」をクリックすると、「視聴者の年齢」や「視聴者の性別」などのタブが表示されます。

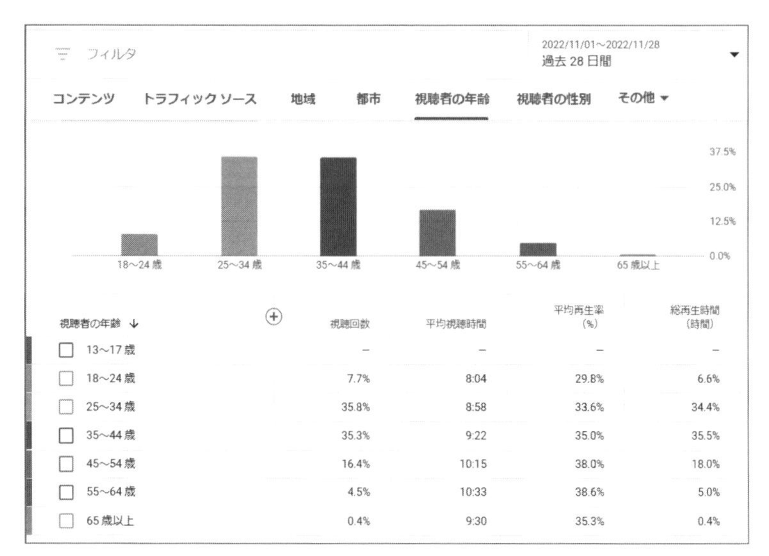

視聴者の年齢	視聴回数	平均視聴時間	平均再生率（%）	総再生時間（時間）
13～17 歳	–	–	–	–
18～24 歳	7.7%	8:04	29.8%	6.6%
25～34 歳	35.8%	8:58	33.6%	34.4%
35～44 歳	35.3%	9:22	35.0%	35.5%
45～54 歳	16.4%	10:15	38.0%	18.0%
55～64 歳	4.5%	10:33	38.6%	5.0%
65 歳以上	0.4%	9:30	35.3%	0.4%

アナリティクスによる視聴者の年齢

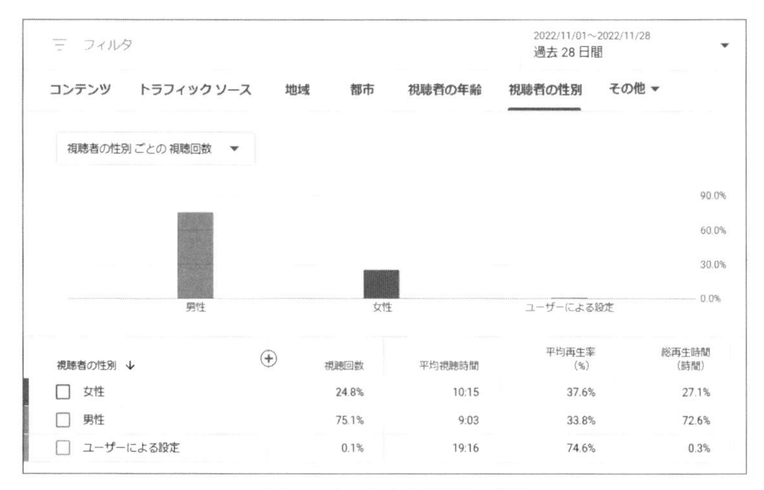

視聴者の性別	視聴回数	平均視聴時間	平均再生率（%）	総再生時間（時間）
女性	24.8%	10:15	37.6%	27.1%
男性	75.1%	9:03	33.8%	72.6%
ユーザーによる設定	0.1%	19:16	74.6%	0.3%

アナリティクスによる視聴者の性別

数字がすべて正しいと考えましょう！

▶「笑い」の要素はトークで必須

トークにおいては、常に視聴者との距離感を意識することが必要です。出演者は友達に話しかけるように話しましょう。

また、動画を気持ちよく観てもらうには**笑い**が必須です。たとえば居酒屋などで語り手が楽しそうに笑いながら話していると、聞き手も思わず笑ってしまうという光景を見ることがあります。このような笑いが生み出せるように練習しましょう。

特に２人以上の出演者がいる場合は、トークの中に笑いを挟んでいくことが重要です。笑いが少ないほど、視聴者維持率が下がる傾向にあります。

出演者が楽しそうに笑うことで、視聴者は安心して動画を楽しめます。

▶トーク力を磨く ——話し上手なYouTuberの真似をすること

非常に有効なトークの練習法を紹介しましょう。それは**シャドーイング**です。シャドーイングとは、英語のスピーキング練習などで使われる学習法です。

たとえば、**トークが上手い人気YouTuberの動画を観ながら、話し方を真似する**と比較的速く上達します。人気のチャンネルの出演者には、トーク力のある人が多いものです。中でも都市伝説などを紹介するオカルト系チャンネルが参考になります。本気で練習すれば、２週間ほどで上達を実感できるでしょう。

トーク力はセンスだけで決まるものではありません。自分のことを表現したい、言葉にしたいという気持ちがあれば、多少たどたどしいトークでも視聴者に熱意は伝わるものです。とはいえ、トーク力があるに越したことはありません。気に入ったYouTuberのトークを真似る、周りに自分のトークを聞いてもらうなどの練習をして、常にスキルを磨きましょう。

YouTubeは次々とライバルが参入してきます。あなたのチャンネルで人気が出た企画は、すぐ他のチャンネルに使われてしまいます。そこで差がつくのが、ワンランク上のトークやブランディング、企画なのです。

トーク力は、最も伸びやすいポイントです。まずは全力でトーク力を磨きましょう。

▶トーク下手でも生き残る3つのパターン

中には練習をしてもトークが上達しない出演者もいます。しかし、そんな人でも次の3つのパターンに該当すれば、生き残る可能性があります。どのような人気企画を生み出しても、YouTubeでは他のチャンネルに真似されてしまうものですが、次のパターンに該当する人は、簡単には真似されません。真似できない力があれば、トーク力をカバーできます。

①誰も語れない知識を語れる人
②自分の歴史やストーリーを語れる人
③検証系を手掛けている人

①誰も語れない知識を語れる人

これは**人気企画の内容に、さらに上乗せの知識を語れる人**を指します。リサーチして見つけたヒット動画を観て「自分ならもっと良い内容を話せるのに」と感じられたなら、すぐにそれを動画にしましょう。他のチャンネルで語られていない知識を語れるのであれば、高いニーズが期待できます。

②自分の歴史やストーリーを語れる人

これは**自分自身のことを話せる人**です。出演者の過去は他の人では語れないため、唯一無二の内容にできる可能性があります。

たとえば、英語を教えるチャンネルの出演者が「外国で銃を突きつけられた瞬間がある」という過去の体験を語った場合、おそらく他の人には真似できません。ノウハウや情報面では差別化が難しくても、過去のストーリーを開示することで他のチャンネルとの差別化ができます。

あなただけのストーリーを語れる人は強いです。

③検証系を手掛けている人

皆さんは「検証系」をご存じでしょうか。検証系とは「◯◯を使ってみた」や「◯◯をやってみた」など、実験的な試みをするタイプの動画を指します。YouTubeの企画では、**ジャンルに関係なく検証系がヒットしやすい**ことが知られています。

新しい実験や検証してみた系の動画は、出演者のトーク力に関係なく観てもらえるので、ネタに困ったら検証系企画が鉄板です。

たとえば美容系チャンネルで、高級化粧品と一般的な化粧品の比較検証の動画は再生数を稼ぎやすいです。ほかにもまだ誰も手掛けていない実験・検証系の企画は、出演者のクオリティにかかわらず再生される傾向にあるため、過去に何か実験した経験がある人はかなり有望でしょう。どんなことでも検証・実験するような**マニアックなオタクこそ生き残る**のです。

このように、トークが苦手でも生き残れるパターンがあります。もし、ここで挙げた要素がまったくなく、トーク力もないのであれば、その出演者は諦めましょう。その条件では出演するだけムダだからです。

3 コンセプト作り——出演者と舞台設定

土台作り

第1章でコンセプトの重要性について説明しました。ここではコンセプトの重要性を確認しつつ、出演者と撮影する舞台の設定について説明します。

▶ ブランド力のある有名人なら成長速度は倍増！

コンセプトメイキングの中で、ヒット動画のポイントを紹介しました。ニーズがあり、なおかつオンリーワンであることでしたね。ニーズがあるジャンルで専門性に特化したチャンネルを作れば、ライバルがいない状態で始められます。

まずYouTubeでは、**ニーズがあり、かつ斬新なオリジナリティがあること**が重要です。コンセプトメイキングでニーズの必要性を語りました。しかし、それだけでは勝てません。ニーズがあることだけでなく、斬新さも必要不可欠です。

実は、近年ではこれらに加えて**明確なブランド力（肩書き）があること**が重要視されています。私がすでにブランド力がある人と一緒にチャンネルを始める場合は、すぐにさまざまなメディアに仕掛けます。それくらいブランド力があるかないかでチャンネルの成長速度が変わってきます。

ブランド力の定義は、以前説明したように**「第三者からの評価」**があることです。誰もが知っている有名人なら、3か月もあればチャンネル登録者数は10万人に到達します。私が参画しているチャンネルでも、何か月もかかってやっと数万人というチャンネルが多いのに比べて、有名人のチャンネルは驚くほど速く成長します。

ただし、有名人の多くがYouTubeに関するノウハウを持っていません。有名人を出演者として起用する場合は、「知名度だけでヒットする」という思い込みをなくし、「企画」や「コンセプト」が合致しなければヒットしないことも十分に理解しておきましょう。

現在はとても良い時代になりました。数多くのメディアに出演している有名人にアプローチしやすくなっています。有名人に出演者として依頼する方法やコラボを申し込む方法については、第４章で紹介します。

▶出演者に必要な能力

YouTube動画において成功のカギを握る出演者に必要な３つの能力を紹介します。

①トーク力
②ブランド力（肩書き）
③コミュニケーション能力

出演者選びの際には、これらの能力を確認しましょう。

出演者に必要な能力①　トーク力

すでに説明したとおり、トーク力は非常に重要な要素です。トーク力がない場合、さまざまな対策が必要になる上、他の要素があってもトーク力がある出演者に勝てない場合があります。それほど重要な要素なので、出演者選びの際は、トーク力があるか見極めておきましょう。

出演者に必要な能力②　ブランド力（肩書き）

ブランド力は、誰もがその人を「○○な人だ」と認識できる状態を指します。「私は○○の第一人者だ」と自称しているだけではブランド力があるとは言えません。第三者からの評価や社会的信用のある団体から付与された肩書きが、ブランド力の証明になります。

出演者に必要な能力③　コミュニケーション能力

コミュニケーション能力は、中長期的にチャンネルを伸ばしていく段階で重要になります。「動画なんて一人でしゃべるものだから、コミュニケーション能力はそれほど関係ないのではないか」と思う方もいるかもしれません。

しかし実際には、コミュニケーション力が高い人のチャンネルは、あっという間に大きくなる傾向があります。
なぜなら、**コミュニケーション力が高い人はコラボ（コラボレーション）ができる**からです。

▶ コミュニケーション能力が高いとコラボができる

YouTubeチャンネルを大きくするポイントは、コラボです。ある程度チャンネルの規模が大きくなってくると、コラボの有無でその後の成長速度が大きく変わります。

YouTubeにおけるコラボとは、**YouTuber同士が互いのチャンネルの動画に出演し合うこと**を指します。そうすることで、お互いのチャンネルの視聴者が、両方の動画を観ます。
するとどうなるでしょうか？

YouTubeのアルゴリズムは、視聴者が行き来したことを認識します。すると、お互いのチャンネルの動画とその視聴者が観ているほかの動画に関連性を見出し、コラボしたチャンネルの外にまで関連動画として表示するようになります。

それによって、新たな視聴者が流れてくるようになり、チャンネルの認知度が高まります。もし、このような力があるコラボを繰り返すことができたらどうなるか想像できますか。

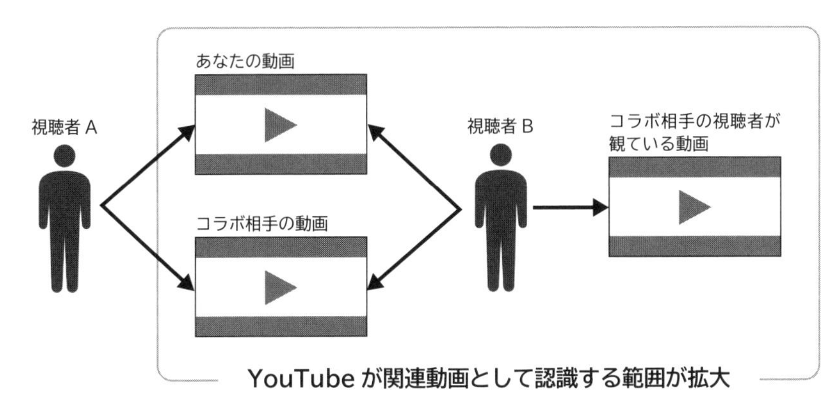

コラボによる拡散力

私が協力しているチャンネルでも、伸びたチャンネルは例外なくコラボが成功したチャンネルです。コミュニケーション力が高い人は、すぐに誰かとコラボできます。さらにコラボ相手から「次は○○さんともコラボしませんか」と紹介してもらうことで、どんどん関係性が広がります。これができる人ほど、一気に拡散されて伸びていきます。

そう、YouTubeはすべてがつながっているので、爆発的に拡大するのです！

▶ 情報交換できる仲の良いYouTuberがいる人ほど伸びる

成長するチャンネルの出演者の特徴に、仲良しのYouTuberが多いという共通点があります。彼らはお互いに情報交換を行い、さまざまなデータを確認しています。

情報交換ができるメリットは、ふたつあります。

①一人でYouTubeを運営している不安の軽減
②トレンドを押さえやすくなる

一人でYouTubeチャンネルを運営していると、自分の方向性が正しいのか不安になることがあります。どれだけリサーチを行い、数字の裏付けが取れたとしても、不安になってしまうことはあります。

データをシェアして、お互いにどんな状況かを共有できる仲間を見つけましょう。

YouTuber同士で仲が良いと、トレンドが押さえやすくなるというメリットもあります。やはりお互いにトレンドを意識しているので、情報をいち早く共有できるようになります。

▶「日常化された部屋」を作る

出演者が決まったら、次は撮影場所を決めます。特にビジネス系のYouTuberは、**毎回同じ場所を映す**ことが望ましいです。なぜなら、何度も同じ場所を見せることで、視聴者の記憶に定着しやすくなるからです。記憶に定着することで、視聴者はその場所に愛着を抱くようになります。場所が毎回変わってしまうと、視聴者の記憶に定着しづらくなります。

YouTubeはノウハウが良くても、視聴者が毎回観るとは限りません。そのため、繰り返し観てくれるファンを作る戦略が必要になります。視聴者の記憶に残るために必要になるのが「日常化された部屋」です。

場所は自宅でも会社でもかまいません。医者であれば診察室、ビジネス系であれば事務所やオフィス内の一室など、決まった場所があれば十分です。大掛かりなセットは必要ありません。ただし、何もない殺風景な部屋はおすすめできません。なぜなら、視聴者にとって**背景に映るものすべてがそのYouTuberの世界観になる**からです。

できる限り部屋作りはこだわりましょう。あなたのチャンネルのコンセプトに合った小物を用意すると、視聴者の記憶に残りやすくなります。たとえば、法律系のチャンネルであれば、机の上に六法全書を置いておくだけで説得力が増します。

ここは多少お金をかけてでもこだわる価値があります。

小物を用意することで、他のチャンネルと差別化できます。

背景もチャンネルのコンセプトに合わせましょう。たとえばビジネスで稼ぐというコンセプトのチャンネルで、背景がボロボロの壁紙だと説得力がありません。視聴者はすぐに冷めてしまいます。

左：日常化されていない部屋　右：日常化された部屋

さらに言えば、チャンネルのコンセプトだけではなく、ターゲットとなる**視聴者の年齢層や好みに合わせた世界観まで作り込む**ことができると理想的です。40代をターゲット層にした美容系チャンネルであれば、若い人から「おばさんっぽい」と思われても、対象となる40代からは「この部屋、ステキ」「パリジェンヌみたい」と思われるような部屋をイメージして作りましょう。

10代、20代を対象にしているにもかかわらず、出演者のイメージに合わせてシンプルな部屋で撮影するのは、YouTubeチャンネルとしてはマイナスです。

ターゲット層が憧れる部屋でなければ、ファンは付きません。

ちなみにYouTubeはスマホやパソコンなど、比較的小さな画面で視聴されることが多いので、1枚の絵だけで背景を作ることも可能です。印刷会社に少し大きなサイズの絵をプリントしてもらうだけで、簡単に背景が変えられるのでおすすめです。

▶ コンセプトに合わせて服装も作り込もう

撮影場所と同様に、出演者の服装も決めておきましょう。これも視聴者に記憶してもらうためです。ただし、あまりに奇抜な服装はただの「おかしなチャンネル」になりかねないので、避けたほうが無難です。

出演者の服装も**チャンネルのコンセプトに合っているか**が重要です。たとえば、世界情勢を真面目に語るチャンネルの出演者が、ピンク色のタイツを履いてシロクマのマスクをかぶっていたらどうでしょう。目立つ服装で視聴者に記憶してもらおうとしているのかもしれませんが、視聴者から見ると「おかしい人」のチャンネルとして見向きもされないでしょう。

記憶に定着させるためでも、あくまでコンセプトに合った服装にしてください。とはいえ、ビジネス系だからといってネクタイをきちっと締めたスーツ姿で登場するのは、面白みのない絵柄になってしまうので、そこは考えたほうがいいでしょう。

服装はチャンネルのコンセプトと視聴者との距離感を意識しましょう。

ある英語を教えるチャンネルでは、元英語教師の出演者がネクタイ姿で登場しようと考えていました。しかし、ターゲットは中高生なので、この層とマッチしないネクタイ姿ではなく、もう少しラフな服装のほうが距離感を縮められると考えられます。

このチャンネルでは、淡々と英語を教えるコンセプトで始めたものの、それではチャンネルが伸びませんでした。そこで「世の中の間違えている英語の勉強法を叩き切る侍」というコンセプトに変更しました。そのコンセプトに合わせて、服装も侍のような軽い和服に変更しました。

このようにチャンネルのコンセプトに合わせて、服装を作り込むといいでしょう。ただし「侍」だからといって、時代劇に出てくるようなカツラまでかぶる必要はありません。

▶ 定番のあいさつで記憶に残す

あらかじめ決めておきたいことは他にもあります。それは、**定番のあいさつ**です。多くのYouTubeチャンネルでは、出演者がトークを始める前の定番のあいさつがあります。皆さんも記憶に残っているあいさつがあるのではないでしょうか。

当然、定番のあいさつは出演者とチャンネルのコンセプトに合わせます。たとえば、医療系チャンネルで、医者としての立場からトークするというコンセプトであれば、クリニックに来てくれた患者さんにするようなあいさつにしましょう。

定番のあいさつがなくてもトークはできますが、いつも決まったあいさつから始めたほうがいいでしょう。なぜなら、**YouTubeの視聴者は、動画の内容をほとんど覚えていない**からです。「これから渾身(こんしん)の必殺コンテンツをアップするぞ」と意気込んでいる方はがっかりするかもしれません。しかし、これが事実です。

大半の視聴者はセミナーのようには、真面目に耳を傾けていません。スマホをいじったり、ご飯を食べたりしながらラフな状態で視聴しています。これはどのジャンルでも変わりません。

その一方で、ファン化した視聴者は同じ動画を10回、30回も観るのがYouTubeです。一度観たら十分な内容の動画も同様です。なぜそのようになるかと言うと、ファン化した視聴者はノウハウではなく、出演者を観ているからです。ここがYouTubeのすごい面でもあり、恐ろしい面でもあります。

そのため、最初に**3秒程度でインパクトが強いあいさつをする**ことが重要になります。特に凝ったものでなくていいです。とりあえずこれからトークが始まるとわかればいいので、覚えやすいフレーズをひとつだけ決めておきましょう。このフレーズによって、オープニングが始まると視聴者に伝わり、記憶に残りやすくなります。したがって、定番のあいさつを決めたら、あまり変更しないようにしましょう。定着すると「あのあいさつの人だ」と視聴者に認識してもらえるようになります。

大半の人は、動画の一部分しか記憶していません。その記憶している部分が拡散していくので、最初のセリフはとにかく短く、インパクトのあるものにするといいでしょう。なので、特別なフレーズは必要ありません。歯切れが良く、覚えやすいワードを使いましょう。

▶ キャラクター設定はブレさせない

チャンネルコンセプトが定まり、出演者を選び、撮影する背景や衣装、定番のあいさつが決まると、徐々に出演者のキャラクター設定が見えてくるでしょう。出演者のキャラクター設定はブレないように注意してください。

なぜならYouTubeの視聴者はノウハウよりも、**出演者が好きで動画を観る**からです。キャラがブレてしまうと、視聴者が離れる原因になり、チャンネルが伸びづらくなります。そのためキャラクター設定は、最初の段階で固めておきましょう。とはいえ、成功するキャラクターを見極めるのは難しいため、前述の「世の中の間違えている英語の勉強法を叩き切る侍」のように、運用の途中でキャラクターを変えられると覚えておきましょう。

まずはコンセプトに合った世界観を作りましょう。

企画を見つけるための分析力

土台作り

トーク力やコンセプトの重要性が理解できたら、次は具体的な企画を考えます。いくらほかの能力が高くても、企画自体が面白くなければ視聴者は観てくれません。ヒットを外さないためには、企画探しが非常に大切です。

▶ ニーズがある企画に斬新さをプラスする

すでに何度も説明しましたが、良い企画とは**ニーズがあるものに、オリジナリティつまり斬新さ（オンリーワンであること）を付け加えたもの**です。

たとえば、DIYに特化したチャンネルを運営していたとします。ヒット企画を調査して、「古民家をDIYで改造しました」という企画が当たっていると知ったら、「古民家を改造してお城を作る」のようなワンランク上の企画に改良しましょう。

このような企画はヒットしやすいです。なぜなら、すでに数字が取れている「古民家をDIYした」という企画の上を行く企画だからです。

ニーズがある中でプラスワンできる企画を考えてみてください。

ヒットキーワードを集める

ニーズの調べ方は、第1章でvidIQを使ってキーワードの平均再生数を調べ、その数字によって判断すると紹介しました。

まずはvidIQで、ニーズがありそうなキーワードを片っ端から調べてください。ヒットキーワードを探し出し、できる限りたくさん集めましょう。

ヒットキーワードが多いほど、企画作りが楽になります。作った企画が外れにくくなるため、チャンネルの成長速度が速くなります。もし他にスタッフがいるなら、担当者にキーワード検索を指示して、チャンネルを始める前に最低30個はヒットキーワードを用意しておきましょう。

平均再生数がそのワードをコンセプトとしたチャンネル登録者数の限界値になります。

▶最初の作業はひたすら「強い」ヒットキーワードを探すこと

より強いヒットキーワードの探し方を紹介します。検索結果の動画を、上からざっと見ていきます。動画のタイトルをチェックすると、パッと目に入るキーワードがあると思います。検索して表示される動画のタイトルを直感的に確認し、気になるキーワードはすべて検索してみましょう。

DIY系で検索して、「セルフリフォーム」や「劇的ビフォーアフター」というワードが目に入ったとしましょう。「セルフリフォーム」で検索すると、平均再生数120万回と出ました。このキーワードは使えるので、メモしておきます。この手順で、リサーチを続けます。目についたキーワードは、片っ端から検索しましょう。

リサーチを続けると、いくらでもキーワードが集まります。その中からヒットキーワードを探していくだけです。

企画を見つける作業は「ヒットキーワード探し」なのです。

ヒットキーワードをストックしよう

一般的には知られていなくても、また特定のジャンルの中でメジャーではなくても、平均再生数が高いキーワードは強いと覚えておきましょう。平均再生数が50万を超えているキーワードを使うだけでヒットします。さらに100万を超えるお宝キーワードであれば、Aランク企画が作れます（企画ランクについては229

ページを参照)。

たとえば、「いちご鼻」というキーワードがお宝キーワードにあたります。調べてみると、平均再生数230万回以上です。私がプロデュースしている美容系チャンネルで「いちご鼻」の企画を手掛けてみたところ、多くのチャンネルで数十万回以上再生され、あるチャンネルではなんと140万回以上再生される大ヒット動画になりました。

「なかなか企画がヒットしない」と言っている人は、そもそも弱いキーワードで企画を作っていないか考えてみましょう。

キーワードが強いかどうかで、勝負は決まります。

▶ヒット企画はチャンネルの「勢い」で判断する

キーワードを調査したら、次は見つけた企画が本当にヒットしているか確認します。

vidIQの平均再生数は、あくまでも平均値です。そのため、有名YouTuberが企画にしているキーワードだった場合は、数値が跳ね上がってしまいます。

登録者数が1000万人以上のチャンネルであれば、100万、200万回再生されているのは当然で、この場合はバズったとは言えません。一方で、もし登録者数がたった1000人のチャンネルの動画が100万回再生していたら、それは間違いなくバズっている大ヒット動画と言えます。

そこで皆さんは、**チャンネルには「勢い」がある**ということを知らなければいけません。**「勢い」を判断するために見るポイントは、チャンネル登録者数に対する再生数(再生率)が、70%、50%、30%あるか**という点です。この3つの割合のどこにあたるかで、そのチャンネルの勢いが測れます。

登録者数100万人のチャンネルがあったとしましょう。投稿している動画が、再生率70%以上、つまり毎回70万回以上再生されていれば、勢いがあるチャンネルと言えます。平均して50%以上、50万回くらい再生されているチャンネルも、登録者は増えていくはずです。

再生率が30%のチャンネルは、チャンネル登録者数はほとんど横ばい、または微増する状態と言えます。30%を切るとチャンネルの成長は難しくなります。10%だと、たとえ登録者数100万人のチャンネルでも世間的にはオワコンです。

もし、あなたのチャンネルの登録者数が100人、再生数が70回の場合、これから伸びていくチャンネルだと判断できます。つまり**再生数ではなく、再生率に注目する**ことが大切です。

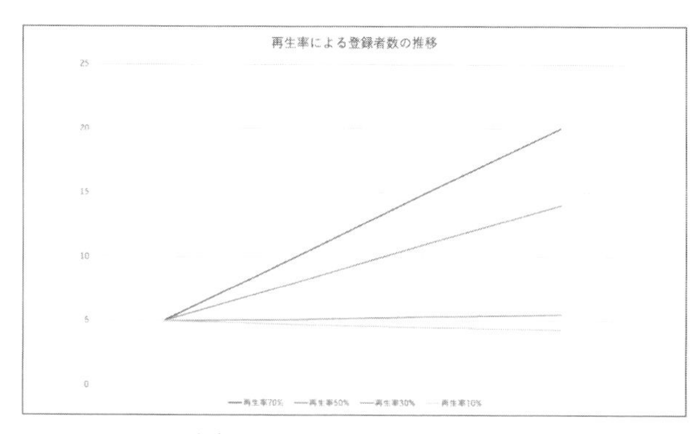

再生率によるチャンネル登録者数の推移

数字から見える事実

YouTubeはGoogleの子会社です。ここでヒットするかどうかは、**世の中の需要と連動**しています。世の中の人が求めていれば再生率が上がるため、逆に再生率が10%以下であれば、もう世間では興味がないと思われていると判断できます。

これは人気YouTuberのチャンネルでも同じです。私は自分のクライアントに対しても、断言します。**アナリティクスの数字が低ければ、残念ながら、その動画は劇的につまらなかった**ということです。

動画が面白いかどうかは、すべて数字に表れます。感覚で面白さを判断する人は、YouTubeでは伸びていきません。ある程度伸びていたYouTuberが、登録者数が40万〜50万人くらいになると潰れていく理由が、ここにあります。偶然ヒットするYouTuberもいますが、そのチャンネルは途中から数字が落ちていきます。何をしたら面白いか、理屈がわかっていないからです。

自分の感覚を信じるな。これを一番のルールにしてください。信じるべきものはデータであり、ロジックに従うべきなのです。

▶「ヒットキーワード＋再生率300%+トレンド」この３つを押さえよう

さらに勢いがあるチャンネルは、「ヒット企画」を出しています。ヒット企画とは、再生率が300％以上の動画を指します。再生率が200％の動画も十分ヒットしていると言えますが、できれば300％以上を基準に、ヒット企画をチェックしたいところです。

たとえば、先ほど挙げた「いちご鼻」というお宝キーワードは、確かに平均再生数は100万回以上になりますが、この基準で動画をひとつずつ確認すると、すべての動画が大ヒットしているわけではありません。

さらに、1000％を超えるようなら大ヒット企画になります。リサーチ中に、登録者数が5万人程度のチャンネルで、240万回以上再生されている動画を見つけたとしましょう。これは再生率が1000％どころではなく、5000％近くあります。これこそがメガヒット企画です。

キーワードと企画が強く、再生率1000％以上あると、その企画は大ヒット企画でしょう。ただし、もうひとつ分析しなければいけません。それが、トレンド分析です。

トレンドをリサーチする

第１章の「SEEの原則」で説明した３つのトレンドも重要です。まず、**ベリーショートトレンドとショートトレンド**は、次ページの表のサイトからリサーチすることをおすすめします。

Googleで急上昇しているトレンドは、YouTubeでも急上昇しやすい傾向にあります。そのため、**Googleの急上昇ワードのリサーチは必須**でしょう。また、テレビの影響力は依然として侮れません。テレビで紹介されたことは検索されやすいため、動画に取り込めると強いです。

また、リアルタイムで検索されているワードは、ヒットする確率が高いです。すぐに動画を投稿できるとバズる確率が高まります。通常の動画が難しい場合は、TwitterやTikTok、YouTubeのショート動画などを活用しましょう。

サイト名	URL	リサーチするポイント
Googleトレンド	https://trends.google.co.jp/trends/?geo=JP	急上昇ワードを見ましょう。特に「リアルタイムの検索トレンド」をすぐに動画化できると、ヒット企画になりやすいです。
cotoha.com	https://cotoha.com/	さまざまなサイトの急上昇ワードを調べられます。特にGoogleトレンドとTwitterトレンドに注目しましょう。
TVでた蔵	https://datazoo.jp/	TVで紹介されたネタやワードを調べられます。
価格.comのテレビ情報紹介	https://kakaku.com/tv/	テレビ番組で取り上げられた話題や情報がまとめられています。
紀伊國屋書店	https://www.kinokuniya.co.jp/disp/CKnSfMyLibraryOpenList.jsp?mn=D767FA7C2CCD3514	書籍の人気ランキングでは最も信用できます。また、「テレビで紹介された本・雑誌の本棚」も参考になります。

リサーチすべきサイト

続いてミドルレンジトレンドのリサーチ方法です。ミドルレンジトレンドは**1年前の同じ時期に何が流行していたか**を調べるとわかります。

また、これからのトレンドを押さえるため、**「未来年表」**を作成しましょう。世界的に重要なイベントはもちろん、自分の業界で開催されるイベントや未来の展望などをまとめることで、事前に企画を準備できます。

まとめると、**①平均再生数が最低20万〜50万回以上（できれば100万回以上）ある強いキーワード、②再生率が300%以上（できれば1000%以上）ある当たり動画、③トレンド期間を過ぎていないか**。これらすべてに当てはまれば、YouTubeにおいて高いニーズがある企画だと言え、再生数の増加に大きく貢献することでしょう。特にカッコ内の数字に当てはまる動画であれば、メガヒット企画が生まれる可能性があります。

これらの指標に当てはまる企画を狙っていけば、再生数が稼げます！

ブランド力によるプラスアルファ

ここまでコンセプトを練り、リサーチをすれば、当たる企画ができると思います。しかし、それではまだ素人にすぎません。

本書では登録者数10万人のチャンネルに成長させることがゴールなので、さらに一歩上を目指さなくてはなりません。その方法は**「プロが本気で教えます」というブランド力を付け加える**のです。

もう一度「いちご鼻」企画を例に説明しましょう。

「いちご鼻」で検索した動画の多くは、メイクの素人が作っているセルフケア動画です。そこにブランド力のあるプロフェッショナルの出演者が「プロがメイクの正しい方法を教える」という動画を出したとしましょう。内容は他の動画と同じようなものですが、本物のプロフェッショナルが教えることに、視聴者は違いを見出します。こうすることで、プラスアルファの「勝てる」企画になるのです。

▶ コンセプトに合わないヒット企画は無意味

ここまでに紹介した方法で、さまざまな企画が見つかると思います。しかし、ここで気をつけてほしいことがあります。**企画はチャンネルのコンセプトに沿ったものから選ぶ**という点です。

「いちご鼻」がヒット企画だからといって、DIYチャンネルに取り入れてしまうと、チャンネルのコンセプトが壊れてしまいます。コンセプトから大幅にズレた企画を入れてしまうと、視聴者は混乱してしまいます。そして視聴者が混乱すると、チャンネルの価値が下がってしまいます。

新型コロナウイルスが広まり始めた頃に、ビジネス系チャンネルが「コロナ」というキーワードを多用するケースが見受けられました。コロナが旬だからといって、安易に「コロナ時代の稼ぎ方」などという動画を投稿してしまうと、結局チャンネルのコンセプトが壊れてしまい、一時的に再生数などが伸びても、ファン化した視聴者は得られません。考えてみてください。「コロナ」で獲得した視聴者が、本当にあなたの顧客になってくれるでしょうか？

チェックすべきキーワードは、自分のチャンネルコンセプトに合ったもの。

▶ インフルエンサーのヒット企画に注意しろ

非常に多い間違いが、有名YouTuberのヒット企画を真似することです。なぜなら、有名YouTuberの企画は、その人の影響力によってヒットしている場合が多いからです。

私たちが協力していた美容系チャンネルで、YouTubeの急上昇ランキングに登場するほどヒットした動画を出したことがあります。その出演者は顔のあるパーツについて、視聴者から「整形しているのではないか」と言われていました。そこで、「整形」というヒットキーワードに、そのパーツをタイトルに加えて「私の○○の整形について」という動画にしました。これはキーワードの強さに、**視聴者が気になっている話題**があったからこそ、一気にヒットしたのです。

もし普通の女性が同じタイトルで出しても、誰も再生しないでしょう。つまり、インフルエンサーが行うことでヒットしている企画は、その人だからヒットしている可能性があります。そのため、有名YouTuberの企画を真似しても、ヒットしないことがたびたび起こります。

だから、出演者が理由でバズっている動画ではなく、企画そのものがバズっている動画を探す意識が必要です。最も美味しい企画は、**まだインフルエンサーとは言えない、登録者数1万～5万人ほどのYouTuberによるヒット動画**です。こうした人たちが突然ヒットしたら、それは企画の力によるものです。

第2章で紹介したSocial Bladeを使って、このレベルのチャンネルをチェックし続けるといいでしょう。毎日、登録者数の推移を見るだけでも十分です。急に伸びたチャンネルがあれば、即YouTubeチャンネルを確認しましょう。なお、投稿をやめてしまったチャンネルは伸びないため、ベンチマークから外しましょう。

▶企画で役立つ「ボウフラ分析」の考え方

ここでビジネス系、エンタメ系問わず、ヒット企画を作るときに基本となる考え方を紹介します。それは**「ボウフラ分析」**です。ボウフラとは口コミを意味します。「ボウフラ＝口コミはなぜ一斉に発生するのか」を分析した結果、**ヒット企画には4つのパターンがある**ことを発見しました。

①生死感動
②制裁感動
③願望感動
④共感感動

マーケティング用語で「シミュラークル型拡散」という言葉があります。「どこが起点かわからないけれど、いつの間にか流行っている現象」を指し、従来のメディアの影響によるマスメディア型、特定の個人によって広まるインフルエンサー型に代わり、みんなが真似をすることで情報が広がるSNS時代の新しい拡散方法として知られています。

登録者数100万人レベルのチャンネルの企画は、この原則に従って作られていることが多いです。そのような企画は**人間の基本的な欲求・心理に訴えかける**ため、ジャンルを問わず、誰もが観たくなる傾向があります。皆さんも取り入れられるパターンがあれば、使ってみましょう。

人間の心理に訴えかけるパターン①　生死感動

まず基本中の基本は、**生死感動**のパターンです。生死に関わる話題は、とにかくバズりやすいのです。漫画やドラマで主人公が命を落としそうなシーンが盛り上がるように、危機感を煽（あお）る動画は視聴者の感情を揺さぶります。人間も動物なので、本能的に何かが「食われる」、つまり殺される、死ぬ、戦う、争うなど、**背景に死が存在するものには興味を持つ**ようにできています。

生死に関わるような内容でなくても、元格闘家のYouTuberが実施している「○○に喧嘩(けんか)を売ってみた」系の企画は、やはり再生数が伸びています。

いくら当たるとはいえ、皆さんの動画は主にビジネス系なので、このような企画は普通にはできません。では、どのように取り入れるのか。その方法は簡単です。

サムネイルとタイトルに生死感動系のキーワードを使う！

YouTubeはサムネイルやタイトルと動画の内容が一致しないと、YouTubeからの評価が下がってしまいます。だからといって、動画全体がその内容と関わっている必要はなく、一部でもその話題が入っていればいいのです。過去に「○○で死ぬかと思った」という経験は、誰でも人生に一度や二度はあると思います。そのようなエピソードをトークに入れられれば、サムネイルとタイトルに生死感動系のキーワードを使っても問題になりません。自分以外の人の体験談でもいいでしょう。

生死感動系に限らず、**自分が体験していない話題をトークに盛り込む**というテクニックには汎用性があります。これができると、サムネイルとタイトルに強いキーワードを使えるので、普段からこの発想を身につけておくといいでしょう。

人間の心理に訴えかけるパターン②　制裁感動

社会悪を制裁したり、叩いたり、指導したりする企画です。悪役を撃退することで感動が生まれるというのは、ヒーロー物でもおなじみでしょう。

ただし、注意も必要です。いわゆる「自粛警察（コロナ禍に不謹慎と感じる動画や書き込みを見張って指摘する人たち）」への批判があったように、近年は社会悪を制裁する側が逆に叩かれることも多く、ビジネス系ではこのパターンをあまりおすすめできません。

人間の心理に訴えかけるパターン③　願望感動

世の中の人たちが求めているものを自分が代わりに手掛けるような企画を指します。誰しもが「一度は体験してみたい」「こんなことが実現できたら」と思っていることを動画にすると、視聴者は自分の願望が達成されたと感じます。

企画の内容は「イクラのお風呂に入って山盛り食べまくる」「人気ゲームに100万円課金してみた」など、一般の人たちができないことを代行するとヒットしやすくなります。しかし、勘違いしやすいのですが、「超高級車に乗ってみました」のような企画は嫉妬を生みやすいものです。お金をかければ良いのではありません。

視聴者が望んでいることを実現するのが効果的です！

もし私がYouTubeに関する動画を作るとしたら、「YouTubeの本社にやってきました」という願望感動系の企画をやります。この企画はバズるはずです。なぜなら、多くのYouTube利用者にとって、YouTube本社がどういうものか、気になるはずだからです。それが彼らにとっての「願望」なのです。

人間の心理に訴えかけるパターン④　共感感動

視聴者が感じている不安や悩みに同調し、解決策や改善策を提案するような企画です。「不景気なので、将来年金がもらえるか心配ですよね」や「勉強しろと言ってくる親ってイヤですよね」など、視聴者層に合わせたトークができると、視聴者は関心を持って動画を観てくれます。

自然と共感を得られるトークができる出演者が理想的ですが、事前に視聴者層をリサーチし、彼らの不安や悩みを書き出すことで、トークに取り入れることができます。

視聴者の願望を分析する

視聴者の願望を知ることの重要性は理解していただけたのではないでしょうか。**ボウフラ分析を実践すると、動画がヒットする可能性が高くなります**。

整体のチャンネルであれば、視聴者の願望には「慢性的な肩こりが解消されること」があると考えられます。そこで、「何年も肩がこっている、少しマッサージされるだけでも痛かった、そんな肩こりがみるみるなくなった」という動画があったら、視聴者の願望が叶(かな)えられるはずです。

覚えておいてほしいのは、**視聴者は画面に出ている人に同調・共感する**ということです。出演者が一人のチャンネルがたまにゲストを呼ぶと、この効果が高まります。

美容系のチャンネルで、普段の動画では出演者が自分にメイクし、その方法を解説しているとしましょう。そんな中でゲストに来てもらい、そのゲストにメイクを施すという企画をやります。すると、**視聴者の気持ちがゲストと一体化する**現象が起きます。ゲストが喜ぶと、視聴者もメイクをしてもらった気分になり、強く共感してくれるのです。

これを応用した企画もあります。メイク動画には、カメラを前にして「じゃあ、今からメイクしてあげるね」と視聴者に語りかけながら眉毛を描くふりをするという企画があります。視聴者は実際に自分がメイクしてもらっているように感じて、その人のファンになってしまうのです。このあたりが、YouTubeとテレビの大きな違いです。

テレビとは街看板のようなものです。歩きながら看板を眺めることはあっても、普通じっくりとは観察しません。同じようにテレビはつけたままチャンネルを変えず、垂れ流されます。つまり、テレビはフラットな状態で観られるメディアなのです。

それに対してYouTubeは、視聴者が自発的に動画を選ぶため、面白くなければすぐに違う動画に変えられてしまいます。視聴者を動画に留めるには、「自分が声をかけられている」「直接話しかけられている」という感覚を作り出すことが必要です。YouTubeの視聴者にとって、出演者は自分だけのアイドルや友達のような存在なのです。

YouTubeでは、いつ、どこで観ても視聴者が共感できる出演者になることが重要です。

5 企画のリサーチ力を上げろ

土台作り

いざ企画作りを始めると、何をすれば良いかわからなくなってしまう方も少なくありません。なぜなら、企画作りの土台ができていないからです。企画を生み出すためのリサーチ力を磨きましょう。

▶ 企画が出ないならキーワードを100集めろ！

「良い企画についてはわかったけれど、いざ始めようとすると企画が思いつかない……」という人は、vidIQを使って「平均再生数が20万回以上で、自分のチャンネルコンセプトに合っているキーワード」を、とにかくたくさん集めてください。できれば**100個以上**ほしいところです。その気になれば、1時間もかからずに集まります。方法はvidIQを使って、ニーズがあるキーワードを検索することです(59ページ)。

100個以上キーワードが集まったら、次にキーワードから企画を考えます。

これが初心者の基本的な企画の作り方です。ヒットキーワードを組み合わせて、何か企画を作れないか考えるだけ。単純ですが、有効な方法です。

「**<おうち時間>**でできる**<ルーティン>**。**<雑談メイク>**をしながら語るよ」のようにヒットキーワードを組み合わせた企画にすると、大きく外すことはないはずです。このように、基本的なキーワードを選ぶだけでひとまず企画ができあがります。

このテクニックは進行中の企画にプラスアルファしたいときも非常に役立ちま

す。最後にタイトルが決まりにくいときに使えるのです。何か企画を立てて動画を作ったものの、今ひとつインパクトに欠けている場合です。出演者のトークが弱かったり、計画どおりに企画ができなかったりすることはよくあります。そんなとき、ヒットキーワードをタイトルに追加できないか考えます。たとえば、ヒットキーワードの「ベストコスメ」を動画内で紹介できないかなど、弱めの企画にプラスアルファしてみましょう。

「タイトルとサムネイルは、中身と合っていれば評価は悪くならない」と説明しましたね。企画がどうしても弱いときは、**タイトルとサムネイルに強いキーワードを使えばいい**のです。そのために、事前に多くのキーワードを調べておきましょう。

そもそもYouTubeで活動を続けていると、企画で困ることはよくあるので、最初から多くのキーワードを準備しておいて損はありません。たとえばキーワードをリストアップし、「○○メイク」「○○美容」のようにジャンル分けして整理するのも有効です。そういう準備を怠らない人は、やはりチャンネルの伸びが速いように感じます。

事前にキーワードを集めて、いつでも使えるように準備しておきましょう！

▶ 企画はどうやってリサーチする？

チャンネルを立ち上げてからも、企画は常にリサーチし続けてください。具体的なリサーチ方法を3つ紹介します。

①vidIQなどの分析ツールで検索する

前に説明したように、チャンネルのコンセプトに合うキーワードで検索して**平均再生数20万回以上、登録者数に対する再生率が300%以上の企画**をチェックします（136ページ）。

②YouTubeの急上昇ランキング

これは毎日チェックしてください。画面左側にあるメニューバーの中に「急上昇」というアイコンがあります。急上昇では、15分間隔ですべてのユーザーに人気の動画がリストアップされます。急上昇ランキングはユーザーごとにカスタマイズされたものではなく、国ごとにすべてのYouTubeユーザーに対して同じリストが表示されます。ジャンルは「最新」「音楽」「ゲーム」「映画」に分けられています。あなたのチャンネルとジャンルが異なっていても、**「今、世間で評価が高い動画」の傾向**が摑めるため、確認は必須です。

YouTubeの急上昇ランキング

急上昇ランキングでは、海外のランキングを見ることもできます。YouTubeの画面で右側のアカウントのアイコンをクリックすると、「言語：」「場所：」というメニューが選べます。「場所：日本」を「場所：アメリカ」に変えると、アメリカの急上昇ランキングの動画が表示されるようになります。

アメリカで急上昇ランキングに入っている動画は、日本でもヒットしやすい傾向があります。**海外でバズっている企画をいち早く見つけて、それを輸入する**パターンも有効です。

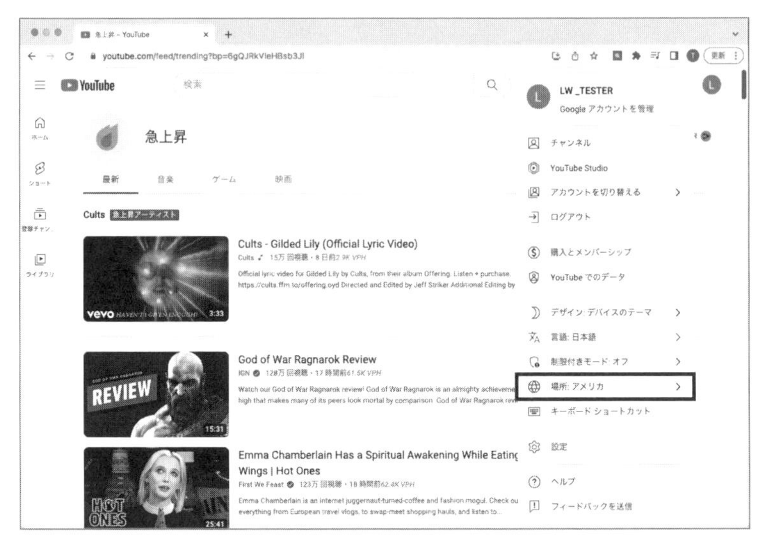

「場所：」をアメリカに変更

③海外の有名YouTuberによるメガヒット企画

海外のYouTuberのメガヒット動画を日本で取り入れてみると、バズりやすいです。代表的な成功例のひたすら包丁を研いだり作ったりするチャンネルは、もともと海外に似たチャンネルがありました。しかし、それを日本でしている人がいなかったから伸びたのです。

▶ YouTube以外の市場からヒットを探す

ここまで紹介したYouTube内でのリサーチは基本ですが、これだけでは初心者レベルです。後追いではなく先行して企画を出せるようになれば、そのチャンネルは大きく成長します。

もちろん、そんな企画はなかなか考えつくものではありません。トップYouTuberはプロの放送作家を雇って企画会議をしています。しかし、皆さんがそこまでするのは難しいかもしれません。そこで実践してほしいのが、**YouTube以外の媒体でヒットしている企画をYouTubeに輸入する**ことです。

海外でバズっている企画を持ってくるのもそのひとつです。テレビのヒット企画を使う方法もあります。TwitterやTikTokなどでヒットしている企画もいいでしょう。

YouTubeとのシナジー効果が高いのはTwitterとTikTokです。

特にTwitterでバズっている企画は、常にチェックしておきましょう。リツイートが10万以上、低くても5万以上の企画や動画であれば、積極的に真似してみましょう。アルミホイルできれいな丸い球を作るというメガヒット企画は、もともとTwitterでバズっていた企画でした。それがYouTubeでもヒットしたのです。

似たような使い方ができるのがTikTokです。ここでバズる企画は、YouTubeでもバズりやすい傾向があります。同様に、YouTubeでバズるものはTikTokでもバズります。**文字文化、動画文化でヒットした企画は、おおむねYouTubeでもヒットしやすい**と考えられます。

▶ ベンチマークした人の伸びた瞬間に飛び乗れ！

多くの人がしていない、私たちのような一部のプロだけが実践している手法を紹介しましょう。それは、**ベンチマーク**（指標となるチャンネルを作ること）です。

漠然とリサーチするのではなく、ベンチマークしているチャンネルを観察し続けて、そのチャンネルが伸びた瞬間を摑むことが重要です。ベンチマークしたチャンネルが伸びた要因を分析し、その波に乗りましょう。これが最もヒットする確率の高い手法です。これは、魚釣りで水面の浮きを眺め続け、反応があったらすかさず竿（さお）を引いて魚を釣り上げるのに似ています。

ベンチマークするチャンネルとは？

皆さんがベンチマークするべきチャンネルの基準を紹介しましょう。ポイントは**定期的に投稿していて、登録者数が10万人以下の新人YouTuber**です。特に登録者数が1万〜3万人程度のチャンネルで、急に再生数の伸びている動画があったら即、分析しましょう。その動画が伸びた理由を分析し、企画が当たっていたのであれば、その企画を横展開するようにしてください。

「登録者数100万人以上の人気YouTuberはチェックすべきか」という質問をたびたび受けますが、どちらでもかまいません。基本的には登録者数が近いチャンネルを中心にベンチマークし、余裕があれば大きなチャンネルもチェックします。なぜなら、どのような企画でも人気YouTuberが始めると、企画としての新鮮度が落ちてしまうからです。

視聴者にとって新鮮味のない企画は意味がありません。

望ましい展開は、**自分が先行している企画を、超人気YouTuberが真似した**場合です。自分の動画が関連動画としてあがる可能性が高くなり、再生数の伸びを期待できます。すると、人気YouTuberの視聴者があなたの動画に流れてくるので、一気にチャンネルが成長することがあります。

ベンチマークを最大限活用しよう！

ベンチマークするチャンネルが見つかったら、あとはひたすら観察を続けましょう。魚が食いつくまで釣り糸を垂らして待つのです。ベンチマークしたチャンネルの観察にはSocial Bladeを使いましょう。ベンチマークするYouTubeチャンネルをブラウザでお気に入り登録して、どのように伸びていくかを毎日チェックします。

継続的にリサーチしていると、ある日突然、無名新人のYouTuberがヒットすることがあります。その瞬間に、すぐさま真似できる人のチャンネルは伸びます。私の場合は、ヒットしている動画を見つけた次の日には、コンセプトの似た動画を撮影します。YouTubeのトレンドは、株価のように激しく上下します。**爆発的にヒットする企画の賞味期限は3日、長くても1週間**しかありません。ヒットの瞬間を押さえるために、ベンチマークしているチャンネルを観察し続けることが重要です。

6 初心者が意識すべき動画編集のコツ

土台作り

ヒットする企画を見つけても、撮影した動画をそのまま投稿していてはヒットしません。編集作業は、どのような動画であっても必須です。ここでは、編集する際に意識しておくべき点を紹介します。

▶視聴者を飽きさせない映像作り

「部屋の中でノウハウを語るだけだから、編集することがない」と思っている人は、考えを改めましょう。動きのない動画でも、決めのセリフやポイントを言うシーンで画面をアップにしてみましょう。すると、**視聴者が飽きずに視聴し続けられる**ようになり、視聴者維持率が上がります。

確かに、動画によっては頻繁な場面転換がマイナスになる動画もあります。しかし、少なくとも**10秒間に一度も画面切り替えがない編集は良くない**と言えます。何も変化のない画面は、最大で10秒の視聴が限界でしょう。初心者なら10秒に1回は画面をアップにすることを目安にしてみましょう。

▶「ツッコミ」編集は威力抜群

画面に変化を与えるコツには、**ツッコミ編集**があります。ツッコミ編集とは、出演者が一人の場合はもちろん、複数の出演者がいる場合でも有効な手法です。たとえば**合いの手役となるキャラクターを作り、テロップでツッコミを入れましょう**。

テロップで「今回は○○にこだわってみます」といった合いの手を入れたり、謎のキャラクターがツッコミを入れたりするパターンがあります。ツッコミにキャラクターを使うと、YouTubeでは視聴者維持率が上がる傾向があるため、「合いの手キャラ」を用意しておくといいでしょう。

トーク力がない出演者一人だけのチャンネルでも使える手法です。

この手法が有効である理由は、YouTubeの視聴者がコンテンツの内容ではなく、**出演者のキャラクターに重きを置いて観ている**からです。第1章でも説明しましたが、ノウハウ系のチャンネルが、ノウハウの良さだけで大きくなることはまずありません。内容だけであれば、いくらでも真似されてしまいます。しかし、出演者やキャラクターの人気は、真似ることができません。

最初に目指すべきは、出演者が人気者になることです。

内容にこだわりすぎるのではなく、視聴者に出演者を好きになってもらうため、観続けてもらえるような編集を意識しましょう。

▶山場となる3秒のフックを必ず入れろ

動画撮影においては、ストーリー（動画の構成）も重要です。ストーリーの基本は、**①3秒のフック→②3秒のロゴ→③本編**という構成です。

最も重要なのが最初の3秒のフックです。これは動画の山場を冒頭に入れることです。ロゴが映ってから本編が始まるという構成は絶対にやめてください。まずは**冒頭の3秒のフックで視聴者を釘付け（くぎづ）に**しましょう。

ロゴはなくてもいいのですが、あるとチャンネルの認知度が高まります。ただし3秒を超えてはいけません。3秒以上ロゴを表示し続けると、視聴者維持率が下がる傾向があります。

本編の構成は「起承転結」がセオリー

本編の構成は**「起承転結」**が基本です。オープニングとエンディングは必ず用意しましょう。

オープニングとは、**「誰がどこで何をした」という結論**を伝えるものです。

そもそもYouTubeのストーリーは、**①誰が、②どこで、③何によって、④何を実現するのか**で成り立っています。たとえば、「今日は、英語を教えている私が（①誰が）、海外で（②どこで）銃を突きつけられたときに、英語によって（③何によって）切り抜けた（④実現した）ことを教えます」という結論を、動画の冒頭で述べてください。

そして、動画の最後で「よかったら**高評価とチャンネル登録**をお願いします」と伝えましょう。

オープニングを最後に撮影する

オープニングは最後に作ってもかまいません。撮影中に面白い話が出てきたり、企画を変更する場合があったりすると、**最初に撮影していたオープニングを差し替える**必要があります。

私も「ケルヒャー社のスチーマーを使ってトイレ掃除する」企画で撮影を始めたものの、作業してみると汚れが落ちなかった経験があります。そこで「お風呂はどうだろう」と試したところ汚れが落ちたため、企画を変更して、本編と同時にオープニングを撮り直しました。

YouTubeでヒットするポイントは、タイトルやサムネイルが動画の内容とマッチしていることです。内容が違うとヒットしません。なぜなら、タイトルやサムネイルを見て動画を再生した視聴者が、動画を観て**「期待どおりの内容で面白かった」**という状態にならなければ満足してもらえないからです。

オープニングで視聴者を惹きつけて、エンディングに向かうにつれて納得感を与えましょう！

ブランド力をおさらいしよう

土台作り

自称している肩書きや世間的に知られていない狭い世界での評価は本物のブランド力ではありません。その一方、本物のブランド力があれば、チャンネル運営は非常に楽になります。

▶ ブランド力がある人とは？

ここまでに、ブランド力の話を何度もしてきました。しかし、「結局、何があればブランド力があると言えるの？」と思っている方もいるのではないでしょうか。ブランド力の有無を判断するポイントは3つあります。

①テレビでレギュラー出演している
②書籍が累計で100万部売れている
③雑誌で連載している

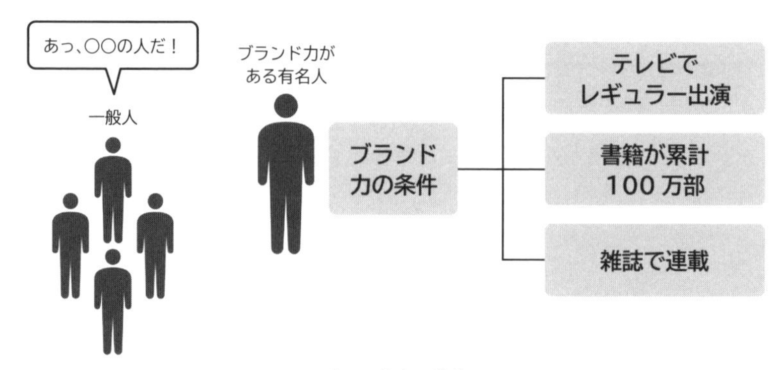

ブランド力の条件

ブランド力の条件①　テレビでレギュラー出演

これは最もイメージしやすいのではないでしょうか。近年、テレビで活躍している有名人がYouTubeチャンネルを開設することが増えてきました。彼らはそのブランド力で、開設してすぐに数万人、数十万人のチャンネル登録者を獲得していることも少なくありません。

一般の人が数か月間かけて、さまざまな対策をして目指す数字を、彼らは一瞬にして獲得します。これを真似することはできませんが、**あなたのチャンネルの出演者になった場合は、心強い味方となる**でしょう。ただし、先ほども触れましたが、出演者にYouTubeのノウハウを把握してもらうことが基本です。

ブランド力の条件②　書籍が累計100万部

書籍は年々売れなくなってきていると言われていますが、その中でも売れているということは、その著者の実力や知名度が十分であると考えられます。

「私はベストセラー本を出しています」と言ってくる人もいますが、**少なくとも数冊で100万部売れている人**こそ、ブランド力があると言えます。また、ビジネス・実用書系のジャンルであれば、1冊で10万部以上のヒット作があると、多くの人に認知してもらえている印象があります。

ブランド力の条件③　雑誌で連載

これは①、②の条件と比べると、ブランド的にはやや劣ります。しかし、**雑誌で連載を持っているタイプの人は、意外とSNSにコアなファン層が存在する**場合があります。

数ではテレビの有名人には劣りますが、コアなファンがいることは非常に大きなメリットです。なぜなら、コアなファンはその人の情報を注視しているからです。もし、その人がYouTubeを始めれば、すぐにチャンネル登録して高評価もしてくれるでしょう。さらにSNSで動画を拡散したり、ファン同士で交流したりすることも期待できます。

その結果、外部からYouTubeに流入するため、YouTubeの内部評価が高くなります。このように、**数字では見えないメリット**を期待できます。

8 動画投稿スタート——まずは自己紹介動画

土台作り

ここまで理解できたら、いよいよ実践です。第２章で説明しましたが、最初に投稿するのは**自己紹介動画**です。動画の構成は93ページを参考にしてください。また、投稿を本格的に始める前の準備も重要なので、参考にしてください。

▶１本目は実績を語る自己紹介動画を撮る

「動画撮影はまだか」と感じている皆さん、お待たせしました！　いよいよ1本目の動画を撮影しましょう。1本目は、**自己紹介動画**を撮ってください。自己紹介動画はあくまでも自分の紹介が目的なので、細かいテクニックは必要ありません。自己紹介動画は「名前と実績」「コンセプト」「理念」「登録と高評価のお願い」で構成しましょう。その流れに沿って撮影してください。

自己紹介動画は、長すぎず短すぎない３～５分程度がちょうど良いでしょう。

▶動画の長さや音楽は？——よくある疑問、これが正解

これから皆さんは、リサーチした企画を動画にしていくだけです。ここで、動画作成の中で初心者が迷いやすいポイントを解説しましょう。

Q：動画の長さは、どのくらいが適切？

我々が携わっているチャンネルは、視聴維持率を保ちやすいとされる**8～12分**

を基本としています。ビジネス系は20〜40分くらいが多いです。

3〜5分の短い動画が良いと言われていた時代もありました。しかし現在のYouTubeの評価基準では、**「視聴維持率」×「再生数」×「動画の長さ」の公式によって導かれる「総視聴時間」が重要**になっています。つまり、長い動画なのに最後まで見られるものが優遇される傾向にあります。ここでは「視聴維持率」について見ていきましょう。ビジネス系でノウハウを語るチャンネルであれば、目標は視聴者維持率40%以上です。

チャンネルのジャンル	目標の視聴者維持率
エンタメ系	35%
ビジネス系	40%
音楽系	60%

ジャンルごとの視聴者維持率の目標値

上記の数字はあくまでも目安です。まず意識してほしい点は、視聴者が観ている他のチャンネルと比べて、あなたの動画の視聴者維持率が高いかどうかです。視聴者維持率を確認するには、YouTube Studioの「コンテンツ」で、各動画のサムネイルの右に表示されている「アナリティクス」ボタンをクリックします。「動画の分析情報」の画面で「エンゲージメント」タブをクリックすると、画面の下部に視聴者維持率のグラフが表示されます。

YouTube Studio→コンテンツ→アナリティクス→動画の分析情報→エンゲージメント

Q：出した動画があまり良くなかったら、削除してもいい？

絶対にやめてください。1回投稿した動画を削除すると、YouTubeの内部評価が下がってしまいます。削除したい動画は非公開にしましょう。

Q：BGMは何を使えばいいの？

YouTubeには無料で使えるライブラリが公式で用意されています。YouTube Studioの左側のメニューから「オーディオライブラリ」を開くと、さまざまな音楽や効果音が用意されています。ここの音源はすべて著作権フリーで使えます。

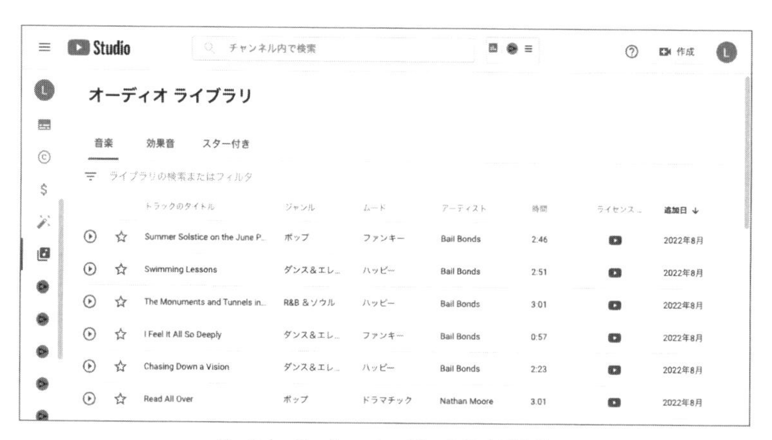

YouTube Studio→オーディオライブラリ

また、フリーのBGM素材を集めたサイトもあり、**「DOVA-SYNDROME（ドーヴァシンドローム）」**や**「MusMus（ムズムズ）」**などが知られています。我々は**「Audiostock」**という定額制のサービスを使うことが多いです。理由は、無料の音源を使うと他の人とかぶることがあるためです。オリジナリティを感じてもらうためには、有料のBGM素材を利用したほうが効果的です。

オリジナリティを気にしないなら無料のサービスで十分です。

▶投稿したらチェックすべき点

順調に動画を投稿したら、チャンネル登録者数の増減ではなく、アナリティクスの数字をチェックします。

まず確認するのは、**視聴者維持率**です（表示方法は37ページを参照）。皆さんの動画の視聴者維持率は何％だったでしょうか？

これもおさらいですが、エンタメ系は35％以上、ビジネス、ノウハウ系は40％以上、音楽や咀嚼音などミュージック系は60％以上で合格です。もし20分の動画で50％前後の視聴者維持率だった場合、YouTubeの評価は非常に高まります。視聴者維持率が高い動画が多いほど、チャンネルの評価も高くなります。

次に「視聴者あたりの平均視聴回数」を確認しましょう（表示方法は36ページを参照）。この数値は、視聴者がそのチャンネルの動画を約1か月間（「過去28日間」を選択した場合）に何回観ているかを示しています。わかりやすく言えば「**リピート率**」です。

この数値の目標は、1か月間で2～3回以上あれば合格です。もし2を切っていたら、視聴者から「視聴したものの面白くなかった」と言われたようなものなので、改善が必要です。YouTubeチャンネルは土台固めが成否を分けます。その土台固めの根拠になる数字が平均視聴回数です。

なお、無料登録キャンペーンをしてしまうと、平均視聴回数が悪くなる傾向があります。無料登録キャンペーンとは「チャンネル開設しました。今なら登録すると、もれなく全員に〇〇をプレゼント！」のように、物で人を集める方法です。これは絶対にやめてください。

なぜなら、**無料登録した人たちは動画を観てくれない**からです。無料登録キャンペーンで登録者数は増えても、平均視聴回数の数値が下がり、YouTubeの評価も下がって、チャンネルが成長できなくなります。

無料登録キャンペーンはデメリットが大きいのです！

▶「インプレッションのクリック率」は10%以上

続いて「**インプレッションのクリック率**」を確認しましょう。インプレッションとは、自分の動画がおすすめに表示されることです。おすすめに表示されて、クリックされた割合をパーセント表示したものがインプレッションのクリック率です。YouTube Studioで「コンテンツ」を選択し、確認したい動画のアナリティクスを開きましょう。続いて「リーチ」タブを選ぶと、「インプレッション数」と「インプレッションのクリック率」が表示されます。

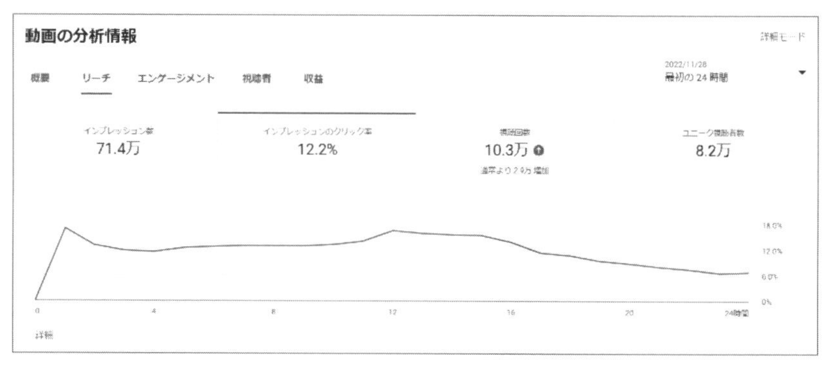

YouTube Studio→コンテンツ→各動画→リーチタブ

インプレッションのクリック率は、最初は比較的高くなります。なぜなら、初期段階でクリックしてくれる人は、あなたの友人や顧客だからです。チャンネルの開設時に、100人の友人や顧客に登録してもらったとしましょう。そうするとYouTubeは、その100人のトップページにあなたの動画を表示してくれます。自分が登録したチャンネルですから、普通であれば一度はクリックするはずです。

もしクリック率が低い場合、YouTubeは「おすすめしてもYouTubeのユーザーはこのチャンネルに興味がないのではないか」と判断します。そのため、**クリック率が10%を切るようになってくると非常に危ない**です。

具体的な目安は、毎日投稿している場合、5回目までの投稿で10%を切らないことが目標です。2日に1回投稿の場合、10日間で見てください。13～15%あると順調です。もっと高い場合もあります。この段階でインプレッションされる相手は、最初に登録した人たちだけなのですから。

そのため、**最初に登録してくれる人たちが重要**だということを覚えておいてください。YouTubeのアルゴリズムでは、最初に登録した人たちの評価が高ければ、彼らが観ているチャンネルの視聴者にもあなたの動画をインプレッション表示してくれます。なぜなら、YouTubeのアルゴリズムが「Aチャンネルを観ている人は、どうやらあなたのチャンネルも好きなのではないか」と考えるからです。

あなたのチャンネルをインプレッション表示した結果、評判が良いとYouTubeが判断すると、さらに多くの人にインプレッションするようになります。つまり、YouTubeが勝手におすすめしてくれます。

初期段階では、積極的に動画を再生してくれる友人や顧客にチャンネル登録をお願いしましょう！

チャンネル運用を続けるうちに、クリック率は低下します。なぜなら、自分の視聴者以外の人たちにも表示されるようになるからです。順調にチャンネルが成長すると、3〜5%で落ち着きます。少なくとも2.5%は切らないようにしましょう。

▶ 合格ラインは５つの数字でチェック

「リーチ」タブでは、「トラフィックソースの種類（視聴者がこの動画を見つけた方法）」も確認しましょう。**まずは「ブラウジング機能」が80%以上あるか確認します**。単独で80%以下でも、「関連動画」と合わせて80%以上なら合格です。

勢いがあるチャンネルは80%を超えます。その状態ならチャンネルの運用が順調で、成長する見込みがあることを示しています。安心して投稿を続けてください。

初期の段階や、SEO対策が効いている場合は、「YouTube検索」が上位に来るケースも多いです。知名度がない段階ではSEO対策が助けになります。ただし、チャンネルが成長するにつれてあまり意味がなくなります。なぜなら、再生数のボリュームが上がると、どんなにYouTube検索から入ってきたとしても、結局はブラウジングと関連動画からの比率が高くなるからです。

SEO対策はあくまでも初期段階の戦略のひとつにすぎません。YouTubeはそれだけで伸びていくわけではありません。

最後に、「チャンネルのダッシュボード」に表示される最新の動画のパフォーマンスを確認しましょう。ここの「視聴回数別のランキング」という項目を見てください。

YouTube Studio→チャンネルのダッシュボード

順調なチャンネルの場合、ここが3位以内に入っています。4位以下のチャンネルは、残念ながら成長が期待できません。ここは非常にわかりやすい指標なので、**月間に何回3位以上になったか、表を作って毎日記録**しておきましょう。

私の経験上、最新動画が週に5日以上、3位以上の順位を取ることができるチャンネルは爆速で成長します。まずは再生数やチャンネル登録者数よりも、以下の5つの数字を重視しましょう。

チェックすべきデータ	合格ライン
視聴者維持率	40%以上
視聴者あたりの平均視聴回数（リピート率）	2回以上
クリック率	最初の5本で10%以上
ブラウジングからの流入	80%以上
視聴回数別のランキング	3位以上

チェックすべき5つのデータと合格ライン

9 チャンネル運用を始める前に確認すべき心構え

土台作り

自己紹介動画を投稿したら、いよいよチャンネル運用が始まります。チャンネルを成長させるにはスタート前の心構えと準備が必要です。土台作りの最後まで、気を抜かないように注意しましょう。

▶ スタートしたらコンスタントに投稿し続けろ

動画投稿のペースは**月12回以上が最低ライン**です。速くチャンネルを成長させたいのであれば、1日1本、月に30本投稿しましょう。

出演者が複数いて、カメラマンやスタッフが豊富なチームで活動するチャンネルの場合は、1日3回投稿して月に90本アップするケースもあります。ただし、1日に3回を超えてアップするのは、YouTubeの内部評価が良くないという説もあります。真偽は不明ですが、1日3回までが限度と考えておきましょう。もちろん企画と内容が良いことは絶対条件です。つまらない動画を何本投稿しても無意味です。

定期的に投稿するために動画をストックする

月30本の投稿が難しい場合は、チャンネルの成長が遅くなります。皆さんが半年間で登録者数10万人のチャンネルを目指すなら、月30本の投稿は基本です。これができないなら半年で10万人は夢物語です。

投稿ペースを保つために大切なポイントは**動画のストック**です。私が推奨するストック数は10本です。最低でも5本は常に用意してください。チャンネルの立ち上げ前に、10本はストックしておく状態が理想です。動画をストックして投稿ペースを維持しましょう。

投稿頻度とチャンネルの成長速度は比例する

最初は月12本程度（週3回）のペースで投稿し、慣れてきてから月30本ペースに切り替えるのもいいでしょう。ただし成長速度は10倍くらい差が生じます。

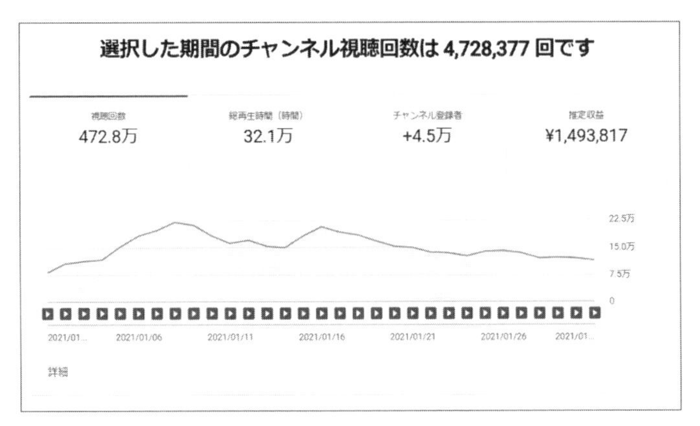

毎日投稿したケース

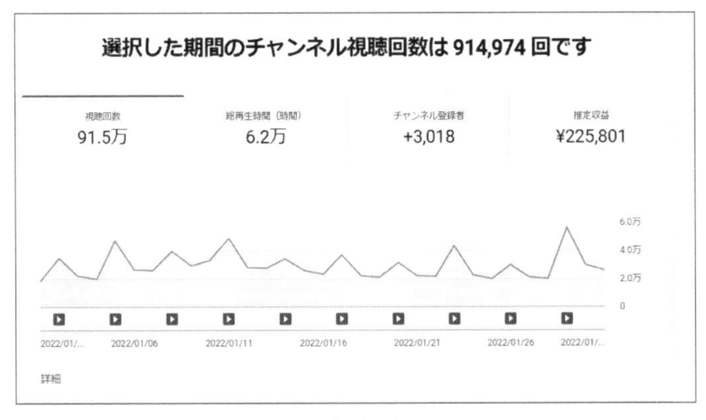

3日に1回投稿したケース

このペースでチャンネルの成長速度を上げたいなら、企画のヒット率を高めるしかありません。ひとつの企画がテレビ企画でヒットするレベルなら、成長速度が速くなるかもしれません。しかし、そのようなヒット企画を連発することは、現実的に不可能です。それよりも簡単にできるのが、コンパクトな動画でも毎日動画を投稿することです。

YouTubeでは、ニーズがありコンパクトな企画が好まれます。

工数を減らして投稿頻度を上げる

投稿頻度を上げるには、工数を減らして一つひとつの動画編集の手間を軽減する方法もあります。私が協力しているストレッチ系YouTuberに、撮影は週に1回1時間しかせずに毎日投稿している人がいます。1本1本の動画が短いため、工数が軽くなります。

毎日投稿しながらも撮影時間は週に1時間で済むのが理想的な状態です。使うべきキーワードが決まっていて、企画もどんどん出していければ最高です。ただし繰り返しになりますが、何も考えていない企画を毎日投稿しても逆効果です。

ヒットキーワードを用意し、軽く撮影してコンスタントに投稿するスタンスを心がけてください。

▶初心者ならサムネイルは真似しろ！

動画のサムネイルについて、詳しくは第6章で説明します。ここでは初心者に必要な考え方を紹介します。

初心者はヒット動画のサムネイルを真似しましょう。もちろんまったく同じにすると、ただの「パクリ」になってしまうため、やめてください。**構図は似せて、キャッチコピーなど文言は変えましょう**。画面の構図は、どんどん真似てください。

最初はすべて自分で作るとしても、いずれはサムネイルを外注することをおすすめします。あなたがデザイナーでもない限り、自作のサムネイルではあまりクリックされず、なかなか再生数が伸びません。YouTubeではサムネイルがユーザーに与える影響が大きいのです。

サムネイルには命をかけてください。

外注先は、クラウドソーシングサービス大手の「クラウドワークス」や「ランサーズ」、主婦の在宅ワーカーが登録している「シュフティ」、特定のスキルのある人が集まっている「ココナラ」などで探すほか、TwitterなどのSNSで募集してもいいでしょう。費用対効果を考えると、圧倒的に会員数の多いクラウドワークスが一番おすすめです。

▶ 最初は質の高いチャンネル登録者100人を集める

初期段階のプロモーション戦略で実施することはひとつだけです。それは**質の高い100人のチャンネル登録者を集める**ことです。最初の登録者は非常に重要です。あなたのチャンネルに興味がない質が悪い1000人を登録させるより、ずっと意味のあることです。

この100人を起点として、チャンネルは成長していきます。

まずは、最初の100人をどうやって集めていくのか考えてください。

鉄板の方法は、身内や友達などに片っ端から声をかける**応援キャンペーン**です。ただし繰り返しますが、同じキャンペーンでもいわゆる「プレゼントキャンペーン」は厳禁です。それで何人登録があっても、その人たちはチャンネルに興味がないので、まったく意味がありません。

誰にも声をかけず、ゼロから投稿する場合、チャンネルを大きくするのは難しくなります。最初の100人は、まずは自分と関係性が濃い人を入れる必要があります。親しい人たちなので、それほど難しいことではないでしょう。

リストを使いたい場合は、チャンネルのターゲット層と合っているか確認が必要です。リストを使うなら、YouTubeと相性の良いTwitterがおすすめです。これにプラスして、メルマガやブログ、LINEで募集してもいいでしょう。

まずは、あなたのことを心から応援してくれる100人を見つけましょう！

▶「お願いします」はNG！ 最強ワードは「応援してください」

何かを依頼するときは、**「応援してください」**と言うのが基本です。これが最強ワードです。メディアマーケティングが上手い人がこのワードを上手に活用している一方で、メディアマーケティングが下手な人は「お願いします」というワードを使いがちです。しかし視聴者が「応援」というワードに弱いというのは、マーケティングの世界でも知られているのです。

私の知り合いに、ある「応援」をテーマにしたフェスを主催している人がいます。オンラインで5万人を集めるイベントやオンラインサロン、イベントプロデュースなどを行っています。彼のモットーは「俺はみんなのことを応援する。だから、俺も応援してくれ！」です。応援しているとみんなも応援してくれます。それを繰り返した結果、いつの間にかあらゆる業界のトップとのつながりもできました。

自然と力のある人たちが集まってくるのは、応援というワードには「敬いながら協力をお願いする」という意味合いがあるからです。「応援してください」は、裏を返せば「あなたにはそれだけの力があります。だから、弱い私を助けてください」という意味になります。

そのため、この言葉を使うと、力のある人がすぐに手を貸してくれるようになります。たとえば、初めての著書を10万部売りたいときも、「応援してください」ととりあえず声をかけてみると、「そこまで言うなら紹介しますよ」とあっさり応えてくれることも少なくありません。

同じようにYouTubeを始めるときも、「今こういうものを作っています。応援してくれませんか」と、Facebookの友達などに気軽に声をかけてみましょう。まずは、チャンネルを立ち上げる人の人脈から応援者を探し、応援者から他の人を紹介してもらうことができると、200人は集まります。そこからスタートできると、チャンネルの成長が速くなります。

あるチャンネルを立ち上げたときの応援キャンペーンで行ったことを紹介しましょう。お願いしたことは、次の3つだけです。

- **動画をアップするので、最後まで観てください**
- **高評価やコメントをしてください**
- **FacebookやTwitterで共有してください**

この方法の良いところは、チャンネル登録者数が増えなくても、SNSで拡散してもらえると、YouTubeの内部評価が高くなる点です。多くの人がSNSにリンクを貼ることで、YouTubeの内部評価が高まります。ぜひ最初に実行してみてください。

チャンネルを立ち上げて、最初の動画を投稿するタイミングで応援キャンペーンを打ちましょう！

「もうチャンネル立ち上げ済みだから、その機会を逃してしまった……」という人も心配ありません。その場合は、**リニューアルキャンペーン**をすればいいのです。「これからチャンネルを新しくします。応援よろしくお願いします」と言えば大丈夫です。ただし、応援キャンペーンは1回だけしかできないと考えてください。何度も繰り返したら、誰も協力してくれなくなるので注意が必要です。

第4章

爆発的なヒット動画を生み出す神企画の作り方

1 本物のチャンネルを目指せ！

チャンネル運営

いよいよ本格的なチャンネル運営が始まります。皆さんはすでに認識できていると思いますが、YouTubeチャンネルは登録者数が多ければ良いというものではありません。見せかけの数字に惑わされず、本当の価値があるチャンネルを目指しましょう！

▶ 見せかけの登録者数は重要ではない！

すでに説明したとおり、YouTubeでは**チャンネル登録者数だけが絶対的な価値ではありません**。登録者数を増やすことだけが目的なら、広告やコラボなどでいくらでも増やすことができます。

有名なYouTuber事務所の中には、チャンネル登録者数を保証しているところがあります。多額のお金を使って広告やコラボができるからです。実際に、その手法でチャンネル登録者数を一気に数万人に増やすこともできます。しかし、そのチャンネルの実態は、再生数が上がらない、**死んでいる動画チャンネル**であることが多いのです。

死んでいるチャンネルとは？

ここまで学んできた皆さんであれば、登録者数10万人のチャンネルでも、登録者数1万人のチャンネルと同じパフォーマンスでは意味がないことはおわかりでしょう。

皆さんの中にも、立ち上げたチャンネルが伸び悩んでいて、これからどうすべきか悩んでいる方がいるかと思います。そこで、チャンネルが死んでいるかどうかを見分ける方法を説明しましょう。

第3章（134ページ）でも軽く触れましたが、目安は**再生率が10%を切ってい**

るかどうかです。10%を切っているのであれば、新しいチャンネルの立ち上げを検討すべきでしょう。

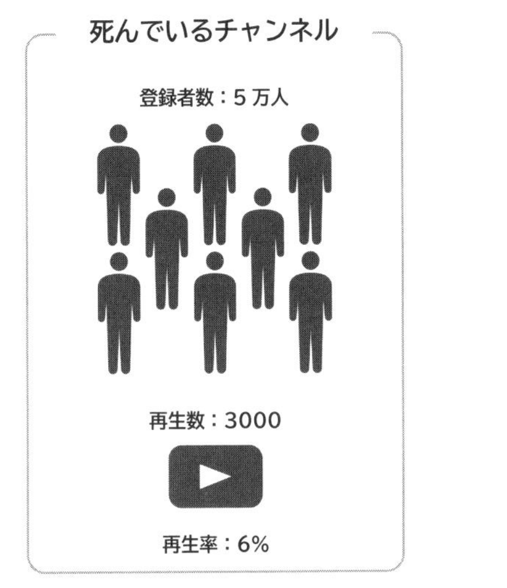

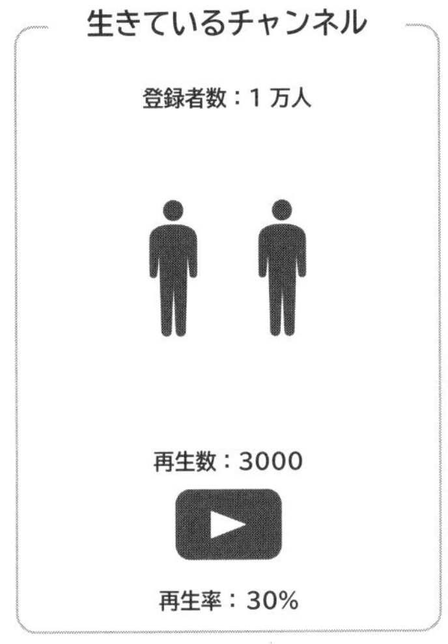

死んでいるチャンネルと生きているチャンネル

世間的に知名度があり、登録者数が50万人、100万人いるチャンネルなら、死んでいてもそのまま続けていくという判断もありえますが、一般的にはアップした動画が登録者数の10%程度しか観られないのであれば、今後の成長は望めないでしょう。諦めて、新しく出直しましょう。

チャンネルが死んでいるのであれば、新規チャンネルの立ち上げを検討しよう！

サブチャンネルで再起を目指す

このような場合は完全に新規のチャンネルを立ち上げるのではなく、死んでいるチャンネルを諦めて**サブチャンネル**として立ち上げたほうが有利です。

サブチャンネルは、ほかにも便利な使い方がいろいろあります。チャンネルが大きくなった暁には、より収益を上げるためにサブチャンネルを作るというのもよくある手法です。一番良いサブチャンネルの作り方は、メインとなる母体のチャンネルがある程度の規模と知名度があり、コラボする相手がすでにいる段階で作る方法です。その場合、YouTubeで思いどおりのことができます。今の段階では夢のまた夢と思うかもしれませんが、そんな使い方もあるということを頭の片隅にでも置いておいてください。

▶ 似て非なるものを目指せ！

皆さんに目指してほしいのは、本当に価値のあるメディアとしてのチャンネル作りです。そのためにはノウハウもさることながら、単なる真似ではない**似て非なるもの**を作れているかが重要です。それを実現するためには徹底したリサーチが必要です。

すでに説明したとおり、vidIQで平均再生回数が20万以上のヒットキーワード、再生率が300％以上の当たり動画を探してトレンドを押さえます。そしてチャンネル開設後は、常にアナリティクスを確認しましょう。

スマホで分析する

そのために、スマホに「YouTube Studio」のアプリを入れましょう。「Social Blade」も必須です。自分がベンチマークしているチャンネルの再生数、登録者数の伸びを常にチェックしましょう。

スマホで常にデータをチェックできる環境を作りましょう。

YouTubeは、良くも悪くもあらゆるチャンネルの情報を見ることができます。要するにリサーチしていれば、ヒットした瞬間にすぐに気づけるのです。

オリジナリティを生み出す考察

リサーチしたキーワードをそのまま企画にしても、オリジナリティのある「似て非なるもの」にはなりません。そこで必要なことが、**考察**です。これはYouTubeに限ったことではなく、マーケティングにおいて必須の作業です。

つまり、**①ヒット動画のリサーチ、②ニーズを考察、③アナリティクスで検証**、これをひたすら繰り返しましょう。

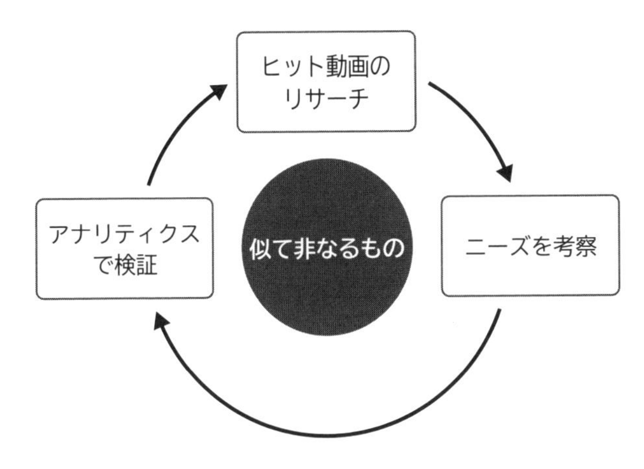

チャンネルを加速させる方法

最初からヒットすることはありえません。動画投稿を始めてからわかることが非常に多いです。だからこそ、このサイクルが大切なのです。

リサーチ→考察→検証のサイクルを地道に繰り返しましょう。

▶ 検索から流入する視聴者はあくまで良質な「種」である

視聴者の流入先の重要性は、第1章の38ページと第3章の159ページでトラフィックソースについて紹介する際に説明しました。忘れてしまった方は、戻って確認しましょう。

しかし、いくら私が説明しても、流入先のリサーチよりもSEO対策のほうに熱心な方がいます。SEOを意識しすぎた結果、「ストレッチボールで」「ストレッチの仕方を」「プロがストレッチを教えます」のような、同じワードが3回も出てくる冗長でよくわからないタイトルになってしまいます。

もちろん、SEO対策はNGではありません。対策をすればYouTube検索からの視聴者が流入し、アナリティクスでもYouTube検索がトップになる場合があります（初期段階ではSEO対策をしていなくても、YouTube検索が一番の流入元になることもあります）。

しかし、この状態ではチャンネルが成長しません。

では、どうしたらいいでしょうか？

検索で流入する視聴者をファン化しましょう。

意外に感じる方もいるかもしれませんが、**検索で流入する視聴者は、質が高いという特徴があります**。なぜなら検索して動画を見つけているということは、あなたの動画に興味があるからクリックしたことを意味します。

検索で流入した視聴者をファン化する

「質が良い」とは、あなたのチャンネルのコンセプトに合致し、動画を定期的に観てくれる可能性が高いことを指します。しかし、流入してきた段階では、この層はあなたのチャンネル自体の視聴者ではありません。そこで彼らをファン化することで、最終的にブラウジング率を上げていきましょう。

SEO対策をする場合、その目的はあなたのチャンネルに**良質な「種」を持ってきてくれることにある**と捉えましょう。YouTubeにおいて、この「種」が良いかどうかは非常に重要です。そうした意味では、初期段階でSEO対策を起点にすることも、決して悪くないかもしれません。

SEO対策がすべてムダということはありません。ただし、種を持ってきてくれるという目的以上の意識を持ってしまうと、中長期的にはチャンネルが伸び悩んでしまいます。なぜなら、そこから流入してくる視聴者はそれほど多くないからです。あくまでもSEO対策はサブ的な手法なので、余裕があれば実施するという認識でいましょう。

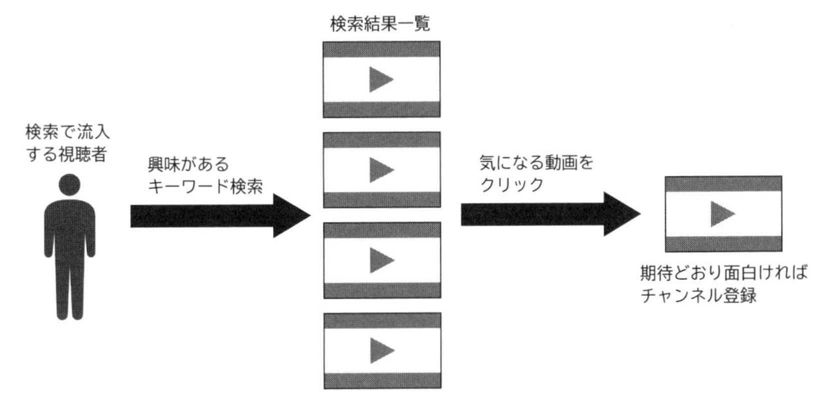

検索から流入した視聴者をファン化する

▶質の高い「種」が100人いれば成功

YouTubeにおいて重要となる「種」とは、**初期の登録者**のことです。作物と同じで「種」が良いと大きくて美味しい作物ができますが、悪いと順調に育ちません。チャンネルを速く成長させたいのであれば、質の高い視聴者を集めましょう。

英語を教えるチャンネルであれば、英語の学習に興味があり、あなたのファンでもあり、動画を楽しんで視聴してくれて他の人に紹介してくれる視聴者がいれば理想的です。このような質の高い視聴者を100人集めることができれば、あなたのチャンネルは成功したと言えるでしょう。良質な100人の種があったら、そこから1000人、1万人、10万人と成長させることは、決して難しいことではありません。

それに対して1万人の登録者がいても、死んでいるチャンネルを成長させろと言われたほうが、よほど難しいです。

質の高い視聴者を起点にできれば、チャンネルはぐんぐん成長します。

2 チャンネルの成長を加速させる考え方

チャンネル運営

登録者数だけを重視するとどうなるか、皆さんは十分に理解できたと思います。ここでは、見かけ倒しではない本当に価値があるチャンネルを目指すために必要な考え方を紹介します。

▶1か月目は500人で十分。目標は数か月後に1万人

チャンネル登録者数だけを気にしている方の多くは、土台が見えていません。本来は登録者数の土台となる**再生率のチェック**が重要なのです。なぜなら再生率は、登録者があなたのチャンネルの動画に興味があるかどうかを如実に示す数字だからです。この数字に間違いがなければ登録者数は着実に増えていくので、瞬間的な数字に一喜一憂する必要がなくなります。1か月目は1000人も登録者がいれば上出来です。正直、500人でも十分です。なぜなら、**初期段階の登録者数は参考にならない**からです。

この1000人あるいは500人は、無料キャンペーンや広告などで集めた登録者ではダメです。純粋にあなたのことを応援していて、チャンネルのコンセプトに沿った視聴者でなければなりません。そのような視聴者を集めるために最初の100人の重要性を説明しました。

最初の目標は500人。数か月で1万人を目指しましょう。

▶ チャンネルを爆発的に成長させる目玉企画

最初の数か月で登録者数１万人を目指すとき、中心となるのが**目玉企画**です。目玉企画とはヒット企画の一種で、チャンネルの象徴となるオリジナリティがある企画を指します。目玉企画が生まれたら、その動画をチャンネルのトップに表示します。そうすると、あなたのチャンネルのトップ画面を見た視聴者は、「このチャンネルは○○を手掛けているチャンネルなんだ」と認識してくれます。特に、まだファン化していない視聴者に対して、有効に働きます（詳しくは217ページで紹介します）。

チャンネルには、爆発的に成長するタイミングがあります。それは、目玉企画が生まれた瞬間です。それを使うとさまざまな戦略が使えるようになり、TwitterやTikTok、InstagramなどのSNS、プレスリリースや広告といった手を打っていけば、ぐんぐんとチャンネルは成長します。

したがって、まずは目玉企画を作らなければなりません。SEO対策、運営とコンセプト、企画といった「基礎」をしっかり固めて検討しましょう。**目玉企画を作ったら、バズが生まれたかどうかを常時アナリティクスで確認し、生まれたらSNS、広告、コラボなどに展開**します。

ここまでが、登録者数10万人チャンネルへの基本的な流れです。

目玉企画を作ることが、急成長の足がかりになります。

▶ 視聴者心理は視聴時間帯から推測する

皆さんは視聴者心理をどれくらい把握しているでしょうか。「当然、わかっている」と答えた方は、視聴者が「いつ」「どこで」「どのように」そして「誰と」観ているかを具体的に答えられますか？　これがわかると、視聴者が「なぜあなたの動画を観るか」の理由が見えてきます。

視聴者心理を知る上で指標となるポイントは、**動画を視聴している時間帯**と**コメント**です。コメントは第3章で説明したので、忘れてしまった方は117ページを再読してください。

視聴時間帯を確認するには、YouTube Studioでアナリティクスを選択し、視聴者タブをクリックします。そこに「**視聴者がYouTubeにアクセスしている時間帯**」が表示されます。

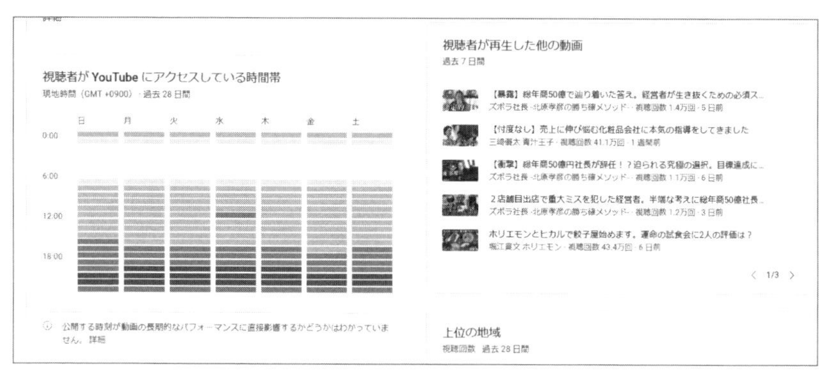

視聴者がYouTubeにアクセスしている時間帯

また、vidIQを入れて自分のYouTubeチャンネルと紐付けていれば、「投稿するのに最適な時間帯」というグラフが表示されます。

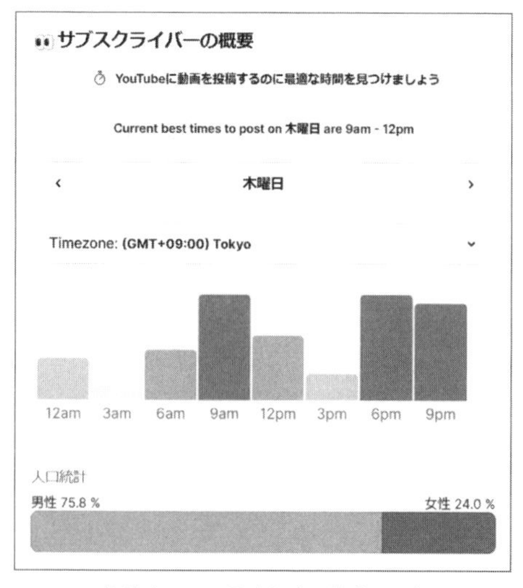

投稿するのに最適な時間帯（vidIQ）

ただし第1章で説明したように、動画を投稿する時刻は固定しましょう。基本は**18時**です。

投稿時刻が決まっていても、視聴者が動画を観ている時間帯はチャンネルごとに異なります。多くの視聴者が観ている時間帯を知ることで、チャンネルの視聴者像が見えてきます。

視聴者像を考えるときのポイントは、その時間の人々の生活を想像することです。

最も視聴されている時間帯が22〜23時だった場合、食事中や通勤中とは考えにくいでしょう。おそらく多くの人はベッドタイムではないかと想像できます。そこで、寝る前になぜ自分の動画を観るのか、その理由を考えなくてはなりません。「就寝前にストレスがかかる動画は避けたいから、リラックスできる私の動画を観ているのかもしれない」と、状況から視聴者心理を推理しましょう。

視聴時間帯から視聴者像を想像する

想像した理由は、箇条書きでもいいので書き出しましょう。これは企画を考える上で、非常に役立ちます。我々やテレビでヒット企画を作れる人、優秀なYouTuberは、視聴者像を時間帯やアンケート、コメントなどから分析して、**視聴理由**や**視聴者層**をまとめています。

時間帯から割り出していくことが、視聴者が何を望んでいるのかを摑む最も簡単な方法です。このような作業が成長を加速させる土台となります。チャンネルを立ち上げるための土台ができたら、次は成長させるための土台を作りましょう。

▶ヒットの大原則・出演者は「本物」か？

YouTubeでヒットする大原則は「**誰が、どこで、何をするか**」です。この「誰が」は出演者を指します。それほどYouTubeで成功することにおいて、出演者は重要なのです。

ここで皆さんに質問です。

Q. 出演者は一人と大勢のどちらがヒットしやすいのでしょうか。

A. 一人です。なぜならファンが付きやすくなるからです。

ただしデメリットもあります。出演者が一人しかいないと、その人が不在のときは撮影できません。しかし、ファンが付きやすくなるというメリットは、デメリットをはるかに上回る価値があります。

どうしても複数人の出演者を参加させたい場合は**掛け合い**がポイントです。大勢が参加するデメリットは、一人ひとりに固定ファンが付くわけではない点と、掛け合いが上手くないと伸びない点です。その覚悟が必要です。

出演者に必要な本物の能力とは？

出演者には有名人を起用することが、ベストな選択です。知名度がある人なら、すぐにでもチャンネルをバズらせることが可能です。

しかし実際のチャンネル運営は、まったく無名の出演者を起用する場合がほとんどです。その場合は、その出演者が持っているスキル（119ページ）によって、ヒットの確率が大きく左右されます。

YouTubeは良くも悪くも本物しか残りません。

同じジャンル内では、常に他人の動画と比較されます。ライバルよりも知識がないと勝負になりません。だから、私がある分野の専門家をプロデュースするときは、その人に**本物の能力かどうか**を確認します。本人に絶対的な自信がない場合、トーク力か企画力に注力しなくてはなりません。

本物の出演者であれば、私は強い企画を提案してみます。強い企画とは、できるかできないかはさておき、「こんなのができたらスゴいんじゃない」という企画案を指します。

たとえば、ストレッチ系に「5分で痩せる」や「3分でぺたんこ」というヒットキーワードがあります。それを「1分で痩せる」企画にできないか提案します。さらにこの1分を横展開し、「エレベーターに乗っている間の1分」でできるのであれば、「エレベーターの中にいるだけで痩せる」や「原宿から渋谷まで、電車の中で立っているだけで痩せる」などといった具合に、**実現可能かどうかはさておき、既存の企画よりも強い企画をどんどん提案**していきます。出演者として本物の能力があるかを判断する方法として、覚えておきましょう。

本物の出演者は、厳しい提案でも応えてくれます。

3 有名人を起用すると描ける未来

チャンネル運営

チャンネルを速く成長させる方法で有効なのが、有名人を出演者に起用することです。誰もが憧れる有名人を、チャンネルの出演者に起用するための手法を紹介します。

▶ 最強の出演者「有名人」にアプローチしよう

YouTubeをすぐにでも成功させたい場合、有名人を起用すると非常に高い効果を発揮します。一気にチャンネルを大きくすることも夢ではありません。**有名人の定義はテレビに出演するなど、誰が見ても「あの人は○○な人だ」と認識されている人物**です。ここでは、有名人にアプローチする方法を紹介します。有名人にコラボを依頼するときにも有効です。

そもそもどこへ連絡するのか？

「有名人が本当に出演してくれるのか」と聞かれますが、すんなり出演してくれるケースも少なくありません。ただし、これから説明する手順で依頼した場合に限ります。

最初は連絡先を調べなければなりません。理想としては、その人が取材や問い合わせ用のフォーム、メールアドレスを用意していることです。業界によりますが、3～4割くらいの確率で公式サイトに問い合わせ先が掲載されています。

公式サイトに連絡先がなかった場合は、Twitter、Instagram、Facebookの順でSNSを確認しましょう。有名人の大半はTwitterやInstagramを利用しているので、そこで連絡できるケースがほとんどです。

この2つがダメだったら、最後にFacebookを見てみましょう。ビジネス系の有名人の場合、ここから連絡を取れるケースがあります。

Twitterか Instagramでほとんどの有名人と連絡が取れます。

連絡先がSNSで見つからなかった場合は、本を出していれば著書紹介に載っている情報を調べてみましょう。それでも見つからなかった場合、名前で検索してみましょう。何らかの手がかりが摑めるはずです。諦めずに探してみましょう。

▶ 依頼を見てもらえるかはタイトルで決まる

連絡先がわかったら、依頼文を送ります。**依頼文で重要になるのがタイトル**です。タイトル次第で、見てもらえるかどうかが決まります。タイトルのつけ方には、**①「取材のお願い」**、**②「○○のご相談」**があります。

タイトルの王道パターン

①「取材のお願い」は、長年使われています。「取材させてください」「○○先生の取材をしたい」というオーソドックスなフレーズです。

②「○○のご相談」は、出演者としての依頼であれば「YouTubeチャンネル開設のご相談」、コラボ依頼であれば「タイアップのご相談」というタイトルになります。

長年、記者の間で使われている王道パターンで依頼してみましょう。

▶ 本文に必要な５つの要素

タイトルが決まったら、次は本文を書きます。本文は、**①あいさつ、②YouTubeのメリット、③感想、④理念、⑤お願い**という５つの要素で構成します。例文を紹介するので、自分なりにアレンジしてください。

①あなたが何者かわかる「あいさつ」

手紙やメールの冒頭でするあいさつと同時に、**自分や自社が何者なのかアピール**します。

> 突然のご連絡、失礼いたします。
> 私、＿＿＿株式会社の＿＿＿と申します。
> 弊社はYouTuber のネットタレントプロダクトを行っており、
> ＿＿＿＿＿＿＿＿＿＿＿をはじめとした各ジャンルのトップクリエイターの方々に所属いただいております。

自分の会社や事業に合わせて、文章は変えてください。私であれば「弊社は動画クリエイター事業として、ビジネス、エンターテインメント界隈（かいわい）で活躍されている方々のプロダクションを運営しております」と書いていきます。

YouTubeのメリットを説明する

続いて**YouTubeのメリットを説明**する必要があります。なぜなら、いまだにYouTubeの価値を知らない人もいるからです。私であれば、「YouTube市場はこれだけ伸びてきていて、○○様のようにテレビに出ている方であれば、新しいプラットフォームとしてぜひとも来ていただきたく……」と、軽い説明を加えます。

1、2行で十分です。簡単にメリットの説明を入れておきましょう。

YouTubeがテレビのように、有名人にとってメリットのある媒体であることをさりげなく伝えましょう。

一番効くのは「あなたのファンです」と伝えること

絶対に欠かせないのが感想です。感想の有無が依頼に応じてくれるかどうかの分岐点です。

ここで言う感想とは、有名人が出演した番組や著作物、記事などについての「あなたなりの感想」を指します。漠然と「面白かったです」ではいけません。「○○という番組の□□についての発言が……」のように、**固有名詞が入った具体的な感想**を伝えてください。ここで伝えたいことは、「先生のファン」だということです。この効果は絶大です。営業などではなく、その人の大ファンだと伝わると、相手の心に響きます。

理念で熱意を伝える

理念も感想と並んで、外せない要素です。スタンダードな伝え方は、有名人の活動を見てファンだということを伝え、**あなたの活動を世の中に広めませんか**と提案する手法です。「私たちは××という活動をしており、先生のご活動を拝見して、我々の理念と一致すると感じました」と、自分たちの理念が相手とつながっているから、お願いしているということを伝えましょう。

ここでも「お願い」が有効

最後は、**「一緒にやりたい」というお願い**です。第3章でも紹介した魔法のワード「お願い」を使いましょう。ここでは、「ぜひ」というワードを追加すると、さらに好印象です。「ぜひお願いいたします」「ぜひ我々と一緒にやりませんか」といった調子でお願いしましょう。

あなたが何者で、相手にどんなメリットがあり、どうしてお願いしたか熱意ある理念を込めてお願いしましょう！

▶ 打ち合わせまでいけたら企画を100個提案しよう

打ち合わせまで持っていけるかは、③感想、④理念、⑤お願い次第です。ここがしっかり書かれているだけで、打ち合わせまで持ち込める可能性が高くなります。きちんと相手の活動を調べて書きましょう。

相手が出演に同意し、打ち合わせまでこぎつけたら、時間を守ることと、録音のためのレコーダーを用意することも忘れずに。これは当然ですね。これ以外に必ず実行していただきたいことが、企画の提案です。これができないプロダクションも多いので、効果絶大です。**企画は100個提案**しましょう。

相手をリサーチして、過去の実績などのデータをもとに100個の企画を出せば、その人を落とすことができます。私が教えてきた方々も、ここまで実行すれば提案が通らなかったことはありません。

似て非なるものを作れ！

チャンネル運営

有名人を起用できなかった場合、ブランド力のない出演者で戦わなければなりません。そこで重要になるのが企画力です。二番煎じではない**「似て非なる」企画を作る**ことで、有名人にも負けないチャンネル運営ができます。

▶ 有名人でなければ全力で企画を「TTPS」する

ブランド力のない出演者でチャンネルを大きくするには、やはり企画やトーク、コンセプトを練るしかありません。その中でも決め手となるのがヒット企画です。

ヒット企画作りでは「似て非なるもの」を作ること、「**TTPS**」を意識しましょう。

「TTPS」は私が作った造語です。「徹底的に（TT）」「パクって（P）」「さらに磨く（S）」を略したものです。最後の「さらに磨く」がポイントです。これによって、「似ているもの」ではなく、「似て非なるもの」になります。

そもそもヒットしている企画と同じことをなぞっても、二番煎じ、三番煎じになってしまいます。そうならないために必要なのが、**プラスアルファする**ことです。

「似て非なるもの」の作り方

実際に例を出して説明しましょう。

ダイエットやフィットネス系のジャンルをリサーチするとします。キーワード検索したときに、上位に表示されるチャンネルを確認すると、あるチャンネルで再生率が高い人気のシリーズでは、「11分」「9分」「3分」といった短い時間で痩せることがコンセプトになっていました。

そこで、同じ業界なら自分も「〇分で××」という企画を作ればヒットするのではないかと考えると思います。前章までの説明では、まずはニーズがあるヒット企画を探してヒットワードで企画を作るという話だったからです。

しかし、そのまま動画を作ったとしてもおそらくヒットしません。なぜなら、最後のプラスアルファ、「TTPS」の「さらに磨く」がないからです。企画を「さらに磨く」には、**ヒットした要因を分析**しましょう。

二番煎じは当たらない

ヒットした要因分析のポイントは、**いつ流行ったか、今も継続してバズっているか**です。ヒットしている企画を見つけたら、このふたつの観点でチェックしましょう。

見つけたチャンネルの最近の動画を確認し、数か月以内に同じようなコンセプトの企画を投稿していないか調査します。もし投稿していたら、ヒットした時期と現在の再生率を確認します。最初の流行から時間が経っていて、さらに最近の同じコンセプトの企画の再生率がヒットの基準に満たなければ、ただ単純に似たような企画を作ってもヒットしません。

そこで我々がするべきなのは、**ヒットしている企画をさらに超える企画を作る**ことです。先述のダイエットやフィットネスの例では、少しずつ時間やテーマなどを変えていました。それは、企画としてこのヒットワードを使うべきですが、単なる二番煎じではヒットしないことを意味します。

そこで、実際に動画は出さなかったものの、私は「トイレで3分で痩せる」という企画を考えました。これは当時、まだ誰も公開していませんでした。つまり、同じような「〇分で痩せる」という企画でありながら、「3分トイレに入っている間に」とプラスアルファすることで、似て非なる新しい企画になるのです。ヒット企画に似せるのはいいのです。むしろ、似ていなければなりません。しかし、そこにオリジナリティがないと、動画はヒットしません。

「ヒット企画と同じように作ったのに、あまりヒットしない……」という方は、単なる二番煎じになっていないか確認してみましょう。

似ているものは誰でも作れます。そこに私の「トイレで３分で痩せる」企画のようにニーズとコンセプトは変えずに、新奇性を加えることができると、似て非なるものになります。猿真似の二番煎じから卒業し、プラスアルファした似て非なるものを作りましょう。

▶ 視聴者の心理に「本質」がある

「似て非なるもの」を作るときに大切なのは、**視聴者の心理**です。これを徹底的に洗い出さなければなりません。ヒットした理由に隠されている視聴者の心理を、自分なりに考えてみてください。

これこそが、マーケティングで言うところの「本質」の部分です。「本質とは何だろう」と考えることは、視聴者の気持ちを考えることになります。

ヒットした動画が「なぜ当たったのか？」、視聴者心理を答えられますか？

今の段階では、わからない方が大半だと思います。そこでまず、ヒットした動画の要素を分析していきましょう。動画がヒットする要因は、大きく分けると、**①サムネイル、②タイトル、③企画、④人、⑤トーク、⑥トレンド**の６つの要因があります。

それらを照らし合わせて、当たった理由を分析することで、だんだん本質が摑めるようになっていきます。「【ハゲ予防】絶対にダメ！薄毛になりやすい習慣TOP5！皆やってます… 対策/改善/シャンプー」という動画を例に、分析してみましょう。この動画は登録者数が約7.7万人に対して再生数300万回以上（2023年２月時点）、つまり再生率が300％を超えるメガヒット動画です。

注目すべき要因①・②　サムネイル、タイトル

動画がヒットする６つの要因のサムネイルとタイトルは、ワンセットで考えてください。ヒット企画は、サムネイルとタイトルにインパクトがあるか、ヒットキーワードがあるか、どちらかの可能性が非常に高いです。タイトルはヒットキーワー

ドが入っている場合が多いので、そこを分析するのが簡単でしょう。調べ方は、タイトルに使われているキーワードをひとつずつ切っていきます。

「ハゲ予防」「絶対にダメ」「薄毛になりやすい習慣」「TOP5」「皆やってます」「対策」「改善」「シャンプー」という具合です。とにかく何かしらひとまとまりになる言葉や名詞に分解しましょう。それらのキーワードで検索します。

たとえば、最初の「ハゲ予防」。このキーワードで検索すると、平均再生数が50万回以上あります。当然、最初のヒットワードよりも限定された言葉なので、「ハゲ予防」のほうが「ハゲ」よりも平均再生数は低くなります。しかし、「ハゲ」よりも低いとはいえ、十分ヒットしているキーワードと言えます。

キーワードを分解して分析しましょう。

分解したキーワードで検索する際は、平均再生数だけではなく、他の企画がヒットしているかも確認してください。これが最も簡単にヒット要素を見つける方法です。

次に考えることは、分解して見つけたヒットワードを使った企画を作ることです。そして、その企画を**シリーズ化**しましょう。ヒット動画のタイトルからヒットキーワードを抜き出していき、それをシリーズとして**再生リスト**にまとめましょう。

サムネイルは、第6章でじっくり説明します。まずは、簡単に実践できるタイトルの分析から始めましょう。

注目すべき要因③　企画──タイトル&サムネイルを一致させること

企画の絶対ルールは、タイトルとサムネイルを一致させることです。一致していないとYouTubeのアルゴリズムによる評価が低くなってしまいます。その原因は、以前に流行した不正サムネイルによるものです。当時はクリックさせるために内容とかけ離れたサムネイルが量産されることがあり、低評価が多い動画が増えました。その結果、YouTubeのアルゴリズムが、不正サムネイルは悪いものだと判断するようになりました。

そのため、動画の内容は**タイトルやサムネイルと一致していることが大前提**（151ページ）です。一方で、タイトルとサムネイルはできるだけキャッチーにし、インパクトを出したいものです。この部分が弱い人が多いので、インパクトが出るようなタイトルとサムネイル作りを工夫してください。

インパクトがあるタイトル＆サムネイル作りのコツ

インパクトがあるタイトル＆サムネイルと動画の内容を合わせるコツをふたつ紹介します。

- **動画で言ったインパクトがあるセリフを抜き出す**

これは頻繁に使われる手法です。トークの中で「子どもが誘拐されそうになった」体験や「旦那と離婚した」ことを話していれば、サムネイルに「**子ども誘拐旦那消失**」と入れます。皆さんも思わずクリックしたくなる言葉ではないでしょうか。

- **サムネイルに使ったセリフや画像を動画に差し込む**

こちらは少し強引な手法です。たとえば、サムネイルに「医療の闇」という文字を大きく入れ、出生直後の赤ん坊を手にする手術着の医者の写真を使ったとします。本編では、医療についてトークをしますが、サムネイルで使ったような内容の話題は出てきません。そこで、本編の中でテロップとして、サムネイルに使った画像を差し込みました。

このように、工夫次第でインパクトがあるサムネイルと動画の内容を一致させることができます。

注目すべき要因④　人

次は企画を分析します。その企画のヒット要因が人、トーク、ストーリーのどれにあたるかを分析しましょう。たとえば、今ではメイク系のジャンルで「スッピンからメイクしてみました」という企画は当たりません。もうやり尽くされているからです。しかし、誰もが知っているアイドルや人気女優がこのような動画を投稿したら、大ヒットするでしょう。有名人の素顔を見たいというニーズに加え、本人のブランド力があれば、大ヒット間違いなしです。このように、やり尽くされた企画でも人が要因で大ヒットすることもあります。

ヒット要因が人ではなかった場合、次はストーリーを確認しましょう。ストーリーのポイントは、起承転結がしっかりあることです。**特に「オチ」がタイトルとサムネイルどおりかを確認してください**。

企画のヒットした要因分析をするときは、内容とタイトル＆サムネイルが一致しているか、誰が出演しているかを確認してください。これだけでもかなり本質が摑めるようになるでしょう。

注目すべき要因⑤　トーク

トーク力の重要性は第３章で説明しました。もちろん、この要素はヒット要因に関わります。飽和状態のジャンルで人気な出演者は、トークレベルが高いことがほとんどです。トークレベルが高いと、同じような企画でもヒットする確率が高くなります。それほど、トーク力は重要な要素なのです。YouTubeでは、他の動画と比べたときに、何かしら有利な点がなければ勝ち目がありません。

勝てる要素があればあるほど、人よりも一歩先んじて有利なポジションに立てます。トーク力は、最も簡単に高いポジションが取れる要素です。繰り返しになりますが、トーク力が低ければ低いほど、タイトルやサムネイル、企画に力を入れなければなりません。

カメラの向こう側の視聴者に話しかけるようなトークができるように、練習しましょう。

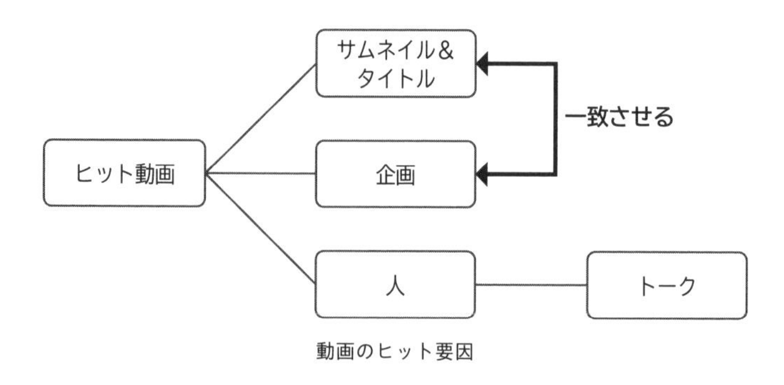

動画のヒット要因

注目すべき要因⑥　トレンドを見極める

ここでは、**トレンドがヒット要因かどうか**を分析します（トレンドについては第1、3章を参照）。

再生率が高いヒット動画でも、トレンドがヒットした要因の場合があります。先に紹介したアルミホイル球企画（147ページ）が典型例です。トレンドが要因か調べる方法は、ふたつあります。

- **YouTube検索で期間を限定する**

YouTube検索画面の左上の「フィルタ」をクリックし、「アップロード日」を「今年」にします。さらに「並べ替え」で「視聴回数」順にソートしてみると、今もその企画がヒットしているかわかります。

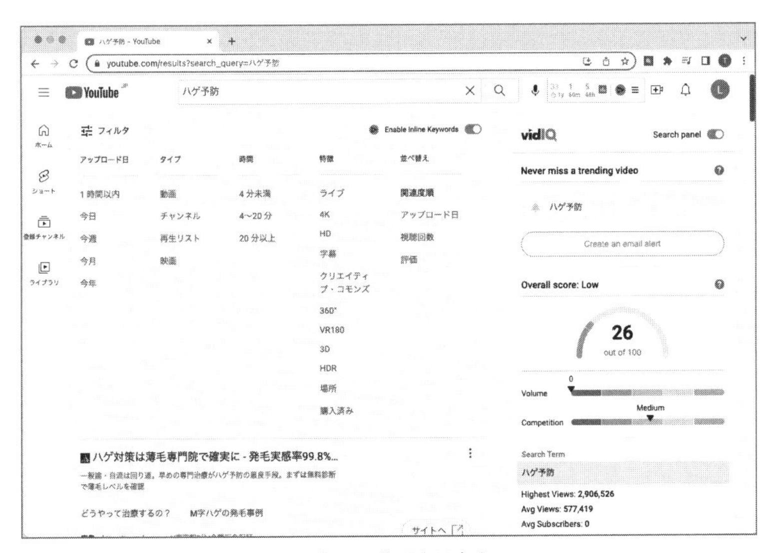

アップロード期間を限定する

- **流行の発信源が今もその企画でヒットしているか**

ヒットしている企画には、その発信源となったチャンネルがあります。そのチャンネルを確認し、その企画を続けているか、その企画の動画が今もヒットしているかを調べましょう。

ヒットさせた発信源の現状を見て、すでにその企画がヒットしていないのであれば、トレンドは過ぎていると考えられます。皆さんも自分のジャンルのヒット動画を調べてみましょう。

▶ヒット要因を「真似できるか」検討する

動画のヒット要因の分析方法は、理解できたかと思います。その上でお聞きします。

あなたはそのヒット動画の真似ができますか？

これが「TTPS」の最初のステップです。ヒット要因を突き止めたら、「徹底的にパクる」ことができるかを検討してください。

ヒットの要因が「人」の場合、TTPSはできません。「トーク」の場合も、真似は難しいでしょう。

再生率が300%、1000%のヒット動画を見つけて、同じものを作ればいいのではありません。

ヒット要因を分析し、それが自分に真似できるか検討し、その上でオリジナルの企画に作り変える。ここまで実践してはじめて、TTPSになります。オリジナリティを加える方法として、私は**シーンを変える**手法を頻繁に使っています。「シーン」とは、場所のことです。

「トイレで3分で痩せる」という企画は、「3分で痩せる」企画のシーンを「トイレ」に変えています。このように少しだけ場所を変えることで、簡単にオリジナリティを加えることができます。

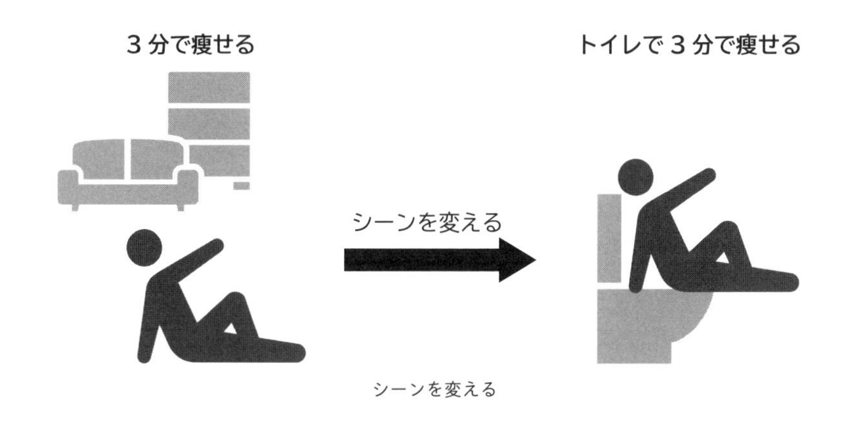

シーンを変える

▶「本質」は変えずに「パッケージ」を変えろ

プラスアルファを加えるには、**人を変える**方法もあります。企画に対して意外性がある人を起用するのです。たとえば、ハンドクラップ企画に若い人を起用しては意外性がないので、高齢者や子どもを起用するのです。

これ以外では、トレンドワードをタイトル＆サムネイルに入れる方法もあります。新型コロナウイルスで巣ごもり生活が始まった頃に、「おうち時間」や「〇〇で踊ろう」というキーワードが流行しました。これらのワードを「3分」の企画に取り入れると、「おうち時間で3分間ハンドクラップ」「3分間ハンドクラップで踊ろう」など、プラスアルファを加えた企画が考えられます。さらに、人を変えて「お母さんと3分間ハンドクラップで踊ろう」など、どんどん組み合わせてみましょう。組み合わせを変えるだけで、自分だけの新しい企画をいくつでも作れます。

本質的な部分は変えずに、表面的な部分を変えることで、「似て非なるもの」になることがわかったでしょうか？

これは、中身は同じでもパッケージが違うと新しい商品に見えることと近いです。たとえば、「鼻セレブ」という商品が大ヒットした事例があります。これも、中身が同じ上質なティッシュを「高級ティッシュ」として販売するか「鼻セレブ」として販売するかでまったく違う商品になるわけです。この原理を覚えておいてください。

5 運用に必要なリサーチ

チャンネル運営

チャンネルを成長させる土台とチャンネルの顔となるヒット企画の作り方がわかってきたら、いよいよチャンネルの運用に入ります。運用ではさまざまなデータを確認し、データに基づいてチャンネルの現状把握に努めます。

▶ ヒットの目安について

コンスタントに動画投稿を始めたら、いくつかのポイントを日々チェックします。

基本的には**「5つの要素」**（110ページ）を確認してください。そして、**最も見ておきたい要素は、最新の動画が「視聴回数別のランキング」で3位以内に入っているかどうかです**。アナリティクスの「ダッシュボード」を開くと、「**最新の動画のパフォーマンス**」を確認できます。「視聴回数別のランキング」はその一項目です。動画のサムネイルの下には、その動画の評価コメントが表示されます。

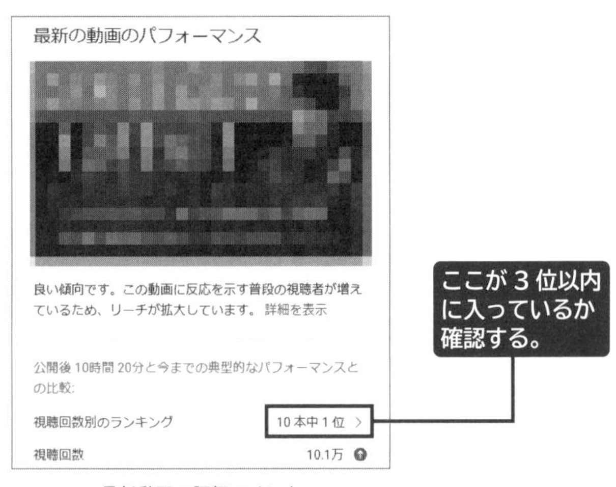

最新動画の評価コメント

評価コメントは頻繁に変わります。チャンネルによって違いもあるようです。このコメントは動画や時間ごとに変化するので、確認しておくといいでしょう。

急上昇ランキングを狙う

初動の伸びが良いものは、急上昇ランキングに載りやすくなります。

急上昇ランキングを狙っていくのであれば、**500～700%を超える増加率**が必要と考えられます。登録者数が50万人を超えていないチャンネルであれば、この増加率を出すことがひとつのヒットの目安になるでしょう。

急上昇に表示されることがあれば、**1～3日以内に同じ企画の動画を投稿**し、再生される限り繰り返すことでチャンネルの成長が加速します。

この正のスパイラルに乗ると、半年で登録者数10万人も視野に入ります。

急上昇に表示されたら、同じ企画をすぐに投稿しましょう！

急上昇ランキングとは？

YouTube公式の急上昇ランキング決定方法を見ると、「幅広い視聴者にとって魅力的である」「誤解を招く動画やクリックベイトまがい、または扇情的なサムネイルやタイトルでない」「YouTube や世界のトレンドを取り上げている」「クリエイターの多様性を表している」「驚きや目新しさがある」という条件に加え、視聴回数やその伸びの速さなどのほか、さまざまな指標を考慮して決定されています。

ここに表示されることは、会社が上場することと同じくらい素晴らしいことです。**YouTubeのアルゴリズムに、あなたのチャンネルが公に認められた**ことを意味します。

登録者数10万人を目指すよりも、急上昇ランキングに表示されることは難しいかもしれません。今までは無名の中小企業が、上場して誰もが知る会社になったというイメージです。

ぜひ皆さんも、急上昇ランキングに表示されることを目指してみてください。

▶ 視聴者維持率とトラフィックソース

視聴者維持率とトラフィックソースでの着目点は、80%以上の視聴者が「ブラウジング機能」で流入してきているかです（159ページ）。この基準を切っていないか注意することは大前提です。

トラフィックソースはチャンネルの規模によって観点が変化します。**登録者数10万人までのチャンネルであれば、①ブラウジング、②関連動画、③YouTube検索をキープすることが運用のベースです**。登録者数10万～100万人レベルのチャンネルになると、関連動画やチャンネル通知などの順位が上がってきます。

チャンネルが成長にともなって変化する理由は、トラフィックソースの種類にはそれぞれ意味があるからです。

トラフィックソースの種類

ブラウジング	あなたの動画がYouTubeに評価されている
関連動画	あなたのチャンネルがYouTubeに評価されている
YouTube検索	検索から視聴者が来ている

ブラウジングが高いということは、あなたの動画がYouTubeに評価されていることを意味します。

関連動画が高いのは、あなたの動画ではなくチャンネル自体が評価されていることを意味します。YouTubeには内部評価があり、**チャンネルの評価が高くなると関連動画に表示される**ようになります。つまり関連動画が増えてくるということは、あなたのチャンネル自体がYouTubeに認められてきていることを指します。

YouTube検索は、検索から視聴者が来ていることを意味します。ここからの流入だけではチャンネルは伸びませんが、チャンネル登録者数が数百～数千人の段階では、YouTube検索によって質の高い視聴者を呼び込むことは有効です。

注意してほしいのは、1か月、2か月運用した後の順位です。この頃でもまだブラウジングの割合が伸びない場合は、コンテンツの質を疑いましょう。外している原因を徹底的に分析して、評価される動画を作りましょう。

▶ 急上昇ランキングで掴むべき３つのトレンドとは？

YouTubeのアルゴリズムは複雑なので、すべての条件を分析することは困難です。しかし、私が手掛けているチャンネルで何度か急上昇ランキングに表示された経験から見えてきた３つのトレンド、**①Googleトレンド、②YouTubeのトレンド、③視聴者のトレンド**を紹介します。

トレンド①　Googleトレンド

Webブラウザで検索して「Googleトレンド」を表示しましょう。そこで「**急上昇ワード**」を確認します。

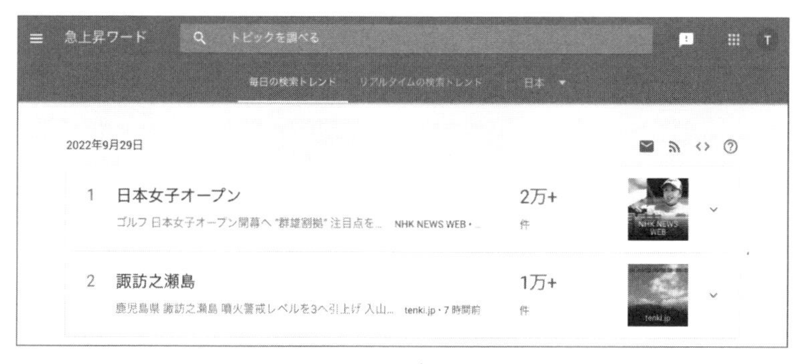

Googleトレンド急上昇ワード

チャンネルとの相性はありますが、Googleトレンドの急上昇ワードは、世間が興味を持っているキーワードです。トレンドになっているキーワードを使った企画を投稿すると、急上昇ランキングに表示されやすくなります。

トレンド②　YouTubeのトレンド

GoogleトレンドとYouTubeのトレンドは、連動している場合が多いですが、異なるものです。アルミホイル球企画は、Googleトレンドではありませんでしたが、YouTubeでは非常にバズりました。

GoogleとYouTubeのトレンドは、どちらが急上昇ランキングの要因として大きいかは不明です。しかしどちらも有効なことは間違いありません。

トレンド③　視聴者のトレンド

視聴者のトレンドを摑むには、視聴者が動画を視聴する時間帯などの情報によって推測し（175ページ）、視聴者層を把握していないと難しいかもしれません。しかし、**視聴者のトレンドを摑むと、急上昇ランキングに表示される確率が高まります**。

第3章で紹介した美容系チャンネルで出した「私の〇〇の整形について」企画の動画が急上昇ランキングに表示された理由が、まさに視聴者のトレンドを摑んだためでした。そのチャンネルでは、数か月の間「眉毛はアートメイクですか？」というコメントが何度もあがるなど、視聴者は眉毛について知りたがっていました。そもそもメイクのチャンネルなのに、眉毛の話題だけが出てこないので視聴者は気になって仕方がなかったのです。

当時は「私の整形について」という動画がヒットしていたので、企画として「整形」を出すことになりました。その際に、リスナーが気になっている眉毛も一緒に取り上げれば、大ヒットするのではないかと考えました。

案の定、公開した途端に「視聴回数が通常よりも605％増加」というYouTubeの評価コメントが表示され、大ヒット動画になりました。基本的に500％以上の増加が急上昇ランキングに表示される条件と思われるので、この企画も急上昇ランキングに入りました。事前の狙いが、見事に当たったケースです。

視聴者が気になる秘密の公開は爆発的なヒットを生みます！

視聴者のトレンドを摑む必要性を、実感していただけたでしょうか。しかし、注意も必要です。定期的に更新していないチャンネルの場合、**動画がヒットしても急上昇ランキングに表示されない**可能性が高くなります。

しばらくの間、更新が途絶えていたある女性YouTuberが、急に秘密兵器的企画を出したことがありました。彼氏がいたことを視聴者に明かしていなかった中で、「彼氏と別れました」という動画を投稿したのです。視聴者は彼氏がいたこと、さらに別れたという話に驚いて、再生数が一気に跳ね上がり、1時間で50万回再生されました。しかし、この動画は急上昇ランキングに表示されませんでした。そのチャンネルは定期的に更新されていなかったからです。

私が「毎日投稿してください」と言う理由がここにあります。YouTubeは**更新頻度が評価基準の大きな要素**になっているのです。そのため、3か月更新していない登録者数5000人のチャンネルの方に、「同じチャンネルで続けていくべきか、新しくチャンネルを始めるべきか」と聞かれたら、後者をおすすめします。

私の感覚では、登録者数が1万〜2万人規模のチャンネルであれば、ゼロからやり直したほうが早いです。3〜6か月間運用していない、ましてや数年前に一度立ち上げたチャンネルなどは、更新していないことでYouTubeの評価が悪くなっています。

前のチャンネルを活用するのであれば、そこで「新しいチャンネルを立ち上げます」という動画を投稿し、既存の視聴者を新規のチャンネルに誘導してください。

▶インプレッションのクリック率と視聴者維持率の目安

トレンド以外の急上昇ランキングに載るために必要な要素は、**インプレッションのクリック率**です。日常的な動画であれば5〜7%、特別力の入った企画で10%超えが目安です。

バグを疑う必要がある場合の対策

この数値があまりにも高い場合はバグの可能性があります。登録者数が10万人いて、ファンが毎回見ていない限り、10%以上、ときには30%を超えるような数値が出るとは考えにくいです。30%ということは、YouTubeのトップページなどに表示され、約3人に1人がクリックしていることになります。これは少々ありえないでしょう。

バグが予想される場合は、アナリティクスの「**リアルタイム**」を確認してください。

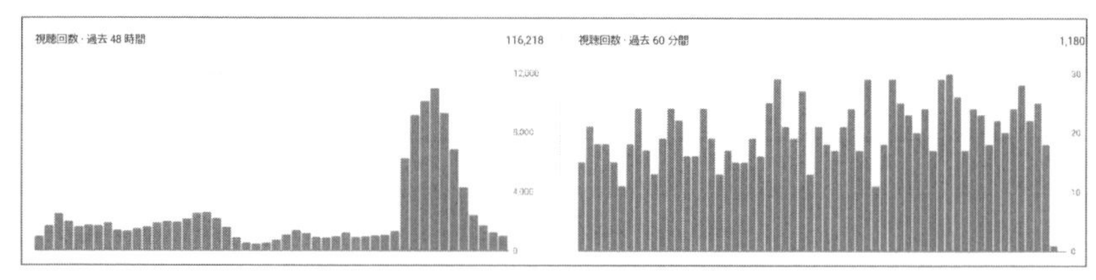

リアルタイムで右肩上がりのグラフ

ブラウジングの比率が高くて視聴回数が上がっている場合は、**グラフが右肩上がり**になるはずです。ブラウジングの比率が高いにもかかわらず、グラフが右肩下がりになっているとしたら、バグを疑ってもいいでしょう。

判断基準として、インプレッションのクリック率をチェックします。この数値が異常に高い場合はYouTubeのバグではないかと考えられます。平均値であれば、単純に企画がつまらないだけです。とはいえ、バグはめったにありません。多くの場合は企画が面白くないという結論になりますが、念のため覚えておきましょう。

視聴者維持率が急上昇ランキングに与える影響力

視聴者維持率は40%以上をキープすることが望ましいです。

ただし、ひとつの要素にすぎないため、こだわりすぎないほうがいいでしょう。視聴者維持率が高く、なおかつ再生時間が長い動画は急上昇ランキングに載りやすいと言われています。たとえば、30分ある動画を最後まで観ているのであれば、アルゴリズムに高く評価されるとして、そのような動画が推奨されるケースもあります。しかし、それだけが掲載される条件とは限りません。あくまでも、ある程度影響力があるものと捉えておけば結構です。

長尺動画の場合には、最後まで見てもらえる仕掛けが大事です。

▶ YouTubeの評価が高いと急上昇ランキングに表示される

急上昇ランキングに表示される要素で重要なのが**チャンネルパワー**です。これまでに、何度も「YouTubeの評価」を上げるための施策を紹介しました。それによって蓄えられた力こそがチャンネルパワーです。

YouTubeの評価基準はさまざまですが、それらの評価をまとめたものがチャンネルパワーです。登録者数が少ないチャンネルと多いチャンネルでどちらのチャンネルパワーが高いかと言えば、もちろん後者です。毎日更新している人と2〜3日に一度更新している人であれば、もちろん毎日更新の人が評価されます。したがって、**1日1本、練りに練った企画動画を投稿し続ける**ことが大切です。

ただしチャンネルパワーが影響を及ぼすのは、登録者数が10万〜15万人規模のチャンネルになってからです。規模が小さいチャンネルでは急上昇ランキングに表示されません。なぜここで皆さんに急上昇ランキングについて説明したかと言えば、ここで紹介した各要素は、YouTubeが求めている評価要素だからです。これらの要素を満たすようにすると、急上昇ランキングに表示されなくてもYouTubeの内部評価が高まるのです。これらの要素が重要だということを、早いうちから意識しておきましょう。何が正しいか、何が間違っているか理解しているだけで、チャンネルをより速く伸ばせます。

チャンネルの成長には、チャンネルパワーの要素を押さえた運用が必須です！

▶「vidIQ」で「関連動画」に表示されているかチェックする

vidIQは、チャンネルの運用が始まってからも必須ツールです。vidIQを入れた状態で、Google Chromeから自分の動画を開いてください。画面右側にさまざまな指標が表示されます。時間があれば、これらの指標をすべて分析してもかまいませんが、必ずしもすべての指標に対応する必要はありません。

特に確認してほしいのは、「SEO」という項目の真ん中の**「○/○」と表示される数値**です。

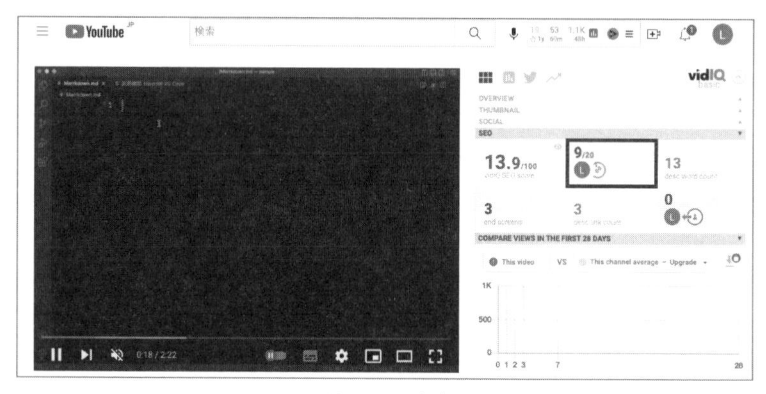

vidIQのSEO評価

これはアナリティクスにはないvidIQだけの指標で、**自分のチャンネル動画を観た後に関連動画に自分の動画が載る割合**です。もし「18／20」であれば、一度自分の動画を観た人の関連動画として、多くの人に自分の動画が表示されていることを意味します。**割合としては、6割（12／20など）以上が理想的**でしょう。

この数値が高いということは、視聴者が回遊している人気が高いチャンネルだとYouTubeに認識され、内部評価が高くなります。関連動画対策を考えている人は、常に意識しておくといいでしょう。

▶SEO対策は「おまけ」

YouTubeにおけるSEO対策の基本は、YouTubeで検索したときに上位に表示させるテクニックです。SEO対策の方法は、サムネイル用の画像や動画のファイル名やデータにキーワードを入力するだけで十分です。ただしSEO対策は、あくまでも「おまけ」として考えてください。SEOを意識しすぎると、タイトルにキーワードを詰め込んでしまい、フックのあるタイトルにならず、ヒット企画が出せなくなるおそれがあります。

サムネイル用の画像や投稿する動画のファイル名は半角スペースで区切ることがポイントです。画像であれば、「日本 東京 レストラン タイ料理」と入力します。

次は、画像や動画のデータファイルにSEO用の情報を入力しましょう。

Windowsの場合は、編集したいファイルを右クリックして「プロパティ」を開きます。「プロパティ」画面にある「詳細」タブをクリックすると、プロパティとして「タイトル」や「タグ」「コメント」などがあります。それらの横の「値」をクリックすると入力できるので、SEO対策として検索に引っかかりそうなキーワードを入れましょう。

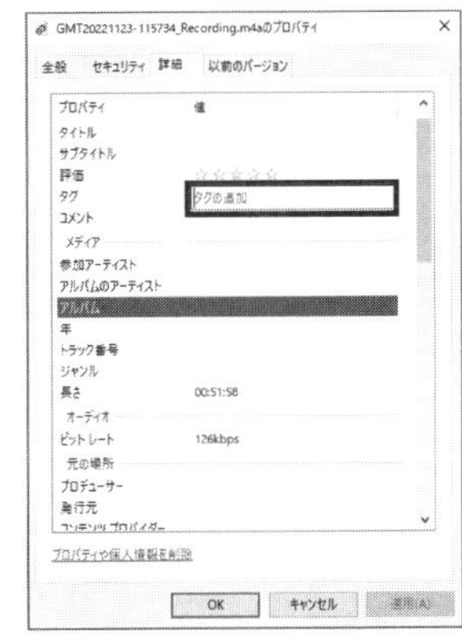

Windowsの「プロパティ」

Macの場合も、編集したいファイルを右クリックし、「情報を見る」を選択してください。タグがコメント欄に入力できるので、同じようにキーワードを入れます。

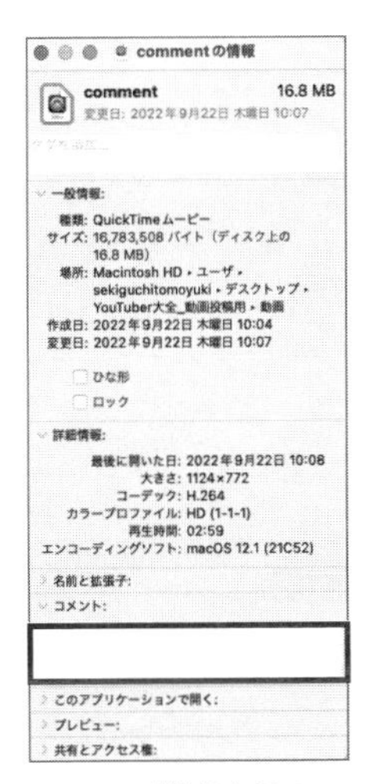

Macの「情報を見る」

「プロパティ」や「情報を見る」のタグやコメント、タイトルにキーワードを入れるときは、**半角スペースを空けて**入力してください。「日本 東京 レストラン タイ料理」のように、それぞれ同じキーワードを入れます。入れるキーワード数は3〜4つ、多くても5つくらいにしておきましょう。

▶ 無料のツールで検索されているキーワードを探す

適切なキーワードを探すためには、無料ツール「**SeoStack Keyword Tool**」がおすすめです。Google Chromeの拡張機能で、インストールするとGoogle Chromeの上にアイコンが表示されます。

SeoStack Keyword Toolのアイコン

クリックして起動するとSeoStack Keyword Toolが表示されるので、「Enter Seed Keyword」にキーワードを入力します。

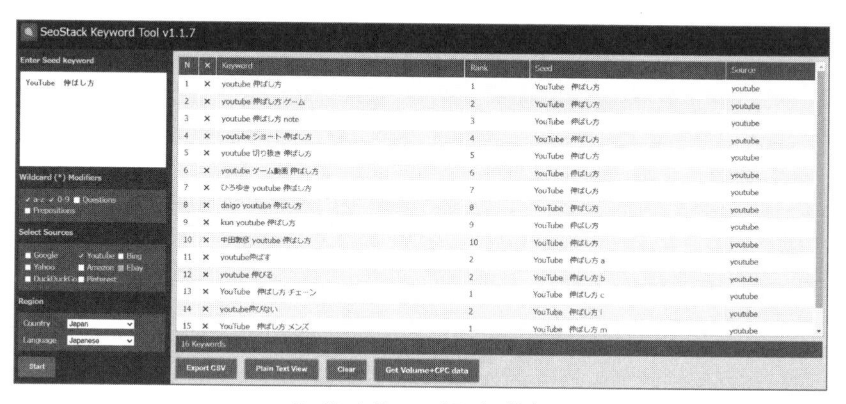

SeoStack Keyword Toolで検索

「Select Sources」で「YouTube」を選択し、国と言語の選択欄で「Japan」「Japanese」を選んでから検索します。「メイク」と入力して検索すると、「メイク」に関連するキーワードのリストが表示されます。これらのワードの右側を見ると、「Rank」という項目があり、ここで検索したキーワードの順位がわかります。検索結果はCSV形式（項目ごとにカンマ「,」で区切ったテキストデータ）での書き出しができるので、ExcelやGoogleスプレッドシートなどで開いて活用してみましょう。

有料ツールの「**Keyword Tool**」を活用してもいいでしょう。Google、YouTube、Amazonなどさまざまなサービスごとにキーワード検索し、キーワードの検索件数やリストを表示してくれます。一番安いプランで月額69ドルかかりますが、詳細なデータが得られます。

きちんとSEO対策ができているか判断するには、vidIQで表示される点数が参考になります。Google Chromeで動画を開いたときに右側に表示されるvidIQの画面で「SEO」の項目を見ると、「vidIQ SEO score」という数値が表示されます。タグ数やタイトル、説明欄のキーワード数などから算出されたvidIQ独自の評価ですが、大まかな目安になります。

vidIQ SEO score

▶ YouTubeのブラウジング　７つの法則

法則①　総視聴時間

総視聴時間は、**「平均視聴維持率」×「再生数」×「動画の長さ」**の計算式によって導かれます。YouTubeが求めているのはYouTubeを観てもらうことなので、総視聴時間はYouTube上で最も大きい指標のひとつです。

つまり、YouTubeで強みを発揮できるのは、**最後まで観てもらえる長い動画**というわけです。私が「長い動画のほうがいい」と言っている理由は、総視聴時間の数値が高くなりやすいからです。

では、長い動画を出せばいいのかとなると、そう単純な話でもありません。つまらない動画は、平均視聴維持率が悪くなります。

法則②　平均視聴維持率

平均視聴維持率は、１本の動画全体の再生時間に対する**「観続けてくれた時間」の平均値**を、％で表しています。20分の動画が平均12分観られた場合、平均視聴維持率は60％です。平均視聴維持率が低いと、総視聴時間は伸びません。

平均視聴維持率だけを高めようとする人がいますが、平均視聴維持率が80％でも１分の動画なら48秒。それなら簡単に達成できるでしょうが、意味はありません。やはり、ある程度の長さを持った動画が必要なのは当然です。

目標値としては、ビジネス系は40％、エンターテインメント系は35％と言われますが、どのような動画でもまずは**40％を目標に**しましょう。

平均視聴維持率40％を目指す動画の長さは、基本が８～12分程度。20～30分であっても最後まで観てくれるというのが理想です。

法則③　動画の長さ

アップロードした動画の長さも、YouTubeが動画を評価する指標に入っています。ですから、誰も観なかったとしても**長い動画はそれ自体でポイントとなります**。

法則④　再生数

YouTubeにおける再生数には、「総再生数」や「直近の再生数」などいくつかの指標があります。

全体的な視聴回数＝再生数が多くなればなるほどランキングは上位になりやすく、直近の視聴回数が多いと、さらにランキングは上がります。とはいえ、それほど大きな影響力があるわけではなく、参考程度と考えてください。

そもそも再生数を指標として強くしすぎると、再生されない限りはランキングで勝てないということになります。

そこで、再生数の中で重要になってくるのが**「オーガニック流入」**です。オーガニック流入というのは、たとえば、TwitterやFacebook、ブログ、メルマガ、LINEなど、外部のサイトからの誘導によるアクセス数です。登録者数が少ない初期の段階では、**SNSなどでアプローチして純粋なアクセスを増やしていく**というのが、有効な戦略となります。ただし重要度で言うと、ここにあげる7つのブラウジングの中では下位のほうです。

法則⑤　インプレッション・クリック率

インプレッション・クリック率というのは、簡単に説明すると、**サムネイルからどれくらいクリックされているか**ということです。

インプレッション・クリック率はライバルたちのチャンネルと比較されます。自分のクリック率が高いか低いかを必要以上に気にかける人がいますが、**クリック率はライバルを上回っていればいい**のです。

インプレッション・クリック率の目安が7%の業界もあれば、3%の業界もあります。その業界の中で高くなることを目指しましょう。

インプレッション・クリック率は、チャンネル登録者数が増えていくと、下がっていく傾向にあります。登録者数が少ないときは10%超えもよく見られます。登録者数が1000人くらいのときに10%を超えていたインプレッション・クリック率が、登録者数が増えたことによって2〜3%に落ちたとしても、よくあることなので安心しましょう。

インプレッション・クリック率を高めるには、**サムネイルの作りを変えていく**ほかありません。具体的には**「ABCテスト」**をやるのです。サムネイルを3パターンくらい用意して、どのタイミングでサムネイルを変えるのか、変えないのかなど、それぞれの効果を検証してみましょう。

YouTubeを始める人は、たいていサムネイルをひとつしか作りません。しかし、広告や営業の世界ではABCテストを実施するのが普通です。YouTubeでも、テストもせずにひとつのサムネイルにこだわっていては勝てません。

デザインは同じでも、文言を変えるだけでサムネイルの印象は変わります。

法則⑥　エンゲージメント

エンゲージメントは、総視聴時間と同じくらい重要な指標です。エンゲージメントは**「つながり」の指標**です。YouTubeは、YouTube自体をコミュニティの場と位置付けていて、そこでのつながりを重要視しています。

人と人とのコミュニケーションを考えたとき、YouTubeで大事になるのは**コメントの数とコメントに対する返信**といった指標です。コメントが多ければエンゲージメントが取れているということになりますし、コメントに対する返信が多ければ、そのチャンネルはエンゲージメントが強く、活性化されているということになります。

YouTubeが求めているのはコミュニティです。もっともっと会話をしてほしいのです。ですから、コメントの数よりも返信の数のほうが影響力は強くなります。たとえば、100人がコメントするよりも、1人のコメントに対して99人が返信しているほうが、YouTubeはエンゲージメントが強いと捉えます。

つまり、**コメントに返信させるという習慣をつけさせたほうがいい**ということになります。「マイキーの非道徳な社会学」というチャンネルはその好例で、アドセンス報酬（表示された広告に視聴者がクリックするたびに支払われる報酬）は非常に高く設定されています。「マイキーの非道徳な社会学」はトップに必ずアンケートというかたちでコメントが書かれていて、返信が多くなるようになっています。また、エンゲージメントを高めるために、すべてに返信をしています。

よく「視聴者からのコメントに、返信はしたほうがいいですか？」と聞かれますが、結論を述べるなら、返信はしたほうが反応は良いです。ただ、インフルエンサーは数多くの返信をしている時間がないので、ハートマークをつけることがよくあります。**ハートマークもエンゲージメントになる**ので、最初の頃から少なくともハートマークくらいはつけたほうがいいでしょう。

自分はコメントをするスタイルではないと考えるなら、コメントはしなくてもかまいません。自分でコメントすることもエンゲージメントを高めることになりますが、より重要なのは、誰かが投稿したものに対して、誰かが乗ってくることです。

エンゲージメントを高める方法としては、討論ネタを作り、社内などの内輪の仲間でコメントし合うことで、まったく無関係な視聴者を巻き込み、炎上させるというものがあります。これが自然発生すると強力です。

法則⑦　チャンネル登録者数に対してのアクティブ数

「登録者のうち、普段から熱心に動画を観てくれる視聴者の数」がチャンネル登録者数に対してのアクティブ数です。これも総視聴時間、エンゲージメントに匹敵する重要な指標です。この３つがYouTubeの**ブラウジングの３大指標**と言っていいでしょう。

たとえば、チャンネル登録者数が１万人であっても、普段熱心に観ているのは100人だとしたら、終わっているチャンネルということになります。これではランキングで勝てません。

メルマガやLINEでプッシュする場合、アクティブ率が低くなりますので注意が必要です。それは、チャンネル登録をしていても、メルマガやLINEでお知らせが来ないと視聴しなくなるからです。

YouTubeには通知機能があるので、利用しましょう。皆さん、「チャンネル登録と高評価をお願いします！」とか「LINE登録してください！」というメッセージは送るのですが、通知をする人は多くありません。

トップインフルエンサーになると、通知からの流入が約50%にもなるのです。

一般の視聴者は、皆さんが思っている以上に通知で情報をキャッチするものです。**「通知による流入の割合が増える」＝「エンゲージメントが高まる」「アクティブ率が高まる」**ということなので、内部指標としてはわかりやすいです。

6 サムネイル入門講座

チャンネル運営

ここでは、動画をヒットさせるために必須となるサムネイルの基本を説明します。再生数で伸び悩んでいる方は必読の入門講座の開講です。なお、サムネイルのテクニックは第5章でも解説します。

▶絶対守ろう！ タイトル&サムネイルの鉄板ルール

動画のヒット要素で説明しましたが、YouTubeでヒットさせるために最も重要なのはサムネイルです。「なかなか再生数が伸びません……」と相談してくる方の動画を観て感じるのは、**サムネイルの弱さ**です。

再生数で伸び悩んだら、原因として真っ先にサムネイルを疑いましょう。

まずはサムネイルの鉄板ルールをおさらいしましょう。タイトル&サムネイルは動画の内容に合わせます。ここがズレていると伸びません。

タイトルも重要な要素です。タイトルで必要なことは、SEOを意識しすぎないことです。SEOを考慮するのであれば、せいぜい最初にキーワードを【　】で括る（くく）くらいにしておいてください。「【いちご鼻】○○」「【プチプラ】○○してみた」といった感じで、タイトルの頭にキーワードがついている動画を観たことがあると思います。これが典型的なSEO対策です。これで十分です。

また、タイトルは初めて観る視聴者にも違和感がないものにしなくてはなりません。失敗例としては、「【有料動画こどもの日プレゼント企画】わが子の才能が伸びる家の使い方」のように、自分の顧客向けの文言をそのままタイトルに使ってしまうケースがあります。何も知らない人がこのタイトルを見たら、「この人は何か動画を有料で販売しているのか」とクリックする前から敬遠してしまいます。特定のユーザーを意識したタイトルを使うのであれば、限定公開にしましょう。

YouTubeは、１本で完結した動画をあらゆる視聴者に観てもらうという意識が必要です。

▶「何これ？」となるサムネイルを作れ

サムネイル作りのポイントは、**文字がなくても「何これ？」と感じる**ような、画像だけでインパクトがあるものにすることです。

その理由は、タイトルは左脳で見ますが、**サムネイルは右脳**で見るからです。サムネイル画像に文字が入っていない状態でも、ひと目で何をしているかわかることが理想的です。その上で、「何これ？」と興味を引かれる状態がベストです。

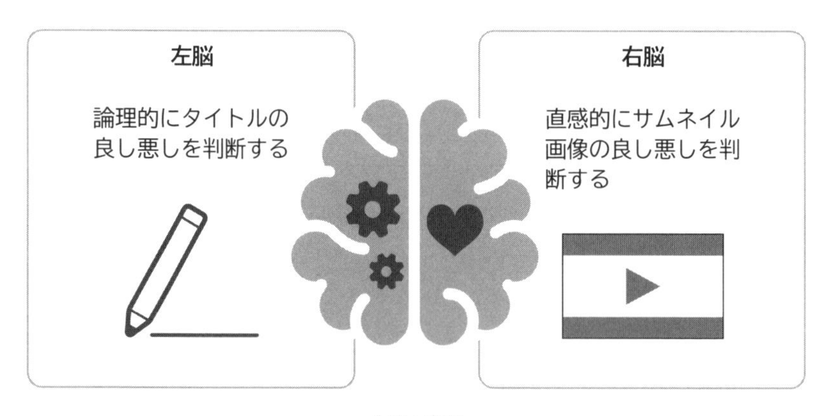

左脳と右脳

直感的にわかるサムネイルは、右脳に響いています。海外のサムネイルは、ほとんど文字が入っていません。それでもクリックされます。ブロック塀をハンマーで叩き割っている画像に、大きなブロックが飛んでいるような臨場感ある加工をすると、「ぶっ壊す」という文字がなくても何をしているか伝わりますよね。一度文字なしのサムネイルを作ってみて、インパクトが出せるか工夫してみましょう。

直感的にわかるサムネイル（ブロック塀をハンマーで叩き割る）

ノウハウを語るだけで動きのないチャンネルの場合は、**小ワザ**を使いましょう。たとえば、内容に合わせて表情を変えたり、小道具を使ったりといった工夫ができます。私のおすすめは**小物**を使うことです。エステや整体など施術系のチャンネルであれば、人体模型などの小物が使えます。ジャンルに適した小物がない場合でも、100均のおもちゃでいいので、小物を入れて動画のワンシーンを再現したサムネイルを作ると、それだけで強烈なインパクトが出ます。

小物を置くことはインパクトを強めるのに有効です！

▶ 加工や演出は当たり前。本編よりもサムネイルに全力を注ごう

サムネイルでは、一番目立たせたいものを一番大きく映しましょう。**実際の縮尺と合ってなくてもかまいません。**先ほどのブロック塀の例も、ブロックが飛ぶほどハンマーで叩いたというインパクトを出すために、飛んだブロックを大きく見せるように加工しています。本編と同じようになっていれば、加工してもいいでしょう。

掃除のビフォーアフター系の動画では、違いがはっきりわかるように、サムネイル用にわざわざ掃除をする場所を汚すこともあります。このように少し**加工や演**

出を加えることで、パッと見た瞬間にすぐわかるような画像を作れます。

企画ではなくサムネイルだけのために、わざわざ小物を買ったり、加工や演出したりするのは面倒に思うかもしれません。しかし、最初のうちは再生数が伸びようが伸びなかろうが、これ以上のものは作れないくらいまでサムネイルに注力してください。

もちろん企画にも力を入れますが、**企画以上にサムネイルに力を入れる**ことが必要になります。どんなに撮影や編集を頑張ったとしても、簡素なサムネイルで投稿してしまうと観てもらえません。我々でもひとつの動画のサムネイルに１時間くらいかけて、１動画につき３枚ほどのサムネイルを作っています。

まずはサムネイルを命がけで作りましょう！

▶シーンごとのサムネイル素材があれば別の動画にも見せられる

サムネイル用の素材画像を撮影するときは、必ず何枚も撮るようにしてください。目安として、我々は素材用として20～30枚撮影します。この素材用の写真は、同じような構図で撮っては意味がありません。

必要なことは、**シーンを変えて撮る**ことです。なぜなら、**サムネイルのシーンを変えれば、別のタイトルの動画に作り直せる**からです。企画が同じでも、サムネイルとタイトルを変えれば、まったく違う動画に見せることができるのです。

これが重要な理由は、原則としてYouTubeに一度投稿した動画は削除してはいけないため、一度出してしまうとほぼ何も変えられないからです。モザイクをかけるなどの編集は可能ですが、基本的に本編の編集はできません。もし投稿済みの動画をテコ入れしたいと思った場合でも、サムネイルとタイトルしか変更できません。そんなときに、いろいろなシーンで撮影した素材があれば、もとの動画をまったく新しい動画のように見せることができます。

たとえば、メイク系の動画で「男ウケは無視　媚(こ)びない大人メイク」という文字が入ったサムネイルを作ったことがあります。

しかし、そもそも「媚びないメイク」というワードは、男ウケしないだけでなく、YouTubeにもあまりウケません。そこで、別の角度から撮っていた素材を使って、「ニキビをホクロに変える」というサムネイルに変更しました。

サムネイルを変えるとまったく違う内容のように見えますが、動画の内容は同じです。

「何枚も別なシーンで撮るのは大変では？」と不安になる人もいるかと思いますが、安心してください。

たとえば、手にバナナを持っているシーンのほかに、今度はボールペンを持つシーンも撮る。さらに手に何も持っていないシーンも撮るといった具合に、シーンを1点変えるだけでも十分です。表情であれば、恐ろしいものを見た感じの表情と、ニコッとした笑顔の両方を撮っておけば、同じ動画で「恐怖の○○」にしてもいいですし、「笑顔になる○○」にもできます。

シーンをたくさん用意しておけば、さまざまなパターンを試すことができます。

つまり、**YouTubeに動画を投稿したら終わりではなく、投稿してヒットしなければ、まるごとサムネイルとタイトルを差し替えてみましょう**。

そうすれば、最悪な結果でも何とか脱出できます。

逆に、最初のサムネイルでヒットさせることは難しいです。複数のサムネイルの候補を用意しておいてください。

▶ サムネイルのセンスを磨く方法とは？

サムネイルを複数用意する場合は、外部に依頼するときにパターンを指示する必要があります。的確な指示をするには、ある程度はデザインセンスを磨く必要があります。参考にしたい動画やサムネイルを見せて、「こんなふうに作ってほしい」とイメージを伝えなくてはなりません。

サムネイルのセンスが良い人は、デザイナーさんへの伝え方が上手です。そういう人はサムネイルのパターンをたくさんストックしています。この「ストックする」という行為は、マーケティングの世界では重要です。サムネイルに限ったことではなく、あらゆる媒体で準備しておくといいでしょう。

たとえば、メルマガのコピーライティングが上手い人は、今までに自分がクリックしたくなったタイトルをいくつもストックしています。毎日届くスパムメールを、1分くらい流し読みしましょう。そのときにふと目に留まるタイトルがあれば、ピックアップしてExcelやGoogleスプレッドシートなどのツールにまとめておくと、タイトルに困らなくなります。

チラシやDM広告もストックします。マーケターであれば、DMを見ないで捨てることは愚の骨頂です。

チラシ、DM、スパムメール、あらゆるもののタイトル、テキストをストックして、タイトルやサムネイルに活用しましょう！

サムネイルの構図も同じです。YouTubeで動画のサムネイルを眺めて、「これ、いいな」「自分でも使ってみたいな」と思うものを見つけ次第、ストックしましょう。ストック量が多い人は、ヒットする確率が高くなるはずです。

見ているだけだと飽きてくるという人は、**再生率を調べて300〜1000%のメガヒット動画のサムネイルをチェックするだけでも十分でしょう**。その中から、サムネイルのインパクトがあるものをストックすると、サムネイルのセンスが上がります。

7 チャンネルの顔として成長を促進する「目玉企画」

チャンネル運営

いよいよ、チャンネルの成長を加速させる必須要素である**目玉企画**について紹介していきます。目玉企画はチャンネルの顔として、チャンネルの方向性を決定づけるものです。これを軸に、チャンネルを大きく成長させることが目標となります。

▶「目玉企画」はチャンネルカラーを決定づける目玉商品

チャンネルを開設して1か月ほど経った方から「今の段階で登録者数500人ですが、これから伸びるでしょうか」と相談されることがあります。私の経験では、目玉企画を作っていないと伸びません。チャンネルの成長を加速させるには目玉企画が必須なのです。

土台を作っても伸びない場合、その原因はチャンネルの特徴が認識されていないことです。**どのようなチャンネルか認識してもらう起点**となるのが目玉企画です。

チャンネルを開設したら、お試しで30本投稿するように説明しましたが、同じような内容で投稿してはいけません。切り口を変えて、その中からヒットする動画を見つけましょう。その動画を起点に展開させていくことで、目玉企画が生まれます。目玉企画はチャンネルの中で一番の顔であり、**チャンネルカラー**を決定付けます。チャンネルカラーとは、あなたをひと言で「○○という人だよね」と認識させるものです。初期段階で「あの人は○○だから」と見なされるようなカラーを作ってください。

チャンネルカラーとなるような目玉企画こそ、あなたのチャンネルを成長させる起点となります。

▶ チャンネルカラーを変えることで視聴者層が変えられる

目玉企画が必要な理由は、そのクオリティによってチャンネルの成長速度が変わるからです。それだけではなく、すでにある**チャンネルカラーを変えることができる**点も見逃せません。

チャンネルカラーを変えると、視聴者層が変わります。「私がターゲットにしたいのは40代なのですが、視聴者は10代ばかりです。どうしたらいいでしょうか」という相談を受けることが少なくありません。そういうときは、企画の見直しが必要でしょう。目玉企画が40代向けでないと、普段の動画を40代向けにしても、視聴者には40代向けチャンネルと認識してもらえません。自分が目指すチャンネルカラーを意識して企画を作りましょう。

ターゲット層と視聴者層が異なる場合は、目玉企画を見直しましょう。

▶ 誰もまだ公開していない「ヤバい」企画か？

目玉企画は、単なる「再生数が稼げる企画」ではありません。ビジネス系における目玉企画の定義は、まずは**ライバルがいない企画**であることです。

ライバルがいなければ強力な目玉企画になりえます。YouTube上でまだ誰も手を付けていない、もしくは手を付けていても数が少ないことが条件です。もうひとつ重要な条件は、「これはヤバい！」と驚くような企画で、かつ自分のチャンネルコンセプトに合っていることです。

私が以前に考えた「1000万円の札束をスクランブル交差点のど真ん中に置く」という企画は、これらの条件に該当します。この企画を出した理由は、当時「金持ち系YouTuber」が伸びていたからです。そこで切り口を変えた「金持ち系」としてインパクトのある企画を投稿したところ、狙いどおりチャンネルの目玉企画になって、視聴者から金持ち系チャンネルと認識されるようになりました。

ただし、「まだ誰も手を付けていなくてヤバい企画」をひっそりアップしては意味がありません。ある程度の再生数を取るための取り組みが必要です。そこで、目玉企画を用意したら、その動画を伸ばすあらゆる施策を行います。広告、TwitterなどのSNSのリンク、コラボなど、**全アクセスを流し込むことに注力**します。次に、この目玉企画の説明欄に関連動画のリンクを貼ります。そうすると、目玉企画自体が伸びていくはずです。

目玉企画を用意したら全力でそこにアクセスを集中させましょう。

▶ 目玉企画と連動するシリーズを作ろう

目玉企画にはできる限りアクセスを集中させ、自分のチャンネルの「顔」を作り上げましょう。ちなみにチャンネルを開設した方の大半は、ブログやTwitter、SNSなどにチャンネルのトップページのリンク先を貼っています。これは実は間違いで、**目玉企画に誘導することが正解**です。これによってチャンネルカラーが生まれるのです。目玉企画と連動するシリーズを、お金をかけてでも作りましょう。

場合によっては、自分が意図した最初のコンセプトと異なる動画が目玉企画に育つ場合もあります。英語系チャンネルで真面目なレッスン動画ではなく、海外で経験した危険な出来事に関する雑談や雑学企画がヒットしているとしたら、そちらの企画が視聴者に求められていると考えられます。その場合は、その動画を新たな目玉企画に変更し、シリーズ化してみましょう。

当初のコンセプトと実態が変わってきたら、目玉企画も柔軟に変えましょう。

▶誰にも真似できない目玉企画をトップページに置く

目玉企画を作ったら、チャンネルのトップページに配置しましょう。チャンネルの入り口、すなわちトップページでチャンネルカラーが決まります。まだ設定をしていない人は、チャンネルトップページの「チャンネルのカスタマイズ」ボタン、またはYouTube Studioの「カスタマイズ」からトップページのレイアウトができるので、チャンネルの上部に表示する動画として目玉企画を設定してください。ここでは「チャンネル登録していないユーザー向けのチャンネル紹介動画」と「チャンネル登録者向けのおすすめ動画」に分けて登録できます。前者は新規訪問者向けなのでこれから獲得したいユーザーにアピールするため、後者はリピーターのための動画を設定してください。

目玉企画は手間をかけてでも再生数を伸ばし、シリーズ化などの展開をして仕上げましょう。**手間をかければかけるほど、誰にも真似されない企画となる**のです。真似されない目玉企画を作るため、ここには力を入れましょう。

私がチャンネルを開設する場合、2週目までには企画を考え、4週目までに目玉企画を1本撮ります。

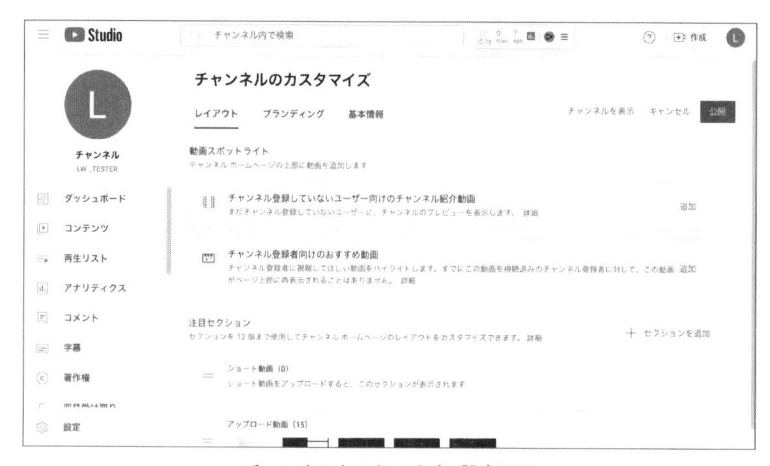

チャンネルカスタマイズの設定画面

▶ 目玉企画を見つけるヒントは海外にある

目玉企画とは、企画ランク（229ページ）が**Aランク以上のもの**です。目玉企画をリサーチするときに、私は海外の企画をチェックします。

以前紹介したように、設定で「場所：」を日本以外の国に変えるだけです（145ページ）。どの国でもいいですが、特にアメリカと韓国をよく見ています。このふたつの国は日本のYouTube市場と相性が良いからです。英語が読めなくてもかまいません。普段のリサーチと同じように、急上昇ランキングや再生率が高い動画をチェックするだけです。

日本に入ってきていない企画を先取りすることで、他の人が手を付けていない目玉企画が生まれる可能性があります。

8 外注を積極的に活用する

チャンネル運営

チャンネルのすべてを一人、または自分の組織内で完結させるのはそう簡単なことではありません。動画の編集技術は日々レベルアップしているので、専門家がいないと他のチャンネルに負けてしまいます。そこで、外注を上手に活用して、チャンネル運営を効率化しましょう。

▶ 全部自分でするのは無理。外注を上手く使おう

本来のビジネスをしながらコンスタントに動画投稿していると、動画編集まで手が回らなくなる方も多いと思います。すべての動画を撮影や編集、投稿まで一人でこなすには限界があります。そこで、編集などを**プロに外注**する方法を紹介します。

外注スタッフの募集で一番のおすすめのサービスは**クラウドワークス**（https://crowdworks.jp/）です。ここで募集すると応募者数も多く、質も高いです。経費を低く抑えるのであれば、品質はやや劣りますがシュフティ（https://app.shufti.jp/）が良いでしょう。

クラウドワークスでの募集方法

募集方法は、**プロジェクト形式とコンペ形式**から選べます。

コンペ形式とは、たとえばロゴデザインを募集するとき、依頼内容に基づき作成したデザイン案を応募者に先に出してもらい、それらの案の中から選ぶ方式です。

プロジェクト形式は、案件単位で募集して集まった応募者から、仕事をしてもらう人を選びます。選んだら、実際にその人に依頼事項を細かく伝え、やり取りをし、最後に完成品を納品してもらうという流れになります。

クラウドワークスの仕事依頼

▶ 動画編集で募集する際に伝えるべき6つのこと

我々が募集する際は、まずは応募者に素材を渡し、お試しで編集をしてもらいます。たとえば30分の素材を10分程度の1本の動画に編集してもらうといった形です。編集してもらった動画を見て、依頼する人を決めるというわけです。

依頼するときに最低限伝えたいことは6つあります。

①完成イメージ
②編集用の素材
③希望の動画時間
④BGMやフォントの指定
⑤希望の納品日
⑥納品形式

これらを使って、本当に依頼できる相手かどうか判断しましょう。

明確な指示が質を左右する

①完成イメージには、参考動画を知らせましょう。素材動画のみを渡すだけでは、どのようなものが戻ってくるかわかりません。「〇〇のようにお洒落（しゃれ）にしたい」「〇〇チャンネルみたいな面白いエンタメ系にしたい」、あるいは「ニュース番組のような真面目なものにしてほしい」といった具体的なイメージを伝えましょう。

②編集用の素材は、動画素材、画面上に入れるテロップやオープニング動画、画像素材などを渡しましょう。

続いて、**③希望の動画時間**、**④BGMやフォントの指定**をしましょう。特にBGMやフォントにバラツキがあると、チャンネルで統一感がなくなります。あらかじめ指定しておくことで、そのような事態は避けられます。入れたい文字と配置を指示することも大切です。強調したい文字があれば、それも指示しましょう。デザイナーによっては、自分のセンスで文字のバランスなどを調整してくれることが多いので、厳密な位置を指定しなくても大丈夫でしょう。

⑤希望の納品日と**⑥納品形式**も重要です。納期が守れない人には、どれほど技術があっても依頼しないほうがいいでしょう。納品形式は、互換性が高くファイルサイズの小さい**「MP4形式」**にするとスムーズにやり取りができます。

▶ 過去の制作事例からイメージに合う人を選ぶ

応募者には、**①自己紹介**、**②過去の制作事例**、**③1本あたり何日で制作できるか**、**④1週間に何本制作できるか**の4点も必ず知らせてもらいます。特に過去の制作事例を確認し、自分のチャンネルとシナジーがある人であることが重要です。これらの応募要項を無視して応募してくる人は、この時点で対象から外しましょう。

募集する際は間口を広げるために「未経験でもOK」としますが、実績があまりにもない人も避けたほうがいいでしょう。初心者ではなく、ある程度慣れている人を選びましょう。

応募者を増やすコツは、タイトルに「**継続依頼あり**」という文言をつけることです。クラウドワークスなどで単発の仕事を探す人も、基本的には長く続く仕事を求めています。こうしたアピールでより良い人材が集まりやすくなります。

さらにレスポンスの早さも重視しましょう。中には、途中で「できませんでした」と言ってくる人や、連絡がなくなってしまう人もいます。ギャラがあまりに高額の人や、メッセージをやり取りしていて相性が合わないと感じた人は、たとえ腕が良くてもやめておいたほうが無難でしょう。

▶ 連絡とスケジュール管理に役立つツール

外注の方とやり取りする際に使うツールは、「Chatwork」がおすすめです。無料で使えるクラウド型のビジネスチャットツールで、音声通話やグループ機能などもあります。

Chatwork

スタッフ間で情報共有でき、連絡メッセージが埋もれにくいという大きなメリットがあります。メッセージのやり取りがスレッドとしてまとまるため、管理しやすくなります。

外注相手の中には、Chatworkを使っていない人もいます。また、クラウドワークスはChatwork等の外部ツールでの連絡を禁止しています。その場合は、クラウドワークスなどのサービス内でやり取りが可能です。

外注の人と一緒に作業を進める際には、スケジュール管理も重要です。スケジュール管理も、スタッフと情報共有することが理想です。私たちは「**Jooto(ジョートー)**」というツールを使っています。カンバン方式でタスク管理ができて、ガントチャートによる進捗管理も可能です。

Jooto

このツールの特徴は、スタッフ間で情報共有がシンプルで簡単にできる点です。ガントチャートを作成することで、作業の進捗を視覚的に把握しやすくなります。

たとえば「撮影素材」「進行中」「納品済み」「完了」などと進行状況に応じて分けて、それぞれの動画にタスクを振り分けています。タスクは付箋(ふせん)のように動かせるので、素材が上がってきたら「撮影素材」に、誰かが外注に出したら「進行中」、上がってきたら「納品済み」へと移動します。ほかのスタッフにも、今どの段階にどれだけの動画があるかが視覚的にわかります。

連絡はChatwork、スケジュール管理はJootoがおすすめ！

▶ 任せっきりはダメ。ポイントをまとめよう

本番の動画編集を依頼する際は、指示したいポイントをまとめて渡しましょう。我々はテーマやコンセプト、全体のストーリーのほか、一番盛り上がる**ハイライトシーン**も指示に入れます。

ここの編集に力を入れてもらいたいからです。ほかにも、オチや絶対入れてほしいシーンも伝えておきます。依頼相手のセンス任せだと、とんでもないものが上がってくる場合もあるので、**参考動画も指示**しましょう。

出演者の設定も伝えましょう。2人で出演する場合に、一人が先生役で、もう一人が生徒役で学ぶ形になるといった具合です。それ以外に、注意してほしい点があれば指示に入れておきましょう。

たとえば、ストーリーの整合性をとるために必要なことです。これは動画をひと通り撮影してから、オープニングやエンディングを撮影することがあるからです。動画の撮影中に最初のテーマと変わった場合、「オープニングに映り込んでいる旧テーマのものは映さないように」と指示します。

朝方に本編を撮影していたのに、オープニングを撮影するときは暗くなっていたという時間的なズレがある場合も、明るさの調整をお願いしておきます。路上撮影であれば、一般の人にモザイク処理する箇所の指定といった指示をする必要があります。

依頼相手任せはしない。具体的な指示でイメージどおりの動画を納品してもらいましょう。

▶ 納品時に素材動画をもらうメリットとは？

納品してもらうときにはフルに編集してもらった動画のほかに、**字幕やテロップが入っていない、カットされただけの動画**をもらっておきましょう。こうした素材だけの動画が現場で役に立ちます。

なぜなら、現場ではテロップに誤字脱字があったり、ちょっとだけ編集を変更したかったりすることがしばしば起きるからです。しかし、毎日投稿の場合、動画が納品された数時間後には投稿するという状況があります。そんなときに、いちいち編集のやり直し依頼をしていたら間に合いません。そこで、自分で微調整します。その際に、この何も編集されていない動画が活躍します。

たとえば「2人組の人物名を入れたテロップが逆」のようなちょっとしたミスなら、何も編集されていない動画にテロップを差し替えることで対応できます。自分で編集できる方は、無加工の素材動画をもらっておくことをおすすめします。

カットされた素材動画が、いざというときに役立ちます。

9 企画をランク分けする

チャンネル運営

ここまで学んできた皆さんは、良い企画をいくつも考え出しているのではないでしょうか。次に、リサーチした企画と自分自身の動画の企画にそれぞれランク付けすることで、何を動画にするべきか明確にしましょう。

▶ 企画ランクは出演者のポテンシャルで決まる

さまざまなヒット企画を見つけたら、企画ランクを付けてみましょう。ランクとは、その企画のヒットしやすさを指します。

ただし、動画は出演者のポテンシャルによっても結果が左右されるので、ひとつの目安として考えましょう。特にビジネス系の語り中心のチャンネルは、トーク力によってはＡランクやＢランクの企画でも、面白くならない場合があります。出演者のポテンシャルにはさまざまな要素があります。私の経験から、**柔軟性がない人はポテンシャルがない**と考えられます。

出演者のポテンシャルがない場合は、出演者の変更も考えるべきです。

ポテンシャルを感じられなかった出演者の例を出しましょう。その方は結婚相談所のオーナーで、恋愛心理学というヒットキーワードを使って撮影したのですが、完成した動画を観るとトークがとにかく面白くありませんでした。その原因を調べると、なんとその方はカンペを読み上げていたのです。YouTubeでは視聴者との距離感が重要なので、**カメラ目線で話さずにカンペを読み上げてしまうのは最悪手**と言えます。

しかも、この方が顔出しNGだったのも厳しい点です。顔出しをしないで

YouTubeを運営すること自体は可能で、VTuber（バーチャルYouTuber）のようにアバターを使ったり、お面で顔を隠したりといった方法があります。しかし、**顔出しをしないYouTuberはヒットが難しくなる**というのもまた事実です。顔を隠している状態では、ボディランゲージの勝負になってしまうのです。

顔を出している状態であっても、表情や話のテンポ感といった動きが重要です。たとえば「えぇ～!?」とびっくりするような演技のときに、表情なしで動きだけで表現する場合、よほど身体の動きが良くないと伝わりません。しかしこの方には、そのような演技力もありませんでした。

顔出ししない場合、トーク力やボディランゲージなどの演技力が必要です。

▶ 事前にストーリーを描いてから企画で勝負する

出演者のポテンシャルが低い場合は、企画で勝負するしかありません。結婚相談所のオーナーは恋愛心理学で伸ばしていくことが厳しいと感じ、途中からチャンネルカラーを変える方向性を検討し始めました。出演者を掘り下げていくプロセスで、結婚相談所に変なお客さんが何人もやってくるということが話題に上りました。その中には、なんとニワトリと結婚した男性がいる（笑）という話もあるのです。そこで、「結婚相談所の変なお客さん」という方向性にチャンネルカラーを変更し、再出発することにしました。

まず、チャンネルのコンセプトを「結婚相談所の闇」に変えました。しかし、お客様の秘密を次々に晒（さら）すのは、マイナスイメージになりかねません。それを避けるため、**ストーリーを描く**必要が出てきます。そこで「皆さんの面白い話を買い取ります」と堂々と打ち出したのです。すると他人の面白い話がどんどん集まってくる上、企画のネタに困らなくなります。その上でストーリーは、「悪質な結婚相談所に来る人がいっぱいいる中で、世の中には安心安全な結婚相談所もある」というものです。結婚相談所の負の側面を出してから、最後に悪い結婚相談所で傷ついた人たちを助ける存在として、自分の結婚相談所を見せるというコンセプトを打ち出しました。

こうして登録者数を増やした末に、最終的なビジネス目標である自分の結婚相談所への集客につなげていきます。チャンネルを立ち上げてから30本動画を出す間に、チャンネルカラーを調整することはよくあることですが、その際は**本来のビジネスのゴールもあわせて考える必要がある**ことを忘れないようにしましょう。

ストーリーを描いておくと、チャンネルを成長させてからの着地が楽になります。

最終的なキャッシュポイントを考える上で、事前にストーリーを描くことが有効です。

▶ 世間のトレンドから企画をランク付けする

企画のランクは出演者のポテンシャル次第で変わるという前提を頭に入れた上で、企画ランクの付け方を紹介します。ランク付けは**世間のトレンドから調査する場合**と、**自分のチャンネル内の企画からトレンドを調査する場合**で違いがあります。まずは、世間のトレンドによる企画ランクの付け方を説明します。

世間のトレンドを調査するときは、再生数が1万回以下の動画は除外しましょう。企画ランクを付ける方法は、ヒット企画を探す場合と同じで、再生率を見ます。

登録者数と再生数が同じ程度（100%）はCランクです。再生数／登録者数が200%台までは基本的にCランクです。300〜900%台になってC〜Bランク、1000%以上でB〜Aランクに上がります。

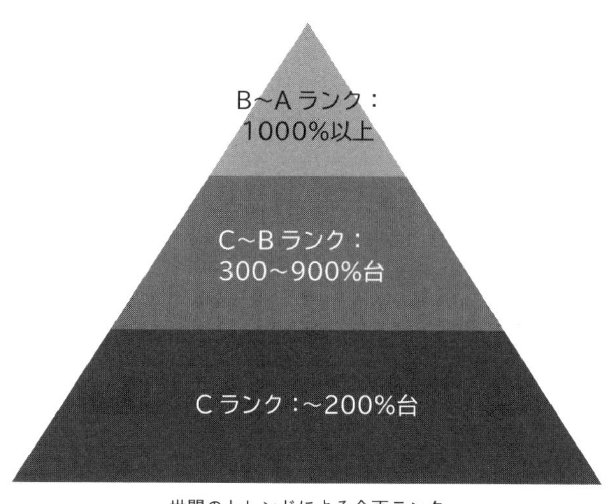

世間のトレンドによる企画ランク

ここで「C~Bランクは、どっちに判断すれば良いですか？」と聞く人はあまり柔軟性がありません。初期の頃での判断は、最終的にはカンになるので、人によって変わってきます。自信があればBでもいいし、自信がなければCにすればいいだけです。私は評価基準を厳しくしているので、迷ったら下のランクにします。

なお、精度を高めたいのであれば、ランク付けの対象は登録者数1万人以上のチャンネルにしましょう。なぜなら、1万人以下のチャンネルは、ブラウジングではなく検索から再生されている可能性があるからです。1万人以上の登録者がいるチャンネルであれば、ブラウジングからの流入が増えるので、指標として信頼できます。

▶ 自分の企画をランク付けする

自分のチャンネルの動画から企画ランクを出すには、動画の投稿本数がある程度必要です。その中で何本かヒット動画が生まれた段階で、ランク付けします。指標は**再生率**です。

200％未満がCランク、200%以上500％未満がBランク、500％以上1000%未満でAランク、1000%以上でSランクです。

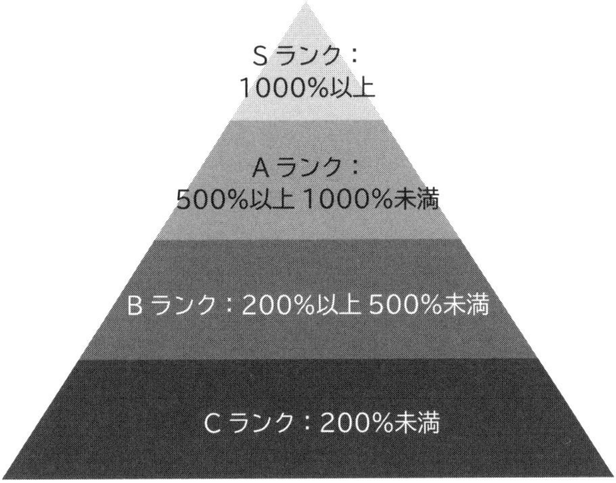

Sランク：
1000%以上

Aランク：
500%以上 1000%未満

Bランク：200%以上 500%未満

Cランク：200%未満

自分のチャンネルの企画による企画ランク

登録者数は、動画を投稿してから1か月以内の数字で計算します。私の場合は、投稿した瞬間の登録者数で計算します。なぜなら成長しているチャンネルは、1か月で登録者数が大きく変わるからです。また、世間のトレンドの企画ランクには、Sランクがありませんでした。それは、Sランクの基準が**自分のチャンネルでヒットしている**ことだからです。

自分のチャンネルでヒット企画が生まれるまでは、世間のトレンドのランクから高ランク企画を選んで、プラスアルファを加えて動画を作っていきましょう。タイトルとサムネイルにインパクトがあれば、徐々に再生数が伸びるはずです。もし伸びない場合、YouTubeのバグか、タイトルとサムネイルが間違っているか、出演者のポテンシャルが低いかという原因が考えられます。

新しい動画を作る際は、CランクやBランクの企画は見る必要はありません。**ヒットを狙うのであればAランクとSランクを見ましょう**。

▶ランクを最終的に決めるのは マイナス要素を引いてから

ランク付けはこれだけで終わりではありません。ここまで付けた企画ランクをマイナス要素によって減点評価していくと、最終的な企画ランクが決まります。マイナス要素は、**①直近率、②流入経路、③今も再生数が伸びているか、④企画を使った動画がヒットしたか**の４つです。

マイナス要素①　直近率

５年前にヒットした動画と今ヒットしている動画では、同じ再生率でも価値が異なります。トレンドが変わっているからです。なので、直近率に応じてランクを落とします。

世間の動画の場合は、２週間以内であれば減点なし、２週間～１か月は検討が必要です。同じ企画でリサーチして、他の動画がヒットしているのであれば減点なし、ヒットしていなければ１ランクダウンします。１か月以上経過している動画は、１ランクダウンします。

次に自分のチャンネルの場合、２週間以上経過した動画は１ランクダウンし、１か月以上経過している動画は２ランクダウンです。ヒットした企画は１週間以内に同じ企画を投稿しなければ意味がありません。

１年以上経っているヒット企画が今後もヒットする可能性が低いため、ランク外にすることがほとんどです。

厳しく見すぎると、企画がまったく見つからないこともあります。評価基準は自分の裁量でコントロールしましょう。

マイナス要素②　流入経路

これまでに説明したように、トラフィックソースは「ブラウジング機能」がトップでなければなりません。そのため、ブラウジング以外からの流入が多い動画は、すべて１ランクダウンします。

もちろん、ブラウジングとそれ以外からの流入が半々という場合もあります。その場合は、各自で判断しましょう。厳しくランクを下げてもいいし、そのままにしてもいいでしょう。

マイナス要素③　今も再生数が伸びているか

今も再生数が伸びているかも重要です。アナリティクスの「リアルタイム」欄の「詳細」をクリックしましょう。表示された画面の「過去48時間」のグラフを確認してください。再生数が多い順に動画が並ぶので、その中に入っているか確認しましょう。

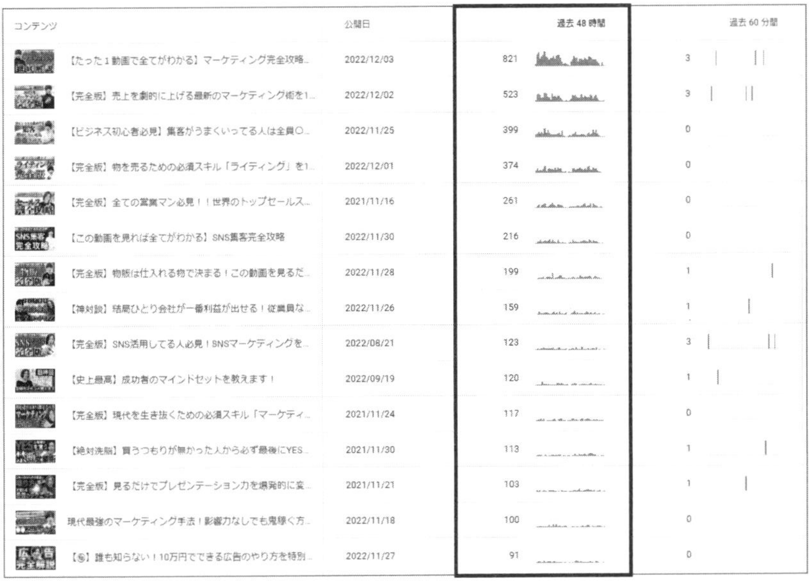

コンテンツ	公開日	過去 48 時間	過去 60 分間
【たった1動画で全てがわかる】マーケティング完全攻略...	2022/12/03	821	3
【完全版】売上を劇的に上げる最新のマーケティング術を1...	2022/12/02	523	3
【ビジネス初心者必見】集客がうまくいってる人は全員〇...	2022/11/25	399	0
【完全版】物を売るための必須スキル「ライティング」を1...	2022/12/01	374	0
【完全版】全ての営業マン必見！！世界のトップセールス...	2021/11/16	261	0
【この動画を見れば全てがわかる】SNS集客完全攻略	2022/11/30	216	0
【完全版】物販は仕入れる物で決まる！この動画を見るだ...	2022/11/28	199	1
【神対談】結局ひとり会社が一番利益が出せる！従業員な...	2022/11/26	159	1
【完全版】SNS活用してる人必見！SNSマーケティングを...	2022/08/21	123	3
【史上最高】成功者のマインドセットを教えます！	2022/09/19	120	1
【完全版】現代を生き抜くための必須スキル「マーケティ...	2021/11/24	117	0
【絶対洗脳】買うつもりが無かった人から必ず最後にYES...	2021/11/30	113	1
【完全版】見るだけでプレゼンテーション力を爆発的に変...	2021/11/21	103	1
現代最強のマーケティング手法！影響力なしでも鬼稼ぐ方...	2022/11/18	100	0
【㊙】誰も知らない！10万円でできる広告のやり方を特別...	2022/11/27	91	0

「過去48時間」のグラフ

ここに入っていなければ、今はヒットしていないことを意味します。つまり、トレンドが終わっているので1ランク下げます。厳しく判断するのであれば、上位10位以内でなければさらにマイナスしてもいいでしょう。

マイナス要素④　企画を使った動画がヒットしたか

実際に自分の動画として投稿し、再生数を確認しましょう。1ランクダウンする基準は、**再生率が100%を切っているかどうか**です。100%を切っていたら1ランクダウンし、そうでなければ現状維持としましょう。

一度大ヒットした企画を横展開した企画が大外れすることは、YouTubeではほとんどありません。ヒットしなかった場合は、「似て非なるもの」を作れなかったのではないかと疑いましょう。

同じような企画を作っているつもりでも、サムネイルを改悪していないでしょうか。「このサムネイルは前に使ったから、今度は変えよう」と改変してしまう方がいます。しかし、ヒット企画のサムネイルは、堂々と似たようなサムネイルを作るべきです。「飽きられているのではないか」と気にしているのはあなただけです。1回ヒットした企画は変にいじらず、同じようなタイトルとサムネイルを使いましょう。YouTubeでは、これがとても重要な概念です。

ヒットした企画は横展開し、似たようなタイトルとサムネイルを使い続けましょう！

企画ランクダウンの基準

	世間のトレンド	自分のチャンネル
直近率	・2週間以内　→ 現状維持 ・2〜4週間以内　→ 要検討 ・1か月以上　→1ランクダウン	・2週間以上　→1ランクダウン ・1か月以上　→2ランクダウン
流入経路		・ブラウジング以外　→1ランクダウン
今も再生数が伸びているか		・リアルタイムランキング外 →1ランクダウン ・リアルタイム10位圏外　→ 要検討
自分が使ってヒットしたか	・再生率100%未満 →1ランクダウン	・再生率100%未満　→1ランクダウン

▶ヒットしたら「視聴者が飽きるまで」同じ企画を続けろ！

YouTubeでヒット動画を出し続けるには、視聴者が飽きるまで同じヒット企画を続けることが重要です。そのためには、まずヒット企画があることが前提になります。

まずはヒット企画が必要

最初の30本を投稿してもヒット企画が生まれない方は、ここまで説明してきた内容を再確認してください。私が相談を受ける中で多いのが、最初の30本で同じような動画ばかり投稿している方です。それでは、あなたのチャンネルでヒットする傾向を摑めません。最初の30本はとにかくチャレンジしましょう。

これまで解説してきた方法で調べたAランク企画を使って動画を投稿し、ヒットすればラッキー、ヒットしなければ次の動画。この繰り返しが必要です。それでもヒット企画が生まれない方は、次のセクション（241ページ）で紹介する施策を行いましょう。

最初のゴールは、1本のヒット企画を出すことです。

1本のヒット企画を横展開する

1本ヒット企画が生まれたら、ヒット企画の動画を続けましょう。余計なアレンジをしないことがポイントです。

「同じ企画を続けても観てくれないのでは？」と心配する必要はありません。繰り返しになりますが、飽きているのはあなただけで、視聴者は同じものを求めています。YouTubeでは、一度ヒットした企画がヒットし続けるという現象が起きます。ヒット動画を出しているチャンネルを見ると、同じようなタイトル、サムネイル似ている動画が並んでいることがわかります。

これは**視聴者が飽きるまでひとつの企画を観続けている**からです。再生数を見ればわかると思いますが、似たような動画でも再生数を稼いでいます。視聴者が飽きたかどうかを判断するには、企画ランクのマイナス要素である「今も再生数が伸びているか」を確認しましょう。

今でも再生数が伸びている企画は、同じ企画を使った動画を繰り返し出し続けています。

▶ヒット企画はシリーズ化して チャンネルのトップページに配置する

一度ヒットしたら、同じような企画を続けましょう。自分のチャンネルでヒットした動画、つまりSランク企画を使って、視聴者が飽きるまで、動画を出し続けましょう。

このようにヒット企画で投稿した動画は**再生リスト**にまとめ、まとめた動画は**シリーズ化**しましょう。たとえば、マッサージ企画がヒットしたら、「〇〇マッサージ」とシリーズ化していきました。シリーズを再生リストにまとめると、トップページにシリーズ化した動画が並んで表示されます。

トップページに置いてある企画によって視聴者層は変えられます（218ページ）。だからこそ目玉企画が重要になってくるわけです。目玉企画をチャンネルの中心に据えるのであれば、トップにドンと配置します。そうでなければ、過去にヒットした企画をシリーズ化して、それらを横に並べましょう。

再生リストの作り方は、YouTube Studioチャンネルのメニューに「再生リスト」を選択し、「新しい再生リスト」をクリックし、タイトルを決めて動画を追加していくだけです。

再生リスト作成

再生リストを使って、ヒット企画をまとめた「〇〇シリーズ」を作っていきましょう。

▶企画表には自分が分析した「ヒットの理由」を書くクセをつける

次に、**企画表の作り方**を説明します。企画表とは、リサーチして見つけたキーワードやヒット企画をTTPSした今後撮影していく企画をまとめた表です。これがあることで、撮影や動画投稿の予定の管理やチーム内での情報共有ができます。

まずExcelやGoogleスプレッドシートなどの表で、左端から順に、「投稿予定日」「撮影済み確認」「ランク」「テーマ」「メインワード」「企画考案者（チームの場合）」「補足」「タイトル・サムネイル案」「企画元」「参考URL」といった項目を作りましょう。

タイトル案	コメント	メインワ	企画考案者	【起】問題提起、問題分析	【承】解説、説明、分析、解決策など	【結】結論、まとめ
織田信長VS豊臣秀吉VS徳川家康！最強マネジメント力をもったリーダーは誰だ！？			森川	戦国大名で一番のマネジメント力をもつ武将は誰だ！？ 織田信長VS豊臣秀吉VS徳川家康の3人のマネジメント力を徹底分析 そして、現代社会で社長・リーダーに適した武将は誰かを伝える	織田信長、豊臣秀吉、徳川家康の３武将をそれぞれ分析 ※参考 https://www.kk-bestsellers.com/articles/-/6685/3/	現代社会で、社長・リーダーに適しているのは○○です！ もしくは こういう組織作りには、織田信長 こういった組織作りには、徳川家康 など、それぞれに適した組織の特徴で結論づける
【上司必見】スーパー戦隊の敵はあなたに似ている思考変化			後藤	今回は、なぜ戦隊の敵は負けるのかについて哲学の理論を応用して分析していきたいと思います	敵の分析をしながら解説 例）1.部下への指示が不完全結果になっている。 敵のボスは部下に向かって「やれ」と言いますが これだと不完全結果になるので誤解が生まれ 戦力が分散してしまい、グリーンですら倒せません レッドを〇人で確実に倒せだと完全結果になるので倒せます	部下に同じことをしている方は気をつけましょう！
スラムダンクの安西先生は、神的マネジメント術を使っていた！			森川	今、アニメ映画化決定で話題のスラムダンク 世界中に根強いファンをもつ名作 その中でも存在感を放ち、数々の名言を残しているのが安西先生 なぜ、安西先生がそこまで人気で、多くの人の心をつかむのか？ そこには、実にすごいマネジメント力があるのです！ 今回は、なぜ安西先生が人気であるのか？そのマネジメント力を分析！	安西先生のマネジメント力を、漫画のシーンややり取りから分析していく 例） 「あきらめたら、そこで試合終了ですよ？」 ※参考 https://ciatr.jp/topics/191028 リーダーとして必要な「恐怖」の使い分けを心得ている！ ダメなリーダーは、あきらめようとしている選手に激怒して恐怖で動かそうとする しかし、それは「不要な恐怖」であり、リーダーは、その使い分けができないといけない	安西先生のようなマネジメント力を身につければ、最強のチームを作ることができる バスケ漫画ではあるが、会社や組織運営でも数多くのヒントを与えてくれる

企画表

ポイントは分析ツールなどで調べた動画や、自分のチャンネルのヒットしたもとの企画を「企画元」として記入しておくことです。自分が出演者の場合でも、何が重要かわからなくなったときに確認できます。

もうひとつ、忘れずに入れてほしい項目が「**補足**」です。ここには**この企画の中で一番重要と感じた点**を分析して、自分なりに書きましょう。

たとえば、テーマが「プロのナイトルーティン（毎日実行したら効果的なナイトルーティン）」、メインワードは「ナイトルーティン」だったとします。この企画の「企画元」は「化粧水とクリームのみ1ヶ月1回スペシャルテクで理想のうる肌完成！」というヒット企画です。

そこで「補足」には、もとの企画を自分なりに分析した結果、ヒット要因が「スペシャルテク」ではないかなどという考察を記入します。

自分なりの考察をアウトプットできる人は、企画力が上がります。

キーワード集を作る

土台作り段階でキーワード集めの重要性は説明しましたね。集めたキーワードを企画表と同じファイルで管理すると、作業効率が上がります。

初期段階では、このキーワードから企画を決めることがほとんどです。キーワード集にヒットキーワードをどれだけ集められるかが初動を左右します。30個あればトレンドを外しづらくなります。YouTubeを運用している人でも、キーワード集めをしていない人が多いです。だからこそ、これを行うだけで一歩上に立てます。

暇さえあればキーワードを集めましょう！

10 初動で遅れた場合の施策

チャンネル運営

ここまで、チャンネルを成長させる方法を説明しました。しかし、成長させるための土台ができていないと、どれだけ成長させるための努力をしてもムダになります。そこで、初動で出遅れてしまった方向けに、挽回するための施策を紹介します。

▶30本投稿してもヒット企画が生まれなかったら視聴者を集めろ

企画表を作って、1か月間30本毎日切り口を変えた動画を投稿し続けていたら、ほとんどの場合はヒット企画が1、2本生まれるものです。逆に、ここまでしてヒットがないと厳しくなります。

30本投稿してもヒットしない場合、最も考えられる原因は、登録者数が少ないことです。そもそも、視聴者が存在しなければ、動画は再生されません。何度か説明したように、初動では「質の高い100人を集める」ことが基本です。とにかく動画を観てくれる、応援してくれる人たちに声をかけ、100人集めてスタートしてほしいです。

ただやはり、100人集めるのは厳しいという方もいると思います。それなら30人、50人からスタートしてもかまいません。人数は少なくても大丈夫です。なぜなら、少ない**人数からでも登録者数を増やしていく戦略**があるからです。

Twitterでチャンネル登録者を集める

初期のチャンネルに視聴者を誘導する最も手っ取り早い方法は、**Twitterからの誘導**です。これまでのおさらいになりますが、動画を投稿したら共有ボタンでツイートします。これでYouTubeの内部評価が上がります。

YouTubeチャンネルの土台作りにおいて、Twitterは非常に重要なツールです。

Twitterから獲得できる視聴者は、YouTubeでの評価が非常に高い上、コメントなどで反応してくれる層なのです。ひと昔前はSNSの運営にも細かいテクニックが必要でしたが、今では毎日使っているだけで評価が高くなる仕組みになっています。

Twitterの基本的な運用は、毎日ツイートするだけで十分です。

▶ Twitterからの誘導の第一歩はフォローバック作戦

では、Twitterを使った具体的な戦略を説明します。

私がプロデュースした中に、最初は友達もなく、アクセスもなく、誰にも知られていない状態で始めたチャンネルがありました。そのため、**土台を築く戦略として、Twitterの運用に力を入れ**ました。

フォロワー数ゼロから始めて、**他のアカウントをフォローして、フォローバックをもらう**という運用を地道に続けていきました。フォローバックとは、Twitterでフォローしてくれたユーザーをフォローし返すことを指します。フォローバック作戦ではさらに、シナジーがありそうなユーザーを積極的にフォローし、そのユーザーからフォローバックしてもらうことで、チャンネルの認知度を上げる戦略をとりました。

フォロー相手を決めるポイントは、同じジャンルの人の中でも活動的な層を選ぶことです。具体的にはキーワード検索したときに、**最近ツイートしていて、コメントだけではなく画像も投稿しているユーザー**を探します。

たとえば、「〇〇してみた！　思ったよりも上手くできた」という投稿を画像付きでツイートしている人に注目します。写真を投稿している人は、「自分のツイートを見てほしい、フォローされたい」ユーザーだと考えられます。

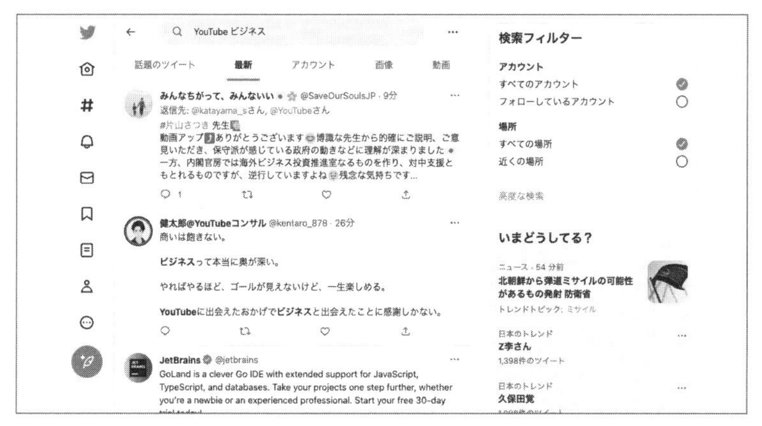

最新のツイートを検索してアクティブユーザーを探す

フォロー数とフォロワー数を見る

次は、そのユーザーの**フォロー数とフォロワー数をチェック**します。ここが、フォローバックしてもらうポイントになります。

たとえば、あるアカウントがフォロー数18、フォロワー数27だったとします。一方、同じフォロー数でフォロワー数1万人のアカウントがあったとします。この場合、どちらの人をフォローすべきでしょうか。

自分に置き換えて考えてみましょう。もし自分がフォロワー数1万人のアカウントなら、無名のアカウントにフォローされたとして、フォローバックするでしょうか。普通はしません。

基本的にはフォロー数が少なくフォロワー数が多い人は、見栄えを気にしながらTwitterを育てている層です。こうしたTwitterアカウントの人からは、フォローバックを見込めません。

フォローバック率を上げるのであれば、**フォロワー数500人以下のアカウントを狙いましょう**。フォロー数に関しては何とも言えないところですが、フォロー数1000人、フォロワー数500人だったら「この人はおそらくフォロワーを増やしているところだな」と考えられます。つまり、フォロワー数が500人以下で、フォロー数とフォロワー数のバランスが半々、もしくはフォロー数のほうが多いアカウントが狙い目です。せっかくフォローするのであれば、フォローバックが期待できる層にアプローチしてください。

ツイートやRTの頻度に注目する

ツイートの頻度やRT(リツイート)数もチェックしましょう。理想は、**毎日ツイートしているアクティブなアカウント**です。1週間に2～3回くらいの投稿である程度RT数があるなら、ギリギリ合格でしょう。

自分がフォローしているアカウントが定期的にツイートしている、すなわち「生きている」アカウントかは「**SocialDog**」というツールを使って調べられます。SocialDogはWebブラウザでも、AndroidやiPhoneアプリでも使えます。使いやすいほうを活用し、定期的にチェックして、アカウントを整理してもいいでしょう。

SocialDog

アクティブなユーザーにアプローチをかける

ツイートに「いいね」やRTしているユーザーにアプローチするという方法も有効です。特にボタンを押すだけの「いいね」よりも、自分のタイムラインに表示されるRTをしている人は、より活動的だと考えられます。RTをしていて、直近でもアクティブなユーザーをフォローしましょう。

この層のフォローバック率は30%と高く、こちらがツイートしたとき積極的に「いいね」やRTをしてくれます。さらに、Twitterで積極的に活動しているタイプは、行動力があるのでYouTubeも観てくれます。

YouTubeに投稿した動画をTwitterで共有すると、彼らの多くがYouTubeにコメントや高評価ボタンで反応してくれます。「今日も投稿してるね」と認識してもらうことで、Twitterユーザーが YouTubeに流れてくるのです。

小さなYouTubeチャンネルのアカウントは狙い目

さらに見逃せないのが、規模が小さいYouTubeチャンネルを運用しているアカウントです。この層はフォローすると、フォローバックしてくれた際に「自分もYouTubeチャンネルがあるので、よかったら観てください!」といったメッセージが来て、つながりが生まれます。

チャンネル登録者数が少ない場合、高確率でこちら側のチャンネルを観てくれます。そのためフォロー対象としては、**フォロワー数500人以下で自分のYouTubeチャンネルを持っているアカウント**もおすすめです。

適当なアカウントをフォローしても、フォローバックされるのは10%程度ですが、ポイントを押さえると、**30~40%**までフォローバック率が上がります。

フォローの輪を広げてアクティブ層をYouTubeにどんどん流せ

見込みのありそうなアカウントをフォローしていくと、次の問題が出てきます。それは自分のジャンルで、フォローできそうな人が見つからなくなることです。

そうなったら、近いジャンルに手を広げてみましょう。やみくもにフォローバック戦略をするのではなく、**自分のジャンルに興味がある人が、ほかにどんなことに興味があるか想像してみる**ことが必要です。たとえば、DIYであれば、「手作り」「ハンドメイド」といったキーワードを調べると、DIYも好きそうな人がいます。

近いジャンルのキーワードで、新しいフォロワー候補を見つけましょう。

▶ プライベートを見せる投稿で良質なファンを作る

続いて、Twitterの運用方法についても紹介します。まずは、Twitterに求める効果を再確認しましょう。何度も説明しているように、YouTubeではカメラに向かって友達のようにしゃべるなど、視聴者との距離感を縮めて、親近感を持ってもらうことが重要になります。

Twitterも同じです。特に親近感を持ってもらうには、YouTube以上に有用なツールです。**プライベート感のあるツイート**を気軽にできるため、フォロワーが良質なファンになりやすいのです。

そのため、ツイートは基本的にプライベート感のある内容になります。たとえば、YouTubeの動画では映らない部分を写真にしてツイートするのもいいでしょう。作業途中の光景や、出演者が食事に行った写真など、動画撮影の合間の「日常」のツイートは効果的です。

動画にならない部分を見せることで、視聴者は**画面越しに見ていたあの人のプライベートな日常**を覗(のぞ)き見る感覚に陥ります。TwitterにはLINEで写真を交換し合うような親近感があります。Twitterでファンになった人は、YouTubeにも来てくれるようになります。

初期段階で投稿する内容を、すべて自分の**コンセプトにつながる**ようにしてください。ただ「食事に行きました」とツイートするのではなく、「○○の合間に食事に来ました。これから撮影がんばります」のように、ツイートの中に自分がしていることを混ぜましょう。Twitterの場合、コメントにはすべて返信してもかまいません。コミュニケーションを取って、SNSの運用をしていってください。

SNSの本来の目的はビジネスではなく、フォロワーとの距離感を近づけてファンになってもらうことにあります。だから、お金やツールを使ってフォロワー数を増やしていくよりも、**オーガニックなフォロワー**を増やしたほうが伸びていきます。

そうすると、最初はほとんどフォロワーがいない状態でも、少しずつTwitterから人が流れてきて、その良質な種から一気にチャンネルが成長することも起こります。ここがYouTubeのスゴいところです。

11 外部からの誘導でチャンネルの成長速度を加速させる

チャンネル運営

YouTubeは地道に運用を続けていけば成長するメディアです。どうしても速くチャンネルを大きくしたいのであれば、力技で伸ばすこともできます。広告やプレスリリース、TikTokを使った方法を紹介します。

▶ 加速させたいならTwitter広告も検討する

チャンネルの成長を加速させるのであれば、Twitter広告も有効です。Twitterは頻繁に仕様が変わるため詳細な説明は省きますが、広告を申請する際に予算やターゲットなどを設定することで、無理のない範囲で広告を活用できます。

広告はYouTubeに認識してもらうきっかけ

Twitter広告の目的は、あくまでも外部のSNSからYouTubeにユーザーを誘導して、YouTubeに外で宣伝されていることを知ってもらうことにあります。だから、それほどお金をかける必要はありません。

初期段階でチャンネルが伸びない理由は、**YouTubeにチャンネルが認識されていない**からです。YouTubeに認識してもらうため、外部からアクセスが来ていると認識してもらわなくてはなりません。いわばYouTubeに「起きろー！」と揺さぶりをかけるための戦略です。

ちなみに広告で宣伝するのは、チャンネル登録者数が1000人未満の初期段階だけです。この目的であれば、**ココナラ**などのサービスを使ってもいいでしょう。ココナラで「Twitter拡散」で検索すると、Twitter投稿に対して「いいね」やRTしてくれるサービスが出てきます。数千円の案件も多いので、初期段階は使ってみてもいいでしょう。

ココナラ

ただし**ずっと続けるのはお金のムダ**です。Twitterでの宣伝の目的はYouTubeに自分のチャンネル認識してもらうきっかけ作りにすぎません。トータルの予算は、2万～3万円で十分です。

そして広告を使うよりも、お金を使わずに地道にファンを増やしていくほうがずっと効果的であることも確かです。地道に増やすことは質の高い視聴者が集まることにつながり、動画に反応してくれる率も高まります。そして、そのほうがYouTubeの評価も高まります。

同じことはFacebookでも言えます。もしFacebookにある程度友達がいるのであれば、その友達に声をかけて登録してもらったり、コメントを残してもらったりする戦略もいいでしょう。

要するに、最初の100人、100人が無理なら30人でもいいので、**本当にコアな視聴者に登録してもらうこと**が王道と言えます。お金をかけてメルマガや広告で大量に登録してもらっても、動かないユーザーはYouTubeの評価が良くありません。

まずは、SNSから本当のファンに登録してもらいましょう。

▶ YouTubeより簡単なTik Tokをサブとして使おう

外部から誘導する方法として、ショート動画投稿サービスのTikTokを使う戦略もあります。まだTikTokを始めていないのであれば、すぐに始めてください。YouTubeよりずっと簡単にバズらせることができます。

TikTokなら、誰でもすぐに結果を出せます。私の受講生でも、少し教えただけでたちまちバズって、そこから1000人がYouTubeに流入した事例があります。そう考えると、非常に効果的な戦略だと言えます。

ただしTikTokの効果は、長期的な見込みは大きくありません。最初の目標として、500～1000人を目指し、YouTubeのための練習という程度の運用でもかまいません。ノウハウがとても簡単なので、試してみる価値はあるでしょう。

最初のブーストとして、TikTokは効果的。TikTokでも毎日投稿していきましょう。

▶ TikTokに投稿する企画とは？

TikTokに投稿する動画には、**YouTubeで投稿した動画をTikTok用に編集した動画、TikTokでヒットを狙った動画**というふたつのパターンあります。

YouTubeで投稿した動画をTikTok用に編集して投稿するのは、YouTube運用がうまくいっている場合にのみ有効と言えます。わざわざTikTok用に動画を撮るのではなく、YouTubeの動画を1分程度になるよう編集で短くしましょう。

動画編集をクラウドワークスなどで外注しているのであれば、同じ相手に頼みましょう。編集するだけなら高くても1本1000～3000円程度です。YouTube動画の本編を編集依頼するときに、追加で1000円支払って一緒に編集してもらう方法が最も簡単でしょう。これなら同じ人が編集するので、さほど労力もかからず一緒に納品してもらえます。

ゼロからTikTokでヒットを狙った動画を作る方法があります。「YouTubeだけでも大変なのに、TikTokで動画をヒットさせるなんてできない」と思う方もいるのではないでしょうか。ですが、安心してください。私のスタッフが1か月間テストしたところ、すぐにヒットして8000人近くフォロワーが増えて、1万近く「いいね」も付いた例があります。そのくらいTikTokをバズらせるのは簡単です。

TikTokの動画の作り方はYouTubeと同じで、まずはTikTokでバズっている企画をリサーチしましょう。TikTokアプリ内ではキーワードやハッシュタグで検索ができるので、自分が手掛けているジャンルで検索し、出てくる動画をチェックしていきます。その中から、**1000以上「いいね」が付いている動画**を見つけてください。見つけたら、それにプラスアルファした動画を投稿するだけです。

ノウハウとしてはそれだけなので、本当に簡単です。動画の時間も**18〜20秒**くらいの短いものでかまいません。これならサッと撮ってすぐに投稿できるので、動画慣れしていない初心者の練習にもおすすめです。

YouTubeで話すことが初めてという人は、まずはTikTokから始めるのもいいでしょう。

▶TikTokのヒットの法則とは？

ヒット動画の作り方はYouTubeと同じと説明しましたが、プラスアルファの部分には**TikTokならではのコツ**があります。ここを間違えると同じように作ってもヒットしないので、そこだけは押さえておいてください。

失敗例と成功例を見てみましょう。ビジネス系では、ノウハウを20秒以内に話すパターンが多いです。まずは語り系動画での失敗例です。

「人脈とかつながりを作りたければ、しなければいけないことがひとつだけある。

まずは自分から与える。お金を与えるってわけじゃなくて、自分の能力でもいいし時間でもいいし人を紹介してもいい。とにかく与え続けていれば、成功者と呼ばれる人かお金を持っている人があなたのことをそばに置いておくようになる。与えるところから始めてみよう」

どこが悪かったか、わかりますか。この語りでは、まずTikTokではバズりません。しかし、同じノウハウを次のように変えて話すだけで、実際に「いいね」が2500以上、コメントも80件のヒット動画になりました。

「金持ちとつながる唯一の方法。お金持ちとつながりを作りたければしてほしいことがひとつだけある。何かって言うと、**傘をあげることです**。傘!? ってなるかもしれへんけど、お金を持ってる人たちはいろいろなプレゼントをもらうけど、しょうもないものや欲しくないものをもらうとかえって逆効果になってしまう。大事なのは自分では買わないけれどもらったら嬉しいものをあげることが重要。傘って、意外と男性は自分で良いものを買わない。だから良いものをもらったらちょっと嬉しい気分になる。重要なのは、まずは自分から与えること」

違いがわかりましたか。そう、「傘」が唐突に出てきましたね。**TikTokの成功法則はシナリオ作り**にあります。

するべきことはただひとつ、「えっ!?」と思うものを与えて、答えを教えるだけです。

だから、例のように「お金持ちとつながる方法」を教えるとしたら、次に「えっ!?」と思うようなことを何でもいいから言ってみてください。この例では「傘」でしたが、別に「携帯電話を捨てろ！」でも何でもいいのです。

「えっ!?」となる部分が何かは重要ではありません。**絶対に普通の人が言わないような言葉**をひとつ必ず入れましょう。そして、この部分の理屈が通っていればいいのです。視聴者が納得すれば、「コイツ面白いな」となってバズります。

理屈も、筋さえ通っていれば適当なものでかまいません。TikTokを観ている人たちというのは、「うわっ、面白いこと言う人が来た！」と飛びつくだけのかなり浅い層です。だから、それだけですぐに「いいね」して、フォローやコメントもしてくれて、YouTubeへも誘導されます。そういう意味では、TikTokでヒットする動画を狙うのも良い戦略です。

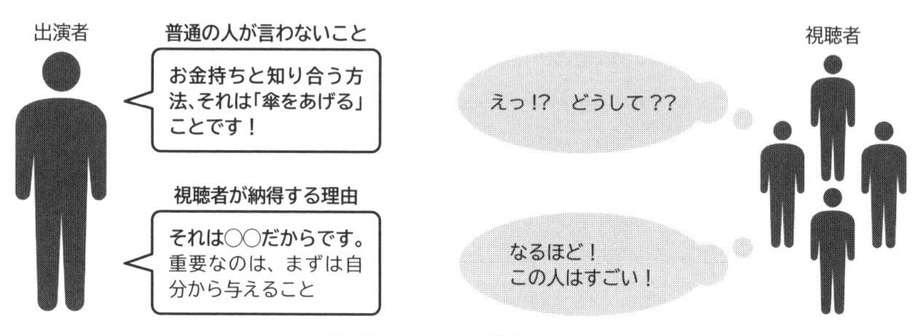

TikTokでヒットする動画のコツ

▶TikTokでヒットするストーリーと準備

ビジネス系のTikTok動画のストーリーは、**①問題を提起する（または先に結論を言う）、②原因を話す、③解決策を話す**という流れになります。たとえば「○○する人は注意してください」「○○になる方法」と問題提起してから、②原因と③解決策を順に語るだけです。このとき、最後の文言までのストーリーがきれいにできていれば、ユーザーはちゃんと誘導されます。または誘導したいメッセージを最後に編集で誘導先の情報を仕込んでもいいでしょう。

TikTokで話す時間は1分以内と短いので、ストーリー構成を変えるとしても、**「疑問→結論→理由」「結論→理由」「結論→原因→理由」の3パターン**です。

どのパターンでもできるだけ20秒で話をまとめてください。TikTokでは話す言葉の単語数を圧縮することでヒットしやすくなるので、使う単語を意識して減らしましょう。

ヒットさせる小さな準備――サムネイルとハッシュタグ

YouTube同様に、サムネイルを設定したほうが反応は高くなります。プロフィールには本物であることを示すために、肩書きを入れましょう。

ハッシュタグを入れることも忘れないようにしましょう。ハッシュタグは検索するときに使われるものですが、何個も入れればいいものではありません。入れるのは**3つまで**がちょうどよい分量です。ビジネス系であれば「**TikTok教室**」もしくは「**TikTokトリビア**」というタグがおすすめです。このふたつを入れることで、ノウハウ好きなユーザーが集まりやすくなり、その層をYouTubeに誘導できます。

YouTubeへの誘導は、編集画面でリンク先にYouTubeを設定するだけです。ついでにTwitterなどほかのSNSのリンクも設定しておきましょう。

そして、1日1本投稿し続けてください。ただし、TikTokでは1日2本連続して投稿するのはペナルティの対象になることがあり、**何回も投稿するのは逆効果**です。この点はYouTubeと異なるので、注意が必要です。

12 まったく伸びないチャンネルの3つの処方箋

チャンネル運営

ここまでのすべての戦略を講じても伸びない場合の3つの処方箋を出しましょう。それは、**①プレスリリース、②広告、③コラボレーション**です。

▶ 処方箋①　プレスリリース

プレスリリースとは、YouTubeチャンネルが開設したことを、ニュースサイトなどに掲載してもらうことを指します。ポイントは、YouTubeマーケティングにおけるプレスリリースの意味合いが、通常のプレスリリースとは異なる点です。

通常のプレスリリースでは、さまざまなメディアに露出し、そこから話題になって取材してもらうことを目的としています。つまり、取材獲得がゴールです。それに対してYouTubeの戦略としてプレスリリースを打つ目的は、**さまざまなメディアにあなたのチャンネルが掲載されること**です。極論を言えば、ただプレスリリースを打つだけで十分です。もしもそれで取材が来たらラッキーという認識で、取材がなくてもニュースサイトに掲載されることに十分意味があるのです。

そのため、ビジネスでプレスリリースを打つときのように、気合いを入れた仕込みは必要ありません。外注でもいいでしょう。クラウドワークスやランサーズなどで、原稿執筆から配信まで込みで、5万円ほどで依頼できます。

これらのサービスには元新聞記者や広報関係のプロもいるので、依頼すればネットメディアなど1000くらいの媒体にリリースを出してくれます。これで2〜50媒体くらいに掲載され、うまくいくと「Yahoo!ニュース」に載ることもあります。

プレスリリースの内容は、自分のチャンネルを簡潔にアピールするだけです。チャンネルのキャッチコピーを付け、あとはYouTubeチャンネルやクリニック、会社などのURLを貼っておきましょう。

プレスリリースはチャンネル開設当初や、目玉企画を宣伝する場合にも有効です。

▶処方箋②　広告

広告は、タイミングが非常に重要です。絶対に守っていただきたいのは、**チャンネルの土台ができあがってから広告を打つ**ことです。土台ができている状態とは、最低でも20本投稿、できれば30本投稿していて、直近の動画で視聴者維持率が40%を超えていること。そして自分の中でサムネイル、タイトル、企画すべてを本書で解説したように実践し、納得できた状態となっていることです。

直近とは、1週間〜10日前です。初期段階の動画の視聴者維持率がふるわなくてもかまいません。ただ、視聴者は過去の動画を必ず観てくれるはずなので、ある程度の投稿数があることは必須です。

広告の内容は、「**総集編**」「**目玉企画のCM**」「**通常の広告**」の3つのパターンが考えられます。

「総集編」の広告

目玉企画をひとつの動画に編集した**総集編動画**を使います。何本もの動画をまとめるので、30〜60分くらいの非常に長い動画になります。長い動画を観せる理由は、**人は動画を長時間観ているだけでファンになる**からです。そこでヒット動画をまとめた長い動画を観せるのです。

視聴率維持率が40%以上の動画を集めてください。その中でもできるだけ最後まで視聴者が観ているものを選(え)りすぐります。中心は目玉企画なので、冒頭にこれを持ってきて、その後に他の動画をくっつけます。

この方法を過去に何度か試したところ、低い顧客獲得単価で集客できました。通常、チャンネル登録の単価としては、1人登録あたり100〜200円と言われています。100円でも安価とされる中、1人50円というペースで登録者数が増えた事例もあり、非常に効果的な手法と言えるでしょう。

目玉企画のCM

1分ほどの短い動画に目玉企画の動画の名シーンや決めゼリフなどを、2～3秒でシーンを切り替わるように観せる動画です。ポイントは、1分間の中で名シーンなどは40秒くらいまでで、**残りの20秒は静止画面を表示**させます。

静止画像の真ん中に「本編はこちら」と本編へのリンクを入れ、その横に「チャンネル登録はこちら」と誘導します。この時点で動画は終わっていないので、視聴者はクリックしかすることがなくなります。

通常の広告

Webサイトのランディングページと同じような作りになります。つまり、**問題提起をし、原因を教え、解決するにはこのチャンネルを観てくださいと誘導**するのです。

たとえば、「あなたのお肌、ボロボロじゃないですか？ それは正しいスキンケアの方法を知らないからかもしれません。正しい方法をこのチャンネルで教えます」というシナリオを作って、興味を持った人にチャンネル登録を促します。ただし、このタイプは広告の審査で落ちることもあるため、ジャンルによっては使えない場合があります。

3つのパターンは、どれもYouTubeの検索結果や関連動画に表示される「**ディスカバリー広告**」です。最もおすすめの広告は、「総集編」です。私の経験的にも登録率が高いです。

ただし現在は、そもそも広告戦略を使うこと自体がほぼないです。なぜなら、広告から誘導されてきた視聴者は質が悪いので、チャンネルを育てるという観点からは有効に働かないと考えられるからです。

どうしても成長ペースを上げたい人は、広告を検討してみてもいいでしょう。ただし、土台がしっかりできていることが条件になります。

▶ 処方箋③　コラボレーション

最強の処方箋は、コラボレーション（コラボ）です。コラボとはお互いの動画に出演し、視聴者をチャンネル間で行き来させることです。YouTubeでは、**コラボが最もシンプルで強力な戦略**です。

皆さんが順調にチャンネルを成長させ、ある一定の規模から一気に爆発的に成長させようとする場合、この手法を使うことになります。

今やチャンネルの成長を加速させるには、コラボが必要不可欠です。

13 コラボ入門講座

チャンネル運営

「私にはコラボはまだ早い」と思っている方もいるようですが、ちょっと待ってください。順調にチャンネル登録者数が増えているチャンネルでも、コラボをするだけで成長速度が加速します。なので、コラボにおいて必要な考え方だけ把握しておきましょう。詳しく知りたい人は、第５章でさらに実践的な方法を解説します。ここでは、コラボの基本概念と最低限知っておいてほしいことだけを説明します。

▶ コラボは「最終兵器」。威力は大きいが外したら後がない

コラボにはメリットがいくつもあります。最大のメリットは、**YouTubeにチャンネルが認識されやすくなる**ことです。これまでページを割いて紹介してきたノウハウの大半は、YouTubeの内部評価を上げて、チャンネルをYouTubeに認識させるためのものでした。それがコラボをした途端、あなたのチャンネルがYouTubeに認識されるようになります。正直、チャンネルを伸ばしたいならコラボだけでいいとも言えます。それくらい、コラボの威力は凄まじいものです。

しかし、これには大きな問題でもあります。なぜならコラボでもチャンネルが伸びなかったら、**そのチャンネルはもう終わったという烙印（らくいん）を押されたも同然**だからです。

要するに、コラボは最終兵器なのです。大きな力があるけれど、土台ができていない状態で強行すると、失敗して後がなくなります。コラボでの失敗は「上手くいかなかった」ではなく、チャンネルの終わりを意味します。ここまで学んできた土台作りができている自信があり、世の中にチャンネルの存在を知らせるだけだというチャンネルでなければ、コラボに手を出すべきではありません。

コラボをする時期は、慎重に見極めましょう！

▶ コラボの成功例

暗い話題ではなく、コラボに成功した事例を紹介しましょう。コラボに成功すると、一気に万単位で登録者数が伸びることもあります。私がプロデュースしていたメイク系のチャンネルの登録者数が1000人ほどのときに、同じメイク系の先輩YouTuberとコラボした途端、1か月でなんと3万人も登録者数が伸びました。

この要因は、相手チャンネルの視聴者、および視聴者の周辺にあなたの動画がインプレッション表示されたことにあります。このようになるYouTubeのアルゴリズムの仕組みについては、すでに説明しましたね。これがYouTubeでコラボするメリットです。他の媒体とのコラボでは、相互紹介として相手のURLなどを案内し、登録を促すだけです。

YouTubeでもそれぞれのチャンネルを案内しますが、それだけで相手の視聴者が自分のチャンネルを登録するとは考えづらいです。では、なぜコラボをするかと言うと、**お互いのコンテンツが互いの視聴者に表示される**からです。さらに、お互いの視聴者だけではなく、YouTubeのアルゴリズムによってその周辺の人たちにまで動画は拡散されます。それによって一気にバズる状態が生まれるのです。

▶ 大物でもシナジー効果がない相手とはコラボしてはいけない

理想的なバズを生むためには、事前の仕込みが必要です。ここでは最低限押さえてほしいポイントだけを紹介します。

最低限のポイントは「**誰とコラボするのか**」です。これを誤ると、コラボする意味がなくなります。したがって、チャンネル運用の初期段階からコラボできそうな候補をピックアップしておくことが必要です。

コラボの相手は、**お互いのチャンネルが相互成長するようなシナジー効果があ**

るチャンネルです。シナジーがないチャンネルは、どんなに有名な相手でもコラボすべきではないのですが、大手のYouTuber事務所でさえも、この原則をわかっていません。どんなに人気YouTuberとコラボしても、相手チャンネルの視聴者層とあなたのチャンネルのターゲット層が重なっていなければ、コラボによる流入は望めません。

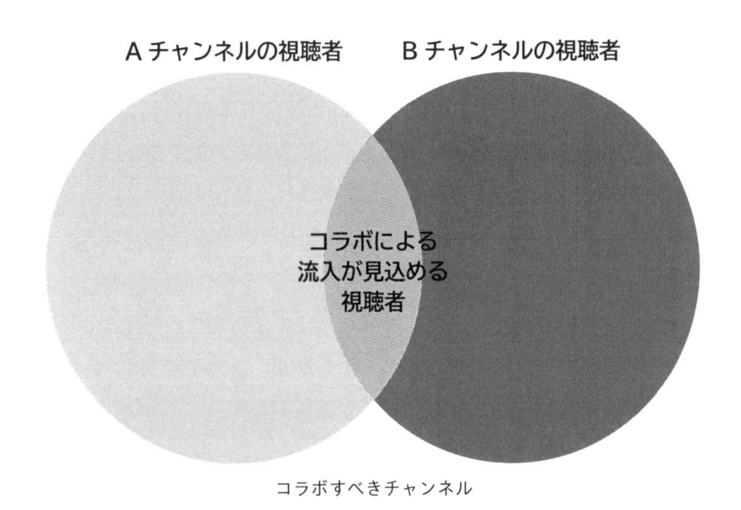

コラボすべきチャンネル

そもそも人気YouTuberは、コラボ依頼をしても受けてくれる可能性は低いです。さらに、依頼できたとしても莫大な費用がかかります。シナジー効果が低い上、料金が高い。これでは元が取れません。

ちなみに、**コラボの費用の相場は10〜15円×平均再生数**です。それだけの費用をかけるなら、失敗は絶対に許されません。

シナジー効果が最大限発揮されるコラボ相手を探しましょう！

▶ 同ジャンルで持ちネタが同じ相手が最高のコラボ相手

では、シナジー効果が高い相手の条件とは何でしょうか。基本的には、皆さんのチャンネルと近いことをしている相手がいいでしょう。そして、お互いの得意分野、つまり**持ちネタが同じでプロ同士なら最高に相性が良い**と言えます。

たとえば、プロのメイクアップアーティスト同士であったり、プロの料理人同士であったりするとシナジーが高く、大ヒットの可能性が高くなります。

しかしニッチな分野になると、ちょうどいい相手が存在しない場合もあります。あなたがボウリングをテーマにしたチャンネルを立ち上げたとします。ボウリングで調べてみると、プロボウラーのチャンネルが少ししかないので、それらのチャンネルとコラボできなかったらもう選択肢がないと思うかもしれません。そんな場合は、近いジャンルで探すと、良い相手が見つかることがあります。ボウリングに特化していなくても、スポーツ系チャンネルなどが候補先になるかもしれません。

体育会系ネタを手掛けているYouTuberのチャンネルは、よく各分野のプロを呼んでコラボしています。バスケやスノボ、バレーボールなどさまざまなジャンルで、プロと「○○してみたら××だった」という設定の動画がバズっているので、視野を広げて探しましょう。

視野を広げて、シナジーが高いコラボ候補をたくさん見つけておきましょう。

▶ 登録者数よりも直近再生数の多い穴場チャンネルを探せ

あまりお金をかけずにコラボをしたいのであれば、コラボ相手のチャンネル登録者数にこだわることをやめましょう。チャンネル登録者数20万以下、10万以下のチャンネルでも十分です。

コラボ相手を探すときに、チャンネル登録者数よりも重視してほしいのが**直近の平均再生数**です。登録者数が1万人で平均再生数が5万～6万回ほどのチャンネルは、YouTubeには意外と存在しています。こういう**穴場チャンネル**をいち早く見つけましょう。登録者数が少なくて再生率が高い、しかもまだ誰ともコラボしていない、手垢がついていないチャンネルを見つけたら、コラボを申し込むべきです。そこから一気にヒットが狙えます。

こういった掘り出し物のようなチャンネルは、お金を出しても見つかりません。日頃から地道に探しましょう。チャンネルを加速させるために、いずれはコラボが必要になります。早い段階からコラボ相手となるチャンネルをピックアップしておきましょう。

コラボ経験がない掘り出し物のチャンネルを見つけたら、すぐにアプローチしましょう！

第5章

最短で登録者数を10万人にする
シン成長戦略

成長するためのマインドセット

成長戦略

ここまでに皆さんはチャンネルの土台作り、立ち上げ、初速の上げ方を学んできました。これからは、**登録者数10万人のチャンネル**を目指すために必要となるマインドや戦略を身につけましょう。

▶ 登録者数10万人チャンネルを達成するマインドセットとは？

皆さんの最大の目標は、チャンネル登録者数10万人ではないでしょうか。それも、できれば半年程度で実現できれば理想的でしょう。私がこれまで教えてきたノウハウを実践したチャンネルであれば、**「半年で登録者数10万人」は不可能ではありません**。しかし、半年で10万人を達成するのが非常に難しいことも事実です。長年のWebマーケティング経験があっても、8～12か月で達成できれば「速い」と言われる世界です。

「半年で登録者数10万人」はあくまでも目標。「過度な期待をしない」というマインドセットが必要！

なぜなら、初期段階であまりにも大きな期待を抱いていると、モチベーションが続かなくなるからです。多くの場合チャンネルが伸び始めるタイミングは、数か月～半年以上経ってからです。それまでは、毎日投稿しても1日に数人しか登録者数が増えない状況が続きます。そこで皆さんに認識してほしいことは、「半年で登録者数10万人」という理想の目標を目指すよりも、**最初の一歩として小さな目標設定をする**ことです。

小さな目標は「1日100人登録」だ

YouTubeにおける最初の「小さな目標」とは、**1日の登録者数100人**です。これはささやかに見えて、かなりハードルが高い目標です。実現できれば、先輩YouTuberから驚かれるでしょう。

1日の登録者数が100人を超えると、ぼんやりと10万人が見えてきます。なぜなら登録者数が1日に100人増えると、ほぼ1か月以内に1日300〜500人増えるチャンネルに成長しうるからです。やがては、1か月で1万人の登録者数が増えることになります。

順調に成長すれば、1日あたりの登録者数はどんどん増えます。

このペースで増えれば、8〜10か月くらいで登録者数10万人が見込めます。もし本当に半年で登録者数10万人を目指す場合、1日1000人ペースで登録者数を増やしていかなければなりません。しかし、1日1000人ペースというのは相当に高い壁です。

1日で1000人増える状態は、企画もトレンドもすべてマッチしていなければ実現しません。ジャンルにもよりますが、ほとんどの人は不可能に近いでしょう。

そう考えると、「半年で登録者数10万人」を狙って、日々の数値を見てモチベーションを下げるより、**まずは「1日に100人登録」を念頭に置くべき**です。この目標であれば、現実的に十分達成できるからです。

それでは「1日100人登録」に到達する目処（めど）は、いつになるのでしょうか。上手く企画やトレンドがハマれば、1か月後に達成する方もいます。私が携わっているチャンネルでも、1か月でこのレベルに達した例があります。しかし、彼らはもともと自分のジャンルをかなり分析していて、市場を狙って参入している人たちです。これができる人は、おそらく全体の5%を切ります。

もちろんそれ以外の方でも、きちんと運用していれば、3か月ほどで「1日100人登録」を達成できるはずです。そして半年経った段階では、ほとんどの人がこの水準に達しているはずです。この時点で「1日100人登録」の壁を突破できていないと、非常にまずい状況と考えられます。

つまり、ひとつの指標として「1日100人登録」を目標にして、最速を狙うなら1か月、通常であれば3〜4か月で実現していれば、悪くないペースだというマインドを持ちましょう。

確信を持ってスタートする

このようなマインドセットがあると、なお良いでしょう。ここでの「確信」とは、YouTubeを始めると決めた段階で、自分の持っている企画やコンセプトが絶対にヒットする自信がある状態です。

私は過去にいくつものチャンネルを手掛けているので「これで当たらなかったら、このチャンネルはやめてもいい」という確信を持てますが、YouTubeをこれから始める9割5分以上の人は確信がないままスタートを切るでしょう。とりあえずこの本を読んで、機会があればセミナーなども聞いて、「こういうことを実践すれば、戦えるのではないかな」と、恐る恐る始める人が大半だと思います。

確信と勘違いは別物です。確信がないのであれば、地道に努力しましょう。

▶ まずは本数を出すことが重要

確信が持てない場合、登録者数10万人のチャンネルを実現するには、次のマインドセット「**まずは本数を出す**」が必要です。確信がないのであれば、実験だと割り切ってひたすら動画を投稿しましょう。

チャンネルを開設してから最初の30本は実験です。このとき、必ず達成しなければいけないことがあります。それは「**最初の30本の中にメガヒット動画を出す**」ことです。

メガヒットとは、自分のチャンネルの中で明らかに再生数が跳ね上がっている動画を指します。人によっては1000～3000回でもいいかもしれません。ただ私の中では、数万回以上がメガヒットと呼ぶに値すると考えています。

わかりやすく言えば、毎日投稿していて動画の大半が100～200回しか再生されない中で、1万回再生される特異な動画が**メガヒット動画**です。再生数の跳ね上がった動画がひとつもない場合は、残念ながらそのチャンネルは伸びる傾向にはありません。

本気で30本投稿した結果、1本もメガヒット動画が生まれず、100～120回という再生数で停滞している場合、それ以上続けても再生数が伸びるどころか、下手をするとさらに再生数が下がり、モチベーションも下がっていくばかりでしょう。

30本投稿する中で確実に1本はメガヒット動画を狙ってください。とにかく1本でもメガヒット動画があればYouTubeで勝つことができます。

▶ 30本は実験と考えろ

大勢の受講生を見ていると、ノウハウは覚えたものの、ヒット企画を出すには「プラスアルファ」が必要だということを忘れてしまうケースが少なくありません。

分析ツールなどでヒット企画を探してTTPS（185ページ）する中で、だんだんと「S（さらに磨く）」というプラスアルファが弱くなっていく方が非常に多いのです。そうなると、二番煎じ企画になってしまいます。

運良くトレンドの波に乗っているときは、ヒットすることもあります。しかし多くの場合、プラスアルファ部分がない企画はヒットしません。YouTubeではトレンドなどの要素も重要ではあるものの、視聴者が「こんな動画は初めて観た」「すごくユニークだ、面白い」と感じる目新しさが必要です。

視聴者が観ているのは、他の人にはない目新しさがあるかどうかです。

だからこそ、最初の30本はひたすら実験をする場だと考えて、斬新さを追求してください。ビジネス系の方に多いのは、きっちりテンプレートを作って、同じパターンの動画を30本投稿するケースです。それは非常にもったいないことです。

それよりも、30本までは実験だと割り切って、何なら30本すべて違う企画で勝負してみましょう。

これこそ**毎回が実験、何が当たるかわからない大検証実験**です。
その中で1本でもヒットすれば、その企画を横展開できます。

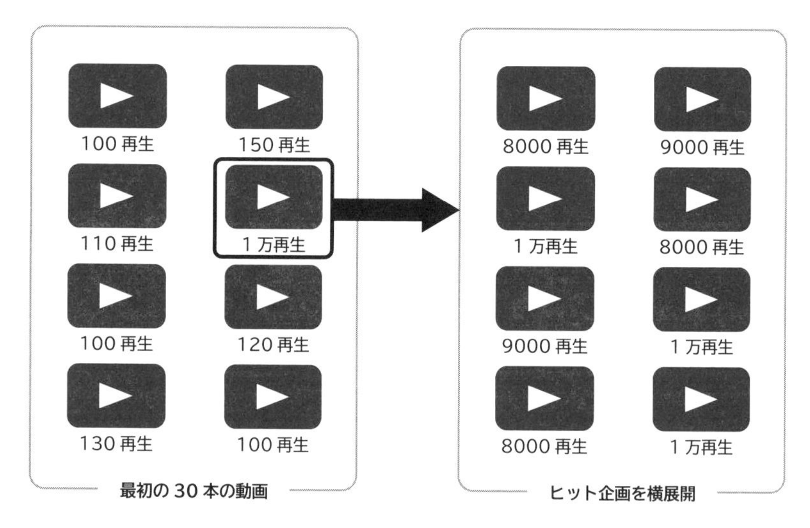

ヒット企画を生み出し横展開する

もし実験せずに同じような動画ばかりを投稿した場合、100本は投稿しないとチャンネルに求められている方向性を判断できません。

私は100本投稿するよりも、最初の30本で1本ヒットさせるべきだと考えます。
これは理論というよりも、実践から導き出した答えです。

▶ヒットしなかったら同じことを繰り返さない

最初の30本の段階で1～2本ヒットが出なかった方は、「**しっかりと丁寧に原因を調査する**」マインドセットを意識しましょう。これが足りない方が多いように感じます。サムネイルや企画、編集など、企画がヒットしない原因をチェックしましょう。

私の場合は、最初の30本までであれば真っ先に企画を調べます。その次に見るのが、サムネイルとタイトルです。その後、編集や出演者をチェックします。

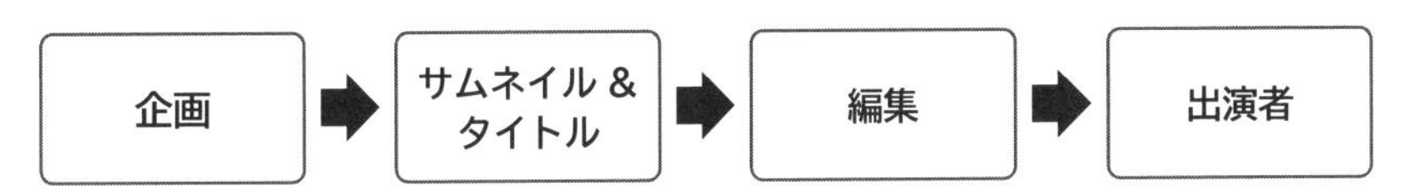

ヒットしない原因を調査する順番

この順番で確認する理由は、最初の30本までは編集が多少雑でも、出演者のクオリティが低くても仕方ない面があるからです。ただし、これが許されるのは最初の30本までです。

ヒットしない共通の原因

ヒットが生まれないチャンネルの企画を調査すると、**大半の動画が前の動画と同じ内容である**ことがわかります。皆さんも自分が投稿している動画をチェックしてみてください。似たような動画が並んでいるのではないでしょうか。ヒットしなかったのに、また同じような内容を続けていたら、ヒットしないのも当然です。

ヒットしなかった動画と同じ内容を繰り返さない。これを肝に銘じてください。

「違う企画で勝負する」ときに、絶対に変えてはいけないこととは？

ヒットしないからといって、チャンネルのコンセプトと異なる動画を投稿してはいけません。たとえば、パンを作るチャンネルで、1本目の動画ではアンパンを作り、ヒットしなかったため、次はチョコレートパンを作る動画を投稿したとします。ここまでは問題ありません。それでもヒットしなかったので、今度は出演者が大好きな自動車を紹介する動画を投稿すると、チャンネルのコンセプトから完全にズレているため大問題です。

「違う企画で勝負する」と言っても、コンセプトまで変えてしまうと意味不明なチャンネルになってしまいます。

コンセプトを維持したまま、変えられる部分を変えましょう。

アンパン、チョコレートパン、クリームパンでもヒットしなかったら、このようなシリーズではヒットしないので**切り口を変えましょう**。次はパンというコンセプトは変えずに、パン工場を紹介する企画はどうでしょうか。他にも、チャンネルカラーが変わってしまうのでおすすめしづらいですが、セクシーな美女がパンを作る企画にしてもいいかもしれません。

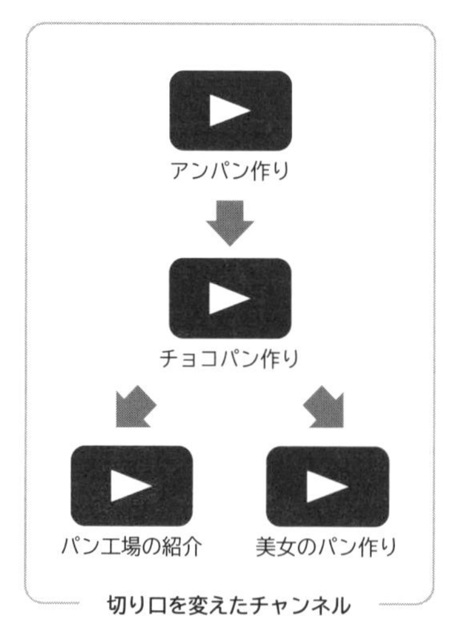

コンセプトを変えずに切り口を変える

基本コンセプトである「パンを作る」という軸だけはズラしてはいけません。コンセプトを変えずに伝え方を変えて、ヒットが出るまでチャレンジし続けましょう。

▶ 企画を面白いと思えるか

最初の30本でメガヒットを生み出すには、「企画」がいかに重要か理解できたのではないでしょうか。ここで最後のマインドセットである「企画」について説明しましょう。ヒットしない原因が企画だとわかったとしても、「結局、何をすればいいか」と悩む方が少なくありません。

その答えは、「自分が本当に面白い動画を作る」ことです。

「どんな企画が良いでしょうか？」と聞かれるたびに、私は「本当にあなたはその企画が面白いと思っていますか？」と聞き返しています。

伸びないチャンネルは、そもそも自分で面白いと思っていない動画を投稿しているケースが大半です。これは動画に限らず、ブログなどでも同様です。私がブログを書くときは、必ず読み返しています。自分で確認して、自分が面白いと思えるように、何度も構成し直します。動画も同じです。再確認することを、多くの人が怠っています。

外注している場合、納品された動画に納得していないなら、修正してもらいましょう。最初は妥協をせずに、つまらないと思ったところは「ここをこう変えてほしい」と指示しましょう。最初の頃は、ズレた指示を出してしまうかもしれません。それでもかまわないので、**まずは自分自身が納得するまでやり直すことが大切**です。

自分の動画を観て、自分の感情が動くコンテンツでなければ、ヒットしません。

▶「面白い」をビジネス抜きで考える

「面白い」の定義は人それぞれのため、「何が面白いかわからない」と悩んでしまう方も少なくありません。

ひとつの指標とは、業界の特徴です。ビジネス系チャンネルを運用している皆さんであれば、自身の業界の特徴を把握しているのではないでしょうか。そして、そのチャンネルの視聴者はその業界に興味があるか、関係している人だと考えられます。業界の特徴を摑んでいると、視聴者が求めていることを分析できます。そこで、皆さんのクライアントが観て、面白いと感じるかという視点で考えましょう。

ビジネス系のチャンネルに多い勘違いは、「ビジネス」として企画を考えてしまうことです。もちろん、気持ちはよくわかります。もともとYouTubeを始める理由はビジネスであり、マネタイズというゴールがあります。しかし、そこを優先したロジックで作った企画は、どうしても面白さが欠けています。

ロジックだけで伸びる人は、そのままでもいいでしょう。一方で、伸びない人は一度「ビジネス」を横に置いて、**クリエイターとして「面白いものは何か」考えてみてください**。この考え方を、指針として忘れないようにしましょう。本当に伸びる人は、クリエイター視点を持っています。

2 伸び悩んだらここを読め

成長戦略

初動で遅れた場合の施策は第4章でも紹介しました。ここまで説明したことを実行しても、やはり伸び悩む方は出てきます。そんな方に向けて、復習と補足をします。まだまだ諦めるのは早いです。

▶まずキーワードを100個出せ

基本的な内容は復習になりますが、見落としがちな点を説明します。これまで実践してきたことと照らし合わせながら読み進めてください。

まずは、「キーワード探し」です。第3章などで紹介した、キーワードの探し方をおさらいしましょう。vidIQをインストールした状態で、YouTubeで自分のジャンルに関係するキーワードを検索します。出てきた動画を上から見ていき、タイトルの中で目に入ったワードを片っ端から、さらにvidIQで調べるという手順です。このとき、**平均再生数が高いニーズがあるキーワードを拾い集めます**。

続いて直近でも再生されているか、つまりトレンドかどうかを確認します。そして再生率をチェックします。再生率は登録者数に対して300%以上が目安でしたね。

ここに新たな視点を追加しましょう。検索結果をざっと見て**全体的に登録者数よりも再生数が多いか**で、キーワードの強さを判断しましょう。このざっと見たときにまんべんなくヒットしているキーワードが重要です。そのキーワードの大半の動画が再生率100%を超えていたら、ハズレ企画が少ないことを意味します。ハズレ企画が少ないキーワードなら、自信を持って企画にできます。

メガヒットを狙うと同時に、「外さない」ことも重要です。

▶100個のキーワード→1000個の企画

キーワードを抜き出す方法は、上から順に動画を確認する方法と、調べたキーワードと一緒に使われているキーワードを調べる方法があります。

たとえば「DIY」や「リフォーム」で検索したときに、「リメイクシート」というキーワードがヒットしている動画に使われていたら、「リメイクシート」で検索します。「窓枠用リメイクシートの貼り方」が出てきたら「窓枠」、「100均リメイクシート」なら「100均」のように、**タイトルで使われているキーワードを集める**方法です。

一緒に使われているキーワードを調べる方法では、サジェストに表示されるキーワードを抜き出します。「リメイクシート」で検索すると、さまざまなキーワードがサジェスト表示されます。「リメイクシート ふすま」と表示されたら「ふすま」を調べます。サジェストされたキーワードを単体で検索すると、さらにサジェストされるキーワードが見つかります。その中からヒットキーワードをピックアップします。これらの方法を繰り返すことで、キーワードはいくつでも見つかるはずです。そのキーワードを組み合わせて、ヒット企画を作り出しましょう。

サジェスト表示されるキーワード

ヒットキーワードで企画を作る

このようにして、まずはヒットキーワードを100個集めてください。100個見つけたら、1個のキーワードだけで10個はヒット企画が見つかります。すると、100×10で1000のヒット企画ができます。そうなれば、もう理論武装は十分です。

今度はそれぞれのキーワードでヒットしている企画同士を横展開しましょう。「ふすま 貼り替え」と「レンガ」「リメイクシート」がヒットキーワードであれば、これらをすべて組み合わせた企画を作ります。「リメイクシートでふすまをレンガ模様に貼り替えてみた」という企画はどうでしょうか。ヒットキーワードばかりが入った最高のオリジナル企画ではないでしょうか。

ヒットキーワードを掛け合わせると、まだ誰も使っていない企画が簡単に生まれます。企画に困ったら試してみましょう。

▶ハイライトシーンの勘違い

さまざまな企画を試しても、ヒットしない方に共通している問題点があります。それは、**最初の3秒のハイライトシーンがズレている**ことです。3秒のハイライトシーンとは、フックになるシーンのことです（150ページ）。これは動画の中で最大の山場になるシーンだと説明しました。しかし、ここに間違ったシーンを使っている方が少なくありません。

ハイライトシーンを間違えてしまうと、視聴者に何をする動画か伝わりません。出演者が何かについて熱く語っていても、その熱意がどこに向いているか伝わらなければ意味がありません。

ハイライトシーンとは、**起承転結の「転」、大きく事態が変わるシーン、もしくは一番盛り上がるシーン**です。それ以外は基本的に、本人にとっては重要でも意味がありません。

フックがあるハイライトシーンの効果

ハイライトシーンを入れる目的は、視聴者維持率を上げるためです。なぜなら、フックになるハイライトシーンがあれば、視聴者はその動画のハイライトシーンまでは観るからです。これによって視聴者維持率が上がるのです。さらにハイライトシーンがあると、**同じ視聴者が繰り返し同じ動画を観るという現象**も起きます。たとえば、モテない無口なYouTuberがナンパする企画で、当然成功しないと思いきや、「ある瞬間、美女に抱きつかれてキスされた」という動画があったとします。ハイライトシーンは、思いがけない美女とのキスシーンです。

この動画の視聴者は、「一体このキスシーンはどこだろう」と期待します。視聴者にはさまざまなタイプがあって、冒頭から観てハイライトシーンを待つ人もいれば、動画を飛ばしてハイライトシーンを探しながら観る人もいます。

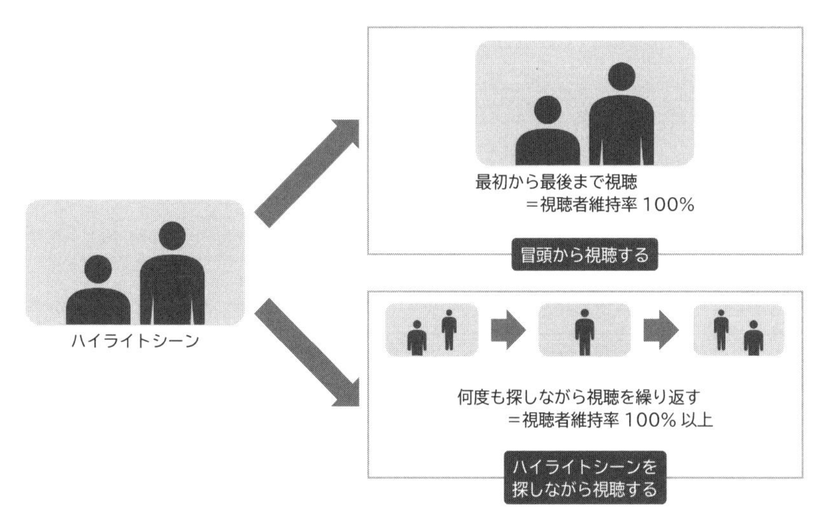

ハイライトシーンの効果

飛ばしながら観る層は、ひとまずハイライトシーンを確認したいので、見つからなかったら「ないな。どこだろう？」とまた戻って、それでも見つからないとまた戻って、同じ動画をリピートする傾向にあります。これによって、さらに全体的な視聴者維持率が上がります。

視聴者維持率は、同じ人が何回も観ることでも上がります。場合によっては

100%を超えることもありえます。つまり、ハイライトシーンがあると、そこだけを何度も観ようとする人が出て視聴者維持率が上がり、その動画が伸びやすくなるのです。

ハイライトシーンを探す視聴者によって、視聴者維持率が上昇します。

▶追加で強調シーンを入れるテクニック

ハイライトシーンは必須ですが、ふさわしい場面がないときはどうしたらいいでしょうか。とりわけビジネス系の動画では、延々とノウハウを話すだけで、山場らしい山場がないこともよくあります。その場合は、**フックの強い言葉**を動画の中で使いましょう。

これはひとつだけでも入れるようにしましょう。撮影終了後にそのシーンだけ撮影してもいいでしょう。強烈なワードを話すシーンが冒頭の3秒にあるだけで、その動画が印象付けられます。

私も撮影をチェックしていて、淡々と話すだけの企画は「これ、たぶん面白くならないので、1個強いワードを入れてもらっていいですか」とお願いすることがよくあります。どんなに素晴らしい内容でも、ただ話しているだけでは、文字が詰まっているだけの本のようにわかりづらく、内容が頭に入ってきません。

強いワードとは、**書籍で言うところのタイトル**のようなものです。1個でもあると、淡々とした動画でも強調箇所が生まれます。視聴者はそのシーンを探すため、何度も繰り返し観るようになります。

たとえば、普段はわかりやすく健康情報を教えている医者の出演者が、頭の3秒に「こんなヤツはクリニックに来ないで！」と叫んでいたら、「どんなヤバいヤツが来たのだろうか」と気になって、つい本編で探してしまうのではないでしょうか。

ハイライトシーンは自分で作ることができます。ひとつ強烈なワードを入れるなど、工夫次第で山場は作り出せます。

3 伸び悩んだらTikTokを活用せよ

成長戦略

チャンネルの成長が伸び悩んでいる方向けに、さまざまな施策を紹介しました。ここでは、TikTokに焦点を絞り、TikTokを活用した外部流入の手法とTikTokでヒット動画を作り出す方法を紹介します。

▶ 登録者1000人未満ならTikTokを始めよう

登録者数が少ない段階での外部流入には、TikTokがおすすめです。特に登録者数が1000人未満の方は、すぐにでも始めましょう。なぜなら、TikTokはYouTubeや他のSNSアルゴリズムが異なり、**投稿した動画が多くの人々にリーチされやすい**仕組みがあるからです。これによって、コンテンツの内容さえ良ければ、多くの視聴者に拡散して人気を得ることができます。

つまり、YouTubeは出演者にファンが付くのに対して、**TikTokはコンテンツにファンが付く**のです。良くも悪くもコンテンツファーストです。だから、誰でも初投稿でいきなり数万「いいね」をもらえる可能性があります。

動画の長さによる評価の差異

さらに、TikTokはYouTubeと動画の長さが大きく異なります。YouTubeの動画は基本的に数分以上、長ければ30分以上あります。一方、TikTokでは最大でも1分、短いと10～20秒の限られた時間でアピールしなければなりません。

YouTubeとTikTokでは、時間の長さによる評価基準も異なります。YouTubeでは、視聴者維持率より動画の長さが優先されます。つまり、視聴者維持率が70%を超えている動画でも、長さが5分以内の動画は評価が低くなります。だからといって30分～1時間の長い動画を投稿して、視聴者維持率が10%以下ではいけません。あくまでも視聴者維持率よりも動画の長さが優先されて評価されるだけで、視聴者維持率が重要な指標であることは変わりません。動画の長さは、ビジネス系なら10〜15分を目安としましょう。

TikTokは、動画の長さが評価に影響しません。「いいね」やコメント、シェアの数、視聴者維持率が重視されます。

▶ 動画の長さによって狙いを変える

動画の長さ以外の点は、YouTubeとTikTokは変わりません。第4章で紹介したTikTok動画の作り方には、YouTubeの動画をもとにTikTok用に作り直す（総集編）、TikTok専用の動画を作る方法がありました（249ページ）。ヒットを狙うのであればTicTok専用の動画を作りましょう。それぞれのパターンによって、動画の時間が変わります。総集編の場合は1分ほどにまとめ、TikTok専用の場合は20秒程度で作りましょう。

動画の長さはTikTokのアルゴリズムには影響しませんが、それぞれメリット、デメリットがあります。**TikTokでは、短い動画のほうが視聴者の反応が良い**です。

なぜならTikTokでは20秒観て、面白かったら「いいね」やフォローして、クリックして次の動画を観ることを繰り返す視聴者が圧倒的に多いからです。ほとんどの視聴者は暇つぶしに観ているので、長い動画は最後まで観られません。

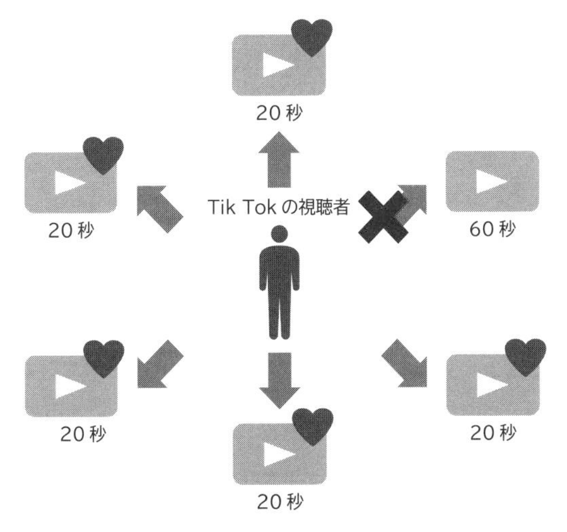

TikTok視聴者は短い動画を好む傾向

あえて1分の動画を作る理由は、メリットがあるからです。長い動画のほうが、視聴者がYouTubeに誘導されやすい傾向にあります。短い動画は「いいね」やフォロワーは獲得しやすいものの、YouTubeに誘導されるかは場合によります。

そのため、どちらのパターンを選ぶかはケース・バイ・ケースで、どちらが良いとは言い難いです。ただし、総集編を20秒で作ることは現実的ではありません。尺の長い動画を20秒にまとめてしまうと、何を言っているかわからない意味不明な動画になってしまいます。特にノウハウ系のチャンネルの場合、短くまとめることはやめましょう。

TikTokでヒットを狙うのであれば、20秒ほどのショート動画を新たに作りましょう。

▶ TikTokからYouTubeへ誘導する

TikTokからYouTubeへの誘導方法を紹介します。TikTokで動画が終わる最後の画面に誘導文を出すだけです。「ここから『いいね』をクリックしてください」「コメントを書いてください」、そして「**この続きはYouTubeへ**」という文言を載せるだけで十分です。

「この続きはYouTubeへ」がポイントです。これは「YouTubeにこの動画の完全版を投稿している」ことを意味します。TikTokでは映画の予告やCMのようにハイライトシーンを流して、「面白そう！ 観てみたい！」と思わせてから、最後にこれを表示させてYouTubeに誘導します。コメントや「いいね」が多いとTikTokの評価が高くなるので、余裕があればついでにお願いしておきましょう。

トーク中心であれば字幕は必須

字幕を入れることで、視聴者維持率が上昇します。ノウハウを語るだけの動画の場合、字幕が必須です。字幕がない動画はTikTokでは再生されません。TikTokの視聴者は、漠然と動画を眺めている人が多いので、字幕がないと反応が悪くなります。TikTokには自動字幕起こし機能があるので、編集は難しくありません。

TikTok動画は字幕が必須！

▶ バズを生む「えっ!? なるほどね」ストーリー

TikTok用に新たに動画を作る場合は、「えっ!?」と思わせて答えを教えるというシナリオ構成がすべてです。この手法はTikTokだけではなく、TwitterやInstagramのリールなど他のメディアでも同じようにバズらせることができます。いわゆる**「えっ!? なるほどね」ストーリー**と言われるもので、人を巻き込んでバズを生む強い力を持っているため、大統領やカリスマスピーカーにもよく使われているテクニックです。

「金持ちとつながるには傘をあげる」という例（251ページ）でイメージは摑めていると思います。セミナーでもこのストーリーを使うことがあります。「お金持ちになる方法」がテーマであれば、第一声で「皆さんはお金持ちにはなれません」と言い放ちます。参加者は「えっ!?　お金持ちになるためのセミナーなのにお金持ちになれないの」と驚くでしょう。

この「えっ!?」となる部分が、いわゆるフックです。「えっ、どういうこと!?」と疑問符が浮かぶような言葉なら、何でもかまいません。思いつかない人は、**相手のニーズと真逆のこと、まったく想像もつかないこと**をぶつけてみましょう。

ただし、お金を払っている参加者に、「なれません」だけではクレームの嵐でしょう。そこで、これだけで終わらせるのではなく、必ず「なるほどね」と納得できる「理屈」が必要になります。

カリスマと呼ばれる人は、フックと「理屈」をセットにして発言できる人です。

たとえば「お金持ちになる人は、すぐに行動する人である。皆さんはここに来ているのだから一生懸命勉強しているが、本当にお金持ちになりたいなら、1時間後には立ち去って行動していなくてはならない」と説明したらどうでしょう。参加者たちは「なるほどね」と納得して、より熱心に聞き続けるはずです。これが「えっ!?なるほどね」ストーリーの仕組みです。

▶ヒットしない理由は「フック」がないから

このストーリー理論を頭に入れて、「お金持ちとつながる方法」の失敗例（250ページ）を見直してみましょう。どうでしょうか？　失敗した理由が説明できるのではないでしょうか。

失敗例では、「お金持ちとつながる方法」の答えと理由を淡々と述べていて、肝心なフックがありません。そのため、話が耳に入ってきません。

TikTokでヒットしない原因は、フックがないことが大半です。「理屈」の部分はできている人が多いので、動画で話している内容をよく聴けば良いことを語っています。しかし、フックがないからヒットしない。ただそれだけの話です。

裏を返せば、TikTokはフックさえあればすぐにヒットします。そのため、検証がしやすいメディアなのです。TikTokでのヒット方法がわかると、YouTubeでも最初の3秒のフックに何を入れるべきか見えてきます。そういう意味でも、TikTokはすごく良い練習になります。

TikTokでヒットする練習を通して、フックとは何かを理解しましょう。

フックになる「えっ!?」となる言葉を、皆さんも少し考えてみましょう。「お金持ちとつながる方法」の成功例は「傘をあげる」でしたね。これを「巨大バケツプリンをあげる」に変えてもいいでしょう。どちらも意味がわからないので、「えっ、どういうこと!?」となるはずです。

では、フックとなる言葉の理由を考えてみましょう。これも何でもかまいません。「巨大バケツプリンなんて普通は買わないから、贈られるとサプライズとして記憶に残るから」など、こじつけでも理屈をつけてみましょう。

世の中の大半の人はリテラシーがありません。そのため適当な「理屈」を語ると、それだけで「よくわからないけどスゴい！」と思ってくれます。特にTikTokでは、そのレベルの内容でもすぐ「いいね」がもらえます。そう考えると、世の中のメディアで広まっていることには、嘘が相当多いとわかりますね。

エビデンスがありそうでないことでも信じさせる。これがメディアの特性だと覚えておきましょう。

▶ タイムラインからトレンドを掴む

TikTokで重要なポイントはまだあります。それは「**トレンドを押さえる**」ことです。これはTikTokだけではなく、YouTubeやTwitterでも同じでしたね。ただ間違えないでほしい点は、ここで言う「トレンド」は「TikTokのトレンド」だということです。YouTubeにはYouTubeのトレンドがあり、TikTokにはTikTokのトレンドがあります。だから、TikTokでヒットを狙うならTikTokでのトレンドを調べなければなりません。

TikTokのトレンドの調べ方は、タイムラインに流れてくる動画を観るだけです。タイムラインに流れてくる動画の中から、自分と似たようなジャンルの人をフォローすると、自然にトレンドが摑めるようになります。ビジネス系であれば、「お金」や「資産」「TikTokトリビア」などのジャンルでヒットしている人たちがいるので、そのあたりを観ておけばいいでしょう。

ヒットしている動画を観るとわかりますが、彼らは毎回似たような内容を繰り返しています。「お金持ちになりたかったら○○を身につけよう」「○○をすると貧乏になる」などネタが決まっています。

ヒットする内容が決まっているので、それさえわかれば簡単です。そのトレンドをTTPSし、「えっ!?　なるほどね」ストーリーに当てはめましょう。

TikTokでヒット動画を作る方法

もちろん、ビジネス系以外に料理、メイク、施術系など、それぞれのジャンルでトレンドが異なります。自分の分野でヒットしているトレンドを押さえてください。それさえ注意して、リアルタイムのトレンドをTTPSすれば、すぐにTikTok内での評価が上がります。

TikTokのアルゴリズムは、他のSNSに比べて拡散されやすい仕組みになっているので、初期段階で伸び悩んでいるのであれば、外部流入を増やすために始めてみましょう。

▶意外と知られていない「Googleトレンド」

キーワード出しや外部流入を増やすほか、伸び悩んでいる方が忘れていることがあります。それは、**「Googleトレンド」を押さえる**ことです。

Googleトレンドは、YouTubeのアルゴリズム評価の要素のひとつです（197ページ）。YouTubeはGoogleの子会社なので、参考指標として活用すべきです。調べ方は「Googleトレンド」のトップページにある検索欄にキーワードを入力するだけです。あなたのチャンネルに関連するキーワードで調べて、そのキーワードのトレンドの動向を把握しましょう。

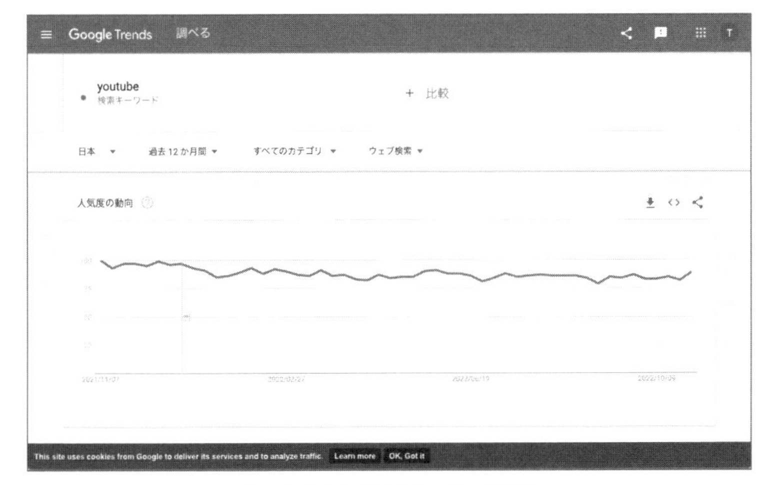

Googleトレンドでのキーワード検索

そして、その下の「**関連キーワード**」をチェックすることが重要です。

Googleトレンド「関連キーワード」

ここには入力したキーワードと関連があり、注目されているキーワードが表示されます。特に「急激増加」と表示されていれば、そのキーワードを使った企画ができないかと考えましょう。ただし、YouTubeにおけるトレンドの範囲は幅広いため、さまざまなトレンドの調査を怠ってはいけません。

Googleトレンドでキーワードを調べ、それをYouTubeで確認します。YouTubeでもヒットしているのであれば、そのキーワードを使った企画を撮影しましょう。

関連キーワードの横に表示されている「**関連トピック**」も要チェックです。たとえば「DIY」で調べたときに、関連トピックで「IKEA」が「急激増加」しているなら、関連キーワードで上位のキーワードと組み合わせましょう。それぞれのキーワード「DIY×キッチン×IKEA」を使えば、最強の企画になります。

急上昇しているキーワードを組み合わせて、最強の企画を作り出しましょう。

▶ チャンネルカラーを認識させる

まだ、再生リストを作っていない方は、すぐに作りましょう。**ヒット企画の動画を再生リストでまとめ、「シリーズ化」**しましょう（238ページ）。シリーズが必要な理由を、おさらいしましょう。シリーズを作ることで、企画としてまとまり、視聴者がトップページを開いたときに、チャンネルカラー（どのようなチャンネルか）が認識されやすくなります。

チャンネル登録をしようと考えている視聴者は、一度はチャンネルのトップページをチェックします。そのときトップページにどんな企画が載っているかが、登録するかどうかの分岐点です。そこでチャンネルカラーがわかると、登録を後押しできます。

もちろん、シリーズの有無にかかわらず、視聴者はコンセプトを漠然と意識しながら観ています。それがチャンネルのコンセプトと合致しない場合もあります。シリーズ化することでチャンネルカラーを視聴者側に委ねるのではなく、チャンネル側から打ち出すことができます。

シリーズを作る場合は、複数のシリーズを作ることをおすすめします。複数のシリーズがあると、トップページを開いた視聴者が「あ、ほかにもこんな面白そうなシリーズがあるんだ」と興味を持ち、再生してくれます。シリーズのタイトルは、動画のタイトルのように、視聴者の興味を引くものにしましょう。

▶ 底辺チャンネルのメガヒット企画を探し出せ

チャンネルを成長させるには、分析ツールなどを徹底的に活用してPDCAを回すことと企画のブラッシュアップが必須です。特にリサーチで見つけてほしいものは**新人YouTuberのヒット企画**です。

前述したように、人気YouTuberのヒット企画は、出演者がヒット要因の場合がほとんどです。そのため、あまり参考になりません。それに対して、**登録者数1万〜2万人くらいのチャンネルで再生数が50万回ある企画**のヒット要因は、出演者ではありません。このような企画をTTPSすれば、ほぼ間違いなくヒットします。

たとえば、「ハンドクラップ」企画（193ページ）がそのパターンに当てはまります。今になって「この企画が流行っているんだ」と勘違いして、真似している方もいますが、これは間違いです。なぜなら、過去に流行した企画は、大物YouTuberが真似し、市場価値が下がっている場合が多いからです。

この企画が世に出回る前の状況を想像してみましょう。「ハンドクラップ」企画が出始めた頃は、企画を始めたチャンネルの登録者数は多くありませんでした。それでも、動画が数十万再生する大ヒットでした。

世に出ていないヒット企画を見つけることは非常に重要です。このような企画を見つけるには、ひたすらリサーチを続けることが必要です。登録者数は5万人以下、あるいは1万〜2万人以下であれば理想的です。そんなチャンネルで再生率が300%以上の超お宝企画を見つけ出せれば、あなたのチャンネルは一夜にして急成長できるかもしれません。

YouTubeは、「真似し合い」なのです。先んじて真似できるヒット企画を見つけましょう。

成長したチャンネルをさらに大きくする施策

成長戦略

ここでは規模が大きくなったチャンネルを、さらに成長させるための施策を紹介します。チャンネルを運用していると、どこかで壁にぶつかります。順調に成長してきたチャンネルも例外ではありません。ぜひ、参考にしてください。

▶ チャンネルパワーを高める

ある程度の規模に成長したチャンネルをさらに大きくするために、まず**YouTubeのアルゴリズム**を把握しましょう。

YouTubeのアルゴリズムとは、YouTubeのさまざまな評価の蓄積である**チャンネルパワー**（200ページ）がすべてです。チャンネルパワーの高さはYouTubeからの評価の高さを意味し、YouTubeがさまざまな面でプッシュしてくれるので登録者数や再生数が伸びやすくなります。

明確な指標や数値を挙げることはできませんが、チャンネルパワーが存在することは確かです。なかなか登録者数が伸びないチャンネルを観るときに、私はこれを確認します。

チャンネルパワーには、評価基準が100以上あると考えられます。そのため、すべてを意識して最適化するのは不可能です。ここでは**オーガニック定着率、視聴者維持率、YouTube内回遊率**の3つについて、理解を深めましょう。

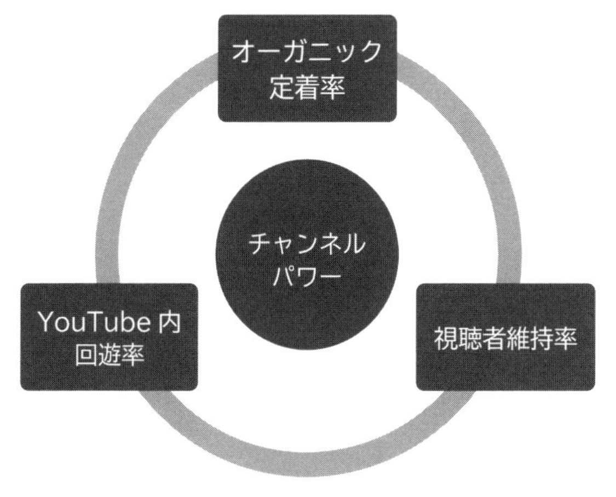

チャンネルパワーの基本要素

▶ 登録者数は「オーガニック定着率」で見られる

チャンネルの登録者数が多いほど、チャンネルパワーは高まります。しかし、単純に登録者数が多ければ良いというものではありません。それ以上にYouTube側が重視している点が「**オーガニック定着率**」です。

「オーガニック」とは、投稿された動画を再生し、高評価などを押してくれる純粋なファンを指します。その層がどれだけ定着しているかを、YouTubeはチェックしています。要するに、登録者数に実体があるかで評価されます。

オーガニック定着率とはどのようなものか、例を出して説明します。

登録者数1万人のチャンネルが、広告やコラボ、何らかのニュースによって、一気に登録者数が10万人になったとしたら、チャンネルパワーは10倍になるでしょうか。もとの1万人は純粋なファンで、月に5回くらい動画をリピートしていたとします。それに対して、広告などで増えた9万人は、平均的なリピート率が月に1〜0.5回程度だとしましょう。この場合、実質的には増えた分の9万人も、もとの1万人とたいして変わらないか、もしくは**それよりも低い評価**になるのです。

なぜなら、1万人が1か月に平均5回動画を観るということは、5万再生されるわけです。しかし、9万人が月に0.5回しか観ないとすると、せいぜい4.5万再生にしかなりません。つまり、見た目の人数は倍になっていても、YouTubeから見た実質の評価としては、2万人前後のチャンネルと同じということになります。

このような登録者数と再生数が比例しないチャンネルを、YouTube側はしっかり評価を下げています。

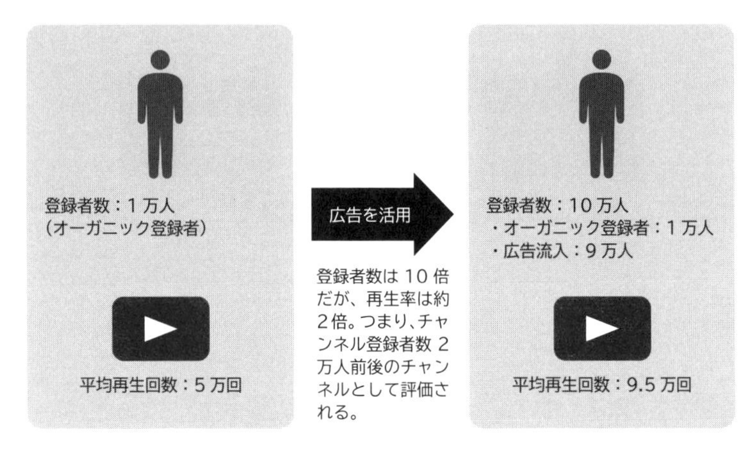

広告で登録者数を増やした場合のチャンネルパワー

登録者数が多くても動画の再生数が増えないのであれば、徐々にYouTubeの内部評価が下がっていき、実体のないチャンネルに成り下がります。このように、視聴者が定着しているかどうかは「動画を定期的に観ているか」や「リピートしているか」で測られます。そのため、リピート率も評価基準として考慮に入れる必要があります。

オーガニック定着率が、チャンネルパワー全体を測る大前提です。

登録者数だけ増やせば良いわけではない理由を、ご理解いただけたのではないでしょうか。どんなに登録者数を増やしても、登録した視聴者が定着して定期的に動画を観てくれなければ、意味がありません。そこがYouTubeの怖いところです。これを防ぐには、本当に面白いコンテンツを作るしかありません。コンセプトメイキングと企画が万全で、チャンネルをYouTubeに認知させるだけという段階に達していなければ、広告やコラボなどの施策は時期尚早です。

▶「YouTube内回遊率」を高める

YouTubeの評価基準として、視聴者維持率も忘れてはなりません。ただし、前述したように近年では、動画の長さも優先されるので、その点は覚えておきましょう。

あまり知られていない評価基準に、自分の動画を起点とした「**YouTube内回遊率**」というものがあります。ここで評価される点は、YouTubeのユーザーがどれだけYouTubeを留まっているかを指します。YouTubeにとって最も望ましいのは、YouTubeに流入したユーザーができるだけ長くYouTube内に留まることです。そのため、視聴者をYouTube内で回遊させれば、YouTubeの評価がアップします。

わかりやすい指標としては、あなたのチャンネル動画を観た後に関連動画にあなたの動画が表示される数値をチェックしてください。vidIQをインストールした状態で、「SEO」に表示される数値を確認しましょう（201ページ）。この数値が5割（10/20）前後であれば合格ラインです。もちろん理想は6～7割（12～15/20）です。そのチャンネルはある程度YouTube側に認識されていると考えていいでしょう。

視聴者を回遊させる方法

回遊させるには、**自分のYouTubeチャンネルから他のチャンネルを紹介する方法**と、**トレンドの動画を紹介する方法**があります。

他チャンネルを紹介する方法は、自分の動画の類似企画や参考動画のURLを、動画の説明欄に貼ります。自分の動画で紹介した動画へ視聴者が回遊することで、YouTubeの内部評価がわずかに高まります。

この方法の真の狙いは、紹介した動画を観てから自分のチャンネルに戻ってもらうことにあります。これができると、YouTubeの内部評価が、非常に高まります。

なぜなら、視聴者はあなたのチャンネルが好きで、「あなたがおすすめしている他のチャンネルを観に行って満足し、そしてまた大好きなあなたのチャンネルに戻って、他の動画も観ている」と考えられるからです。

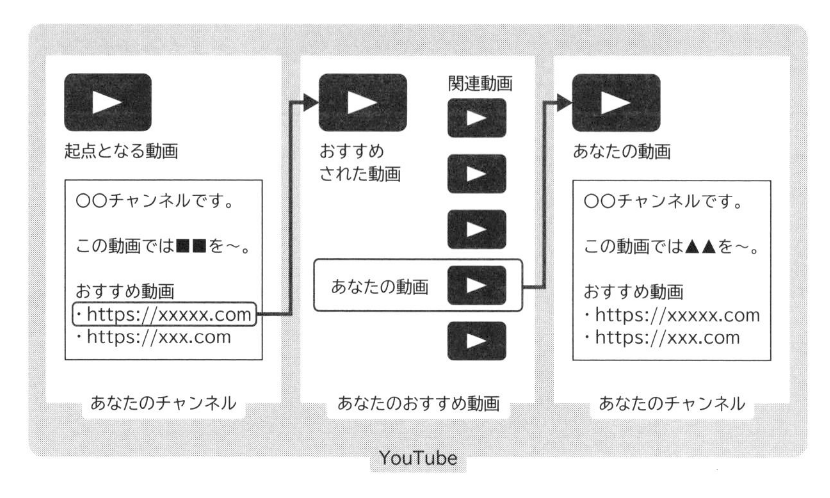

紹介による回遊

この方法を応用した方法がコラボです。コラボでは自分と相手がお互いの動画に出演し、双方のチャンネルを視聴者が行き来します。それによって、評価ポイントが上がり、チャンネルが成長するという仕組みになっています（124ページ）。

▶トレンド動画のURLを貼りまくる技

他のYouTubeチャンネルを紹介するだけでは、あまり評価が上がりません。しかし、この手法を応用してポイントを稼ぐことが可能です。それは複数のトレンド動画を紹介する方法です。他のチャンネルの動画を紹介することと同様に、自分の動画の説明欄にトレンド動画のURLを貼るだけです。ただし、1個や2個ではなく、10〜20個を一気に載せます。

その動画は、現在ヒットしていることが重要です。急上昇ランキングに表示されているような人気動画をひたすら貼っておくと、その動画を観た視聴者がYouTube内を回遊するだけではなく、YouTubeのアルゴリズムがあなたの動画とそのトレンド動画を関連付けるようになります。ただし、貼る動画は自分と似たような企画で、シナジーが見込める動画に限定しましょう。

トレンドに合わせて、定期的に紹介動画のURLを変える手法も有効です。「全動画の説明欄を変えるのは面倒ではないか」と不安な方もいるかもしれませんが、実際はそれほど大変ではありません。

YouTubeの設定で、概要欄の説明文をはじめタイトルやタグなど、全動画を一括で変えられることをご存じでしょうか（一括以外にも複数の動画を選択して変えることも可能）。アナリティクスの画面から「コンテンツ」を選び、「動画」の横にあるチェックボックスをクリックすると、全動画を選択できます。新たに表示される「編集」タブをクリックすると、「タイトル」「説明」「タグ」などがプルダウンメニューで表示されるので、「説明」を選んで入力欄にURLを入れれば、全動画にURLが挿入されます。

動画の説明欄を編集する

このとき全文を差し替えるほかにも「先頭に挿入」「末尾に挿入」といったメニューが選べるので、冒頭や最後に付け加えることもできます。

▶ ハンドルURLとYouTubeストーリー

ハンドル URLとは、チャンネルのURLを変更することです。

標準のURLよりも短くて覚えやすく、見栄えがよくなるメリットがあります。チャンネル名に基づいたURLが提案されますが、自由に設定できます。SEO対策として任意のワードを使うのもいいでしょう。

さらに登録者数が1万人以上になると、「YouTubeストーリー」を使えるようになります。これはぜひ活用しましょう。「ストーリー」という名称からわかるように、FacebookやInstagramでも導入されている「1週間で消える短い動画を表示させる」機能です。表示されるのはモバイル端末のみですが、自分のチャンネル登録者以外にも表示されるというのが大きな特徴です。

ストーリーの動画では自分が設定したURLなどを入れることはできませんが、自分のチャンネルのボタンが画面に表示されます。そのため、ストーリーを投稿しているだけで、視聴者をチャンネルに誘導できます。ストーリーを定期的に投稿するだけでも、少しずつ登録者数が増えていくことがあります。登録者数が1万人以上になったら、使ってみましょう。

▶ YouTube版オンラインサロン「メンバーシップ」

登録者数が500人以上になったら使える機能である「コミュニティ」も見逃せません。この機能もあまり知られていないため、規模が大きいチャンネルでもあまり使われていません。

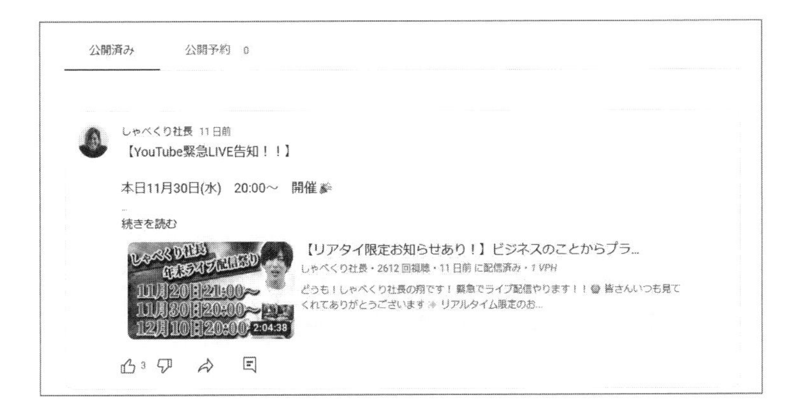

YouTubeの「コミュニティ」機能。アンケートも利用できる

「コミュニティ」では画像や動画、アンケートを投稿できます。もともとこれらの機能はYouTubeが、Twitterやブログの代わりに用意していたもので、Twitterなどにユーザーを逃さずにYouTube上で交流してもらうためのサービスです。

YouTubeの思惑ほどユーザーに浸透していませんが、見ている視聴者もいる機能なので、余力があれば使っていきましょう。上手く使い続けてファンとコミュニケーションを取っている人であれば、いずれは「**メンバーシップ**」と併用できるかもしれません。

メンバーシップとは、**YouTubeでのオンラインサロン**のようなものです。以前は登録者数が３万人以上でないと利用できないシステムでしたが、本書の執筆時点

(2023年2月) では、諸条件を満たしていれば1000人以上で使えます。

メンバーシップでは、メンバー限定動画などのコンテンツの提供、メンバー専用のバッジや絵文字を特典にできます。メンバーシップの設定金額は、チャンネル側で決めることができます。ファンクラブとして運用するのであれば月額400円、オンラインサロンとして運用するのであれば月額2500円が目安になります。使い方としては、ファンクラブで良質な視聴者を集めて、外部のオンラインサロンに誘導する方法をおすすめします。

▶ 原因を知ることが炎上対策の第一歩

登録者が増えてきたら、炎上対策が必要です。炎上とは、中傷や批判的なコメントが集中することです。人によっては「炎上」をマーケティングとして狙う場合もあるかもしれませんが、まずは炎上対策について解説します。

そもそも炎上が起こるのは、コンテンツに「燃えるタネ」があるものです。道徳的に意見が分かれるテーマ (生死に関わるもの、子どもには刺激が強いものなど) や、不快感を催しそうな映像は、どうしても視聴者はセンシティブになりがちです。そこで、一方的な正義感・価値観から過度な批判へとつなげる人が出てくるのです。

しかし考えておきたいのは、炎上する原因の大半は、動画自体の問題よりも付けられたコメントにあることです。コメント欄で**前に書き込んだ人のコメントに流されて、別の人が真似をしている**だけなのです。自分の前にコメントで荒らしている人がいたら、それを見て「私も」「自分も」と次々と便乗する連鎖なのです。しっかりと対策をしておけば、炎上を防ぐことは可能です。

コメント欄の仕組み

炎上の連鎖を防ぐために、コメント欄の仕組みを理解しましょう。コメントは、標準では上から「評価順」に表示されています。最初に投稿した人のコメントに「いいね」などが付きやすいため、基本的には先にコメントした人ほど上部に表示されます。

ということは、最初に書き込んだ人がネガティブなコメントをした場合、それを見て次の人もその次の人もネガティブなコメントをする傾向にあります。その一方で、最初にポジティブなコメントが書き込まれれば、ポジティブなコメントが続いていくようになります。

最初のコメントがネガティブかポジティブか確認しましょう。

炎上の具体例――なぜ炎上が起きたか

炎上の具体例を説明しましょう。美容系チャンネルで「いちご鼻」企画をしたときに、コメントが荒れた経験があります。この動画では毛穴の黒ずみを取るためにアップで撮影したため、出演者である女性の鼻毛が出ていたり、歯石が見えたりする場面がありました。そのため、「女性なのに鼻毛が出ているのはどうなのか」「ひげや歯石が見えるのが気になる」といったコメントが書き込まれてしまいました。

それに対して、女性ファンから「女性だって鼻毛くらい出る」「人間なんだからこのくらいは当たり前」といったコメントが書き込まれ、双方のやり取りがヒートアップして炎上気味になりました。

このような現象は、美容系をはじめ、大人向けのチャンネルやタブー、際どいテーマを扱う動画では頻繁に起きます。とりわけ医療系では一歩間違えると、チャンネルの存続に関わる問題となってしまうので、きちんと対策を知らなければなりません。

▶ 最初の１時間の監視で炎上は防げる

では、どうしたら炎上を防ぐことができるのでしょうか。我々が行っている対策は、炎上が起きやすい動画を投稿した際は、投稿してから**一定時間コメントを監視**することです。

特に、最初の1時間は監視しましょう。監視中にネガティブなコメントが書き込まれたら、すぐに削除しましょう。こうすることで、ポジティブなコメントだけが残ります。

炎上はコメント欄の監視で防げます。

繰り返しになりますが、炎上が起きるかどうかは一番上に表示されるコメントで決まります。投稿して最初の1時間監視することで、ポジティブなコメントだけ表示されるように整理しましょう。そうすれば、後からネガティブなコメントが書き込まれても、それほど問題にはなりません。後出しでネガティブなコメントが書き込まれても、それぞれが衝突することなく併存していく形式になるのです。こうなると、議論が建設的になり、むしろ良い方向に発展します。ある意味で「良い炎上の仕方」になると言えるでしょう。

先ほどの「いちご鼻」企画で言えば、鼻毛やひげなどの指摘に対して「女子だって毛は生える」「逆にこんな美人でも毛が生えているんだと実感できてよかった」など、ポジティブなコメントへの反応が増えて、それらのコメントが上位に表示されました。これは、最初の段階で書き込まれたネガティブなコメントを削除したことで、一般的なコメントやポジティブなコメントが残り、それらに賛同する人が増えてきたからです。

このように、最初の1時間さえ監視しておけば、大抵の炎上は防ぐことができます。ほとんどの場合、そんなにネガティブなコメントばかり書き込まれることはないでしょう。監視している間に書き込まれたコメントで、印象が良いコメントが上に表示されるようにすれば問題ありません。

批判要素をあらかじめ説明しておく

動画をアップする際に「これは批判する人がいるかもしれない」と感じたら、批判されそうな箇所を動画の概要欄に書いておくという手もあります。

ある企画で、出演者のおじいさんの遺影をサムネイルにしたことがありました。

人の生死に関わることなので、炎上が起こる可能性も予測していました。そこで、あらかじめ動画の概要欄で経緯を説明し、遺影に対する思い入れや、これを公開する必然性を丁寧に説明したことで、炎上が起こることはありませんでした。

炎上が起こる前に、「叩かれる要素」を全部説明して視聴者に納得させておけば、炎上は防げます。

最終手段はコメントをオフにする

炎上対策が追いつかない場合は、**コメントをオフ**にする方法もあります。

コメントをオフにしても、YouTubeの評価は変わらないとされています。それでもコメントは多いほうが、YouTubeの評価が高いことがわかっているので、あまりおすすめできません。

また、コメントが荒れることよりも防いでほしいことは、動画の低評価が増えることです。高評価数よりも低評価数が多くなると、その動画に対するYouTubeの評価が悪くなり、関連動画などに表示されなくなることがあるからです。

▶「炎上マーケティング」にはTwitterを活用する

炎上を狙う方法も説明します。いわゆる「炎上マーケティング」とは、世間の人たちに響く強い言葉で煽り、人を巻き込むことを指します。有名人にこのタイプが多く、とにかく話題性は抜群です。

炎上を狙う場合、YouTubeだけで炎上させることは難しいです。炎上マーケティングするには、根本的に人を巻き込んで、口コミを増やす必要があります。そこでYouTubeの投稿だけではなく、Twitterを使わなければなりません。

Twitterを使って**賛否両論になるようなネタ**、特に本気で炎上を狙うのであれば社会問題になっているテーマを振りましょう。少し前であれば新型コロナウイルスの話題などが当てはまります。

そのときのトレンドで、かつ大多数が恐れているものほど炎上しやすくなります。トレンドでなくても、人の琴線に触れるような内容も炎上しやすいです。当然、これらの話題は注意して扱わなければなりません。

炎上マーケティングを積極的に行う場合は、その動画が速く伸びることがメリットと言えます。デメリットは、一歩間違えるとチャンネルの価値（ブランド力）が崩壊してしまう可能性があることです。

この炎上マーケティングを上手く活用できれば、一気に**カリスマ性を高める**方向に持っていくことも可能です。炎上マーケティングとは、世の中をどのように導いていくかというプロパガンダでもあります。メディアを使うなど正しいステップを踏めば、**カリスマ化の手法**として使えます。

ただ上手に炎上させることは、非常に難しいです。基本的には炎上を狙うのではなく、炎上対策だけを覚えておけばいいでしょう。

成長に使える小技

成長戦略

ここからは、知っておくと便利な小技を紹介します。劇的な変化はありませんが、小さな差が将来的には大きな差に変わります。ぜひ、活用してみましょう。

▶ SNSの「文化」に合わせて言葉を変える

SNSにおける「文化」を考慮して言葉を選びましょう。これはYouTubeに限ったことではありません。

文化という言葉は、第0章でネットメディアを説明する際に使いました。ここではさらに細かくTwitterならTwitter、TikTokならTikTokと、それぞれのSNSごとに固有の文化があると考えてください。すべてのSNSは、そのSNSの中に独自の文化が存在していて、使われている言葉が微妙に異なります。

ひと昔前のYouTubeでは、語尾に「草」という字を入れることが流行っていました。今では死語になっているため使っている人はいませんが、当時は「面白い」という意味の「ww」が、草が生えているように見えることから、YouTuberがこぞって使っていました。

このようなスラング的用語が、それぞれのSNSごとに存在します。無理に覚える必要はありませんが、こうした言語の文化にはなるべく合わせたほうがいいでしょう。つまり、そのSNSで頻繁に使わる言葉を知り、できるだけ使うようにしましょう。それだけで反応が変わります。

メディアごとに使われる言葉の違いを意識しましょう。

▶ライブ配信でファンとつながる

SNSの文化が理解できたら、Twitterなどを絡めてファンとつながる方法を模索してみるのもいいかもしれません。LINEやTwitter、YouTubeなど各SNSが目指しているのは、究極的には自社プラットフォームへのユーザーの囲い込みです。そこで、昔から注目されている手法が**ライブ配信**です。

ライブ配信を使ったビジネス展開については、各企業が必死に研究しています。ただ日本では、ライブ中に商品を売るライブコマースが盛り上がっていないため、近年ではあくまでファンとのつながりを強くするという部分にフォーカスがされています。

ファンとのつながり作りにライブ配信が良い理由は、**人間はリアルタイムでつながりたい**という欲求があるからです。そこで、ライブ配信をして、それをTwitterに投稿することを続けてみてはどうでしょうか。

ライブ配信は、システム的にはYouTubeやInstagram、Facebookでもできます。もちろんYouTubeライブを使ってもかまいません。中でもTwitterのライブ配信や、YouTubeのライブ配信がおすすめです。YouTubeは、コミュニティ機能と絡めることで視聴者に対しきめ細かい対応ができます。これを補完する形でTwitterも活用しましょう。Instagramにはインスタライブというライブ配信がありますが、YouTubeとの親和性はそれほど高くありません。ただしインフルエンサーになってくれれば、インスタライブも大きな効果を期待できるでしょう。

おすすめの配信形態は、**Q＆A形式で視聴者の悩みに答える配信**です。ファンである視聴者の悩みは、他の視聴者の悩みと共通していると考えられます。近年、さまざまなQ＆Aサイトが立ち上げられています。なぜなら、Q＆Aでみんなが興味を持っている悩みを取り上げることを、これからのビジネスチャンスとして企業側も目をつけているからです。

企業がQ＆A形式に注目している理由は単純で、現状のファンを強化しつつ、新規のファンを獲得する仕組みを構築するためです。皆さんもYouTubeを始める以上、常に新規のファンを獲得したいはずです。

Q＆A形式は、今後新しいマーケティングモデルとなるかもしれません。なぜなら、ファンは自分が観ているチャンネルに出たい、出たがり屋さんだからです。そのファンの心理を活かして、イベントやメンバー募集、オーディションなどの展開が、今後よりいっそう求められていくと思います。そうなってくるとYouTubeの目的も視聴だけではなく、一緒に協力できる人を探すなど、さらに可能性が広がっていくかもしれません。

▶「ネタがない」なら雑誌を定期購読しよう

ビジネス系チャンネルを運用している方に共通する悩みは、「ネタがない」ことでしょう。「ネタが続かない」「どこから探したらいいかもわからない」という声をよく耳にします。

ネタが見つからない方は、雑誌の定期購読がおすすめです。

自分の業界の雑誌はもちろん、異なるジャンルの雑誌も読んでみましょう。紙媒体で読むなら「**富士山マガジンサービス**」で毎号宅配してもらえます。アプリでデジタル版を購読することもできます。このほかにさまざまな雑誌のサブスクライブがあるので、そういったものを活用して雑誌を読むようにしましょう。

私も普段から幅広いジャンルの雑誌に目を通しています。その中から、面白いネタや最新情報を拾っています。YouTubeでは、常に目新しいものをチェックする必要があります。ネタ探しと同時に最新の知識を押さえるという意味でも、雑誌を読むようにしましょう。

医療系のチャンネルを運用している方には、「**Quora(クオーラ)**」というQ＆Aサイトがおすすめです。

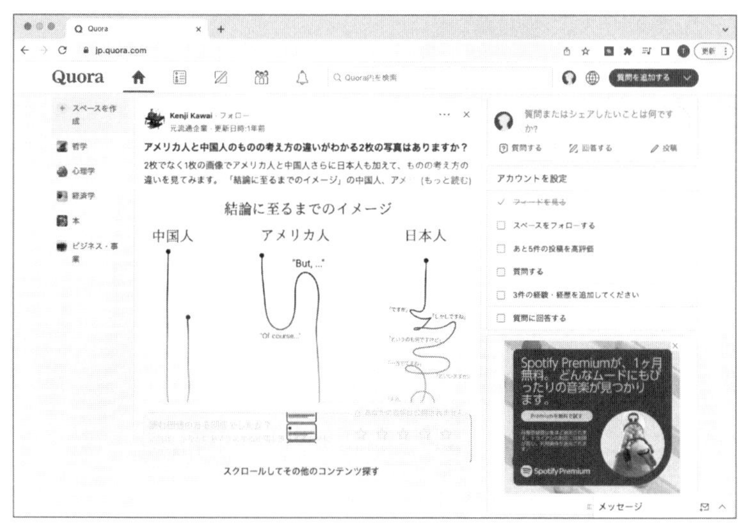

Quora

Ｑ＆Ａサイトでは「Yahoo!知恵袋」が有名ですが、Quoraは第三者が質問を編集できることが大きな特徴です。ユーザーの年齢層が比較的高く、おかしな回答が少ないです。質問の質が高いので、今、世の中ではどんなことが興味を持たれているか、どんな悩みがあるのか参考になるでしょう。日本だけではなく世界中で使われ、医療従事者が多いので、新型コロナウイルスなどの医療系の質問にも専門性のある回答がされています。ビジネス系のチャンネルを始めるのであれば、ぜひ利用しましょう。

▶ コンサルタントを上手く活用せよ

本格的にビジネスとしてYouTubeを運用している人には、専門のコンサルタントに相談しているケースも多いかと思います。金銭的に余裕がある場合、プロからアドバイスを受けたいと思うのは自然なことです。

私もプロの立場で多くのチャンネルに携わり、講座を開くたびに多くの質問を受けてきました。そんな中で「せっかくお金を払ってアドバイスを求めるのであれば、こうしたほうがいいのに」と感じたことをお伝えします。

コンサルタントは「答え合わせ」に使え！

特に残念なのが、コンサルタントに求める役割を間違えて質問してくるケースです。

プロのコンサルタントの役割はただひとつ、皆さんの「答え合わせ」をすることです。

「答え合わせ」とは、「答え」が「合って」いるか回答することです。答えそのものを聞く人は、コンサルの使い方を間違えています。

YouTubeビジネスを小学校の算数に置き換えてみましょう。

先生に「すみません、3×19はいくつになりますか？　次の問題の答えは？答えを教えてください」と逐一答えを先生に聞いていては、成績が伸びるはずがありません。自分で問題を解いて、答え合わせするための質問が必要です。すでに何らかの根拠や考察をもとに解答を考えてから、コンサルタントに質問しましょう。

多くの方は「私の動画はどうですか？」と、漠然とした質問をしてきます。こう聞かれても「ダメです」のひと言で終わってしまいます。この質問そのものがナンセンスです。何かに対して「どう思いますか」という質問は、その人がどういう意図でそれを作ったかがわからないため答えようがありません。

「こういう意図で作ったんですが、どうですか？」と聞かれたなら、「それはちょっとズレていますね。こういう考え方をしましょう」と違いを教えることができます。

つまり、**仮説を立てて検証した上で、その答え合わせのために質問しましょう**。すると、適切な回答が返ってきます。

「今回○○と考えて、こういった企画を出してみて、自分としては当たると思ったんですが、結果はこうでした。一体何が間違っていたのでしょうか？」といった質問が望ましいです。質問者の意図が明確な質問であればあるほど、プロのコンサルタントであれば解像度の高い役に立つアドバイスがもらえます。コンサルタントを使うのであれば、ぜひダイレクトに良い解答が返ってくる質問をしましょう。

▶ 海外展開を狙うには？

将来的に海外展開を考えているチャンネルがすべきことを紹介します。詳しい解説は第7章で行いますが、いつでも始められるテクニックをここで紹介します。

海外展開を考えているチャンネルが行うべきことは**字幕編集**です。字幕は海外向けに限らず、動画編集において必須の技術です。「**Vrew（ブリュー）**」という有名な字幕作成ツールがあります。WindowsやMacで無料ダウンロードができるので、ぜひ使ってみましょう。このツールはYouTubeに特化していて、自動で文字起こしができるほか、さまざまな編集機能が備わっています。

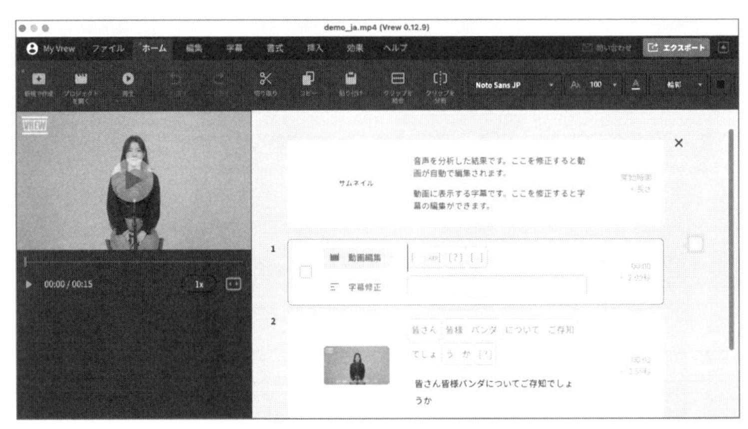

Vrew

それに対してあまり知られていませんが、「**DownSub（ダウンサブ）**」というサービスもおすすめです。トップページにアクセスし、動画のURLを入力するだけで、他人のYouTube動画でも、文字起こししたテキストファイルがダウンロードできます。

DownSubでテキストデータをダウンロードする

DownSubが優れているのは、ダウンロードできるテキストが日本語だけではなく、英語をはじめ中国語、フランス語など各国語も選べる点です。これは海外展開を考える方にとっては、非常に便利なサービスでしょう。翻訳は粗いものの、翻訳を外注する時間やお金がないのであれば、これで十分でしょう。

なお、海外向けの字幕を付けるには、YouTubeであらかじめ設定しなければなりません。YouTube Studioで左側のメニューから「字幕」を選択し、設定したい動画をクリックします。そして、表示される「言語を追加」ボタンをクリックして、各国語を追加しましょう。

字幕を追加する

海外展開において字幕以上に重要な設定とは？

将来的に海外展開を狙うのであれば、字幕以上に重要な設定があります。それは**タイトルと説明欄の翻訳**です。「海外の視聴者を狙うのであれば、投稿時にタイトルを英語にすればいいのでは？」と思うかもしれません。それをしてしまうと、日本の視聴者に対しても英語のタイトルが表示されてしまいます。

そのような事態を避けるには、「言語を追加」で「タイトルと説明」に表示されている「追加」をクリックし、追加する言語でタイトルと説明文を設定しましょう。vidIQの有料版では、設定画面の「Translate」ボタンをクリックするだけで、自動翻訳してくれます。

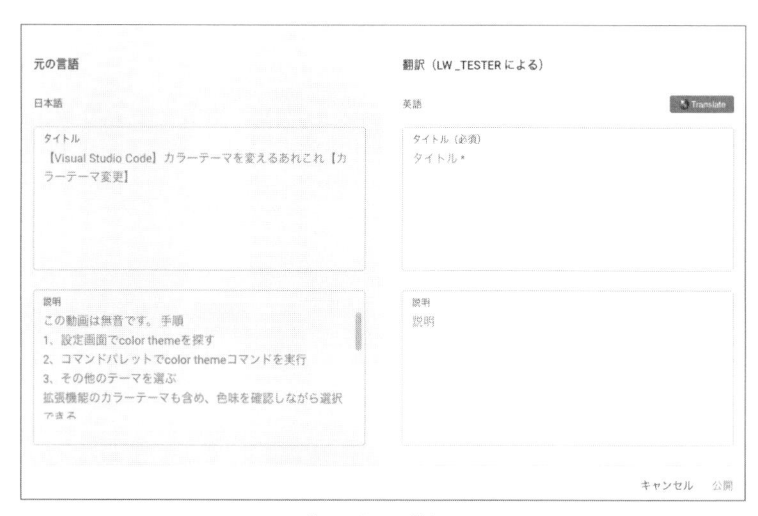

「Translate」ボタン

この方法を使えばワンクリックで翻訳できるので、さまざまな言語を追加しましょう。vidIQの有料版ではなくても、Google翻訳などを使って翻訳もできます。

各国語を追加することで、日本以外の市場でもファンが獲得できる可能性が広がります。私が携わっているストレッチ系のチャンネルでは、平均20か国語を登録したことで、登録者数が100万人に増えました。簡単な作業だけで海外市場を狙えるので、設定することをおすすめします。

6 最強のコラボ講座

成長戦略

コラボは相手が必要な施策です。コラボを成功させるには、コラボ相手との関係性が重要です。ここでは、本格的にチャンネルを成長させるために行うべき、成功するコラボ術を徹底解説します。

▶コラボの正しい方法とは？

コラボはここまでに何度か紹介しました。コラボでは、出演者がお互いの動画に登場し、同じタイミングで投稿して、お互いのリンクを貼ることが鉄則です。それ以外にも、コラボには細かいルールがいくつかあります。長年YouTubeで活躍している人も、正しいコラボの方法を知らない人は少なくありません。

理屈をわかっていると効果的な半面、わかっていないと失敗するのもコラボの特徴です。特にビジネス系のYouTuberは、コラボの概念をわかっていないことが多く、経験者も少ないため、正しいノウハウがあまり知られていません。特に「いつ」「誰と」「何を」という点を見落としてコラボしてしまうケースが多く見られます。

また、ビジネス系で多く見られる「紹介」は、コラボではありません。紹介は「誰かが誰かを紹介する」という形で、一方通行で終わります。コラボは「一緒に出演する」ことによって、相乗効果が発揮されます。紹介はコラボとは意味合いも効果もまったく異なるので、それほど重要視しなくてもいいでしょう。

コラボは概念を理解してから始めよう。

▶ コラボのタイミング

まずは、どのタイミングでコラボをするべきか押さえましょう。これには登録者数1000人、チャンネルカラーが明確になっているという目安があります。

目安となるチャンネル登録者数

私の経験から、**登録者数が1000人**に達したタイミングがベストです。もちろん、あくまで目安なので、500人でコラボしてはいけないわけではありません。

YouTubeのアルゴリズムでは、既存の視聴者がアクティブな状態で、さらに外から流入してきた視聴者が定着することで、内部評価が高くなる傾向にあります。既存の登録者が多いほど、彼らがYouTube内で回遊することのポイントが高くなります。

そのため、登録者が1000人いたほうが、コラボの効果が顕著に表れます。

チャンネル登録者数よりも重視すべき点とは？

コラボを行うにあたって、登録者数よりも重視すべき点があります。それは、**チャンネルカラーが明確**になっているかどうかです。

チャンネルカラーが明確かどうかは、チャンネルのトップページを見れば判断できます。自分で判断できない人は、他の人に自分のチャンネルを観てもらいましょう。その人に「あなたのチャンネルは○○ですね」と、どのようなチャンネルか言ってもらえる状態であれば問題ありません。

登録者数が増えていても、チャンネルカラーがわからないチャンネルは少なくありません。かつて、登録者数5000人ほどのチャンネルから相談を受けたところ、さまざまなジャンルの動画が投稿されており、何をするチャンネルかわからないという経験がありました。そのようなチャンネルでは、コラボする意味がありません。

チャンネルカラーができていないのであれば、トップページの作り込みが急務となります。ヘッダーはもちろん、メインとなるメジャー企画がページトップに表示されているか（175ページ）。それを中心としたシリーズを展開しているか（238ページ）。ここまでは基本です。もちろん、皆さんは設定済みでしょう。

最終兵器「コラボ」は失敗できない

それ以上にコラボをするためには、チャンネルカラーが唯一無二であること、つまり**コンテンツが良質**であることが必須条件です。良いコンテンツがなければ、コラボをすべきではありません。繰り返しになりますが、コラボとは最終兵器です（258ページ）。コラボして伸びなかった場合、YouTubeを諦めるという覚悟が必要です。

私の経験でも、チャンネルが伸びなくなった原因の大半がコラボでした。コラボ相手とのシナジーがなく、流入した視聴者の質やコンテンツの質が悪いため、再生数が伸びなくなり、最終的には手詰まりになりました。

コラボはコンテンツの質が丸裸になる施策です。シビアにチャンネルを評価して、タイミングを見極めましょう。

▶ 唯一無二のコンテンツを作り出せているか？

コンテンツの質とは、動画のクオリティではなく、チャンネルのクオリティを意味します。専門性が高く、YouTube上で**そのチャンネルにしかないものがあるか**が重要です。さらに一定のファンがいて、その人たちがリピートして視聴している状態でなくてはなりません。

そうでなければ、コラボした瞬間に「あのチャンネル、〇〇のパクリだよね」と叩かれてしまいます。これがコラボの怖さです。二番煎じだと見なされると、視聴者にそっぽを向かれてしまいます。

私がこれまで教えてきたとおり、皆さんはトレンドを調査して動画を撮影していると思います。しかし、そこにプラスアルファがなければ、二番煎じだと思われ、徹底的に叩かれて視聴者が離れてしまいます。

だからこそ、真似だけではなく、オリジナリティを出すことが重要なのです。そして何より大事なのは、自分が本当に面白いと思うことができるかどうかです。「本当に面白いから、みんなも観たら気に入るはず」だと思う動画を投稿しているでしょうか。ファンが増えて、高評価を押してくれて、リピート率も視聴者維持率も高い状態でしょうか。初見の人が観ても、「え、これ面白いね！」と言われる動画でしょうか。

「自分の動画は面白い」という確信を持てる状態でなければ、まだまだ準備期間だと考えましょう。

コラボ入門講座で紹介したメイク系チャンネルコラボ（259ページ）では、準備に1か月かけました。第三者に観てもらって客観的な感想を聞き、視聴者の反応も十分に確認してから、コラボするタイミングを決めました。結果はご存じのように大成功でした。

「このコンテンツならもう大丈夫」「あとは世間に知れ渡るだけ」という状態になったら、いよいよコラボをする段階です。この状態になると、もう折り返し地点です。ここまで来たら登録者数10万人という最終目的まであと少しです。

自分の動画が面白いか、常にセルフチェックすることが必要です。

▶ 最強のコラボ相手とは？

コラボのタイミングと同じく、コラボが成功するかどうかのカギを握るのが、コラボ相手です。コラボ相手を選ぶ際は、シナジーがあるかが重要です（259ページ）。ここでは、さらに一歩踏み込んだ説明をします。

コラボ相手選びで重要視すべき点は、**①シナジー効果、②直近の平均再生数、③相手との距離感**です。

コラボ相手選びのポイント①　シナジー効果

シナジー効果がある相手は、自分と同じジャンルのチャンネルで、企画がかぶっているとさらにシナジーが高まります。同じ企画を持っている相手は、最もシナジーが生まれます。次に相性が良いのは、同じジャンルや同じ属性、つまり視聴者層が近いチャンネルです。たとえば、メイク系とストレッチ系は別ジャンルでも、どちらのチャンネルも視聴者の男女比率や年齢層が近ければ、この点でシナジー効果が生まれます。

コラボ相手選びのポイント②　直近の平均再生率

直近の平均再生率を確認することも重要です。どれほどチャンネル登録者数が多くても、再生率が低いチャンネルは価値が高くありません。再生率が高ければ、登録者数が少なくてもアクティブな視聴者が存在します。そのような相手とコラボすることで、動画を観てくれる**アクティブな視聴者の獲得**につながります。

また、コラボを依頼する場合、費用が発生することがあります。その際に金額の目安となるのが平均再生数×10～15円です。お金をかけてコラボを依頼する場合、事前に目安となる金額を把握しておくことをおすすめします。

コラボ相手選びのポイント③　相手との距離感

距離感とは、コラボ相手との関係値を指します。コラボでは相手との関係値が動画に表れ、驚くほど視聴者に伝わります。相手との関係値が低い場合、「これ、お金でコラボしたよね」と思われてしまいます。これでは、コラボの効果が見込めません。

▶ 相手のヒット企画に同じ企画をぶつけよう

コラボ相手を見つけたら、相手の一番ヒットした企画をコラボ動画にしましょう。その際の鉄則は、**お互いに同じ企画、もしくは似た企画をぶつける**ことです。同じ企画は最高の組み合わせです。同じ日に同じ企画を投稿すると、ヒットする確率が跳ね上がります。

私が携わった料理系チャンネル同士のコラボでは、この法則を活かして、お互いのヒット企画である「ペペロンチーノ」を取り上げました。当初は出演者が「これまでと同じレシピを作るなんてバズらない」と反発し、プリン企画を提案されました。しかし、私が「絶対にペペロンチーノでするべきだ」と主張して動画を投稿すると、案の定、再生数50万回以上のメガヒット企画になりました。コラボ前は出演者同士が「平均2万〜3万再生されればいいね」と話していたので、予想をはるかに超える結果になりました。

こちらで企画を指定しない場合、コラボ相手から企画を提案されるケースが多いです。それではヒットしない可能性が高いので、可能であれば相手のヒット企画でお願いしましょう。そのために必要なことは、相手のチャンネルを確認しておくことです。相手のチャンネルの動画一覧を人気順に並べ替えて、ヒットしている動画とあなたのチャンネルにシナジーがあるかを確認してから、コラボを依頼しましょう。

コラボ依頼前に相手チャンネルの事前調査は必須！

▶ 自分で依頼する？ お金を使う？

コラボしたい相手を見つけたら、次はコラボを依頼しましょう。コラボ依頼には、**企業案件としてお金を払う方法と直接アプローチする方法**があります。どちらの方法もメリットとデメリットがあります。状況に応じて方法を選びましょう。

企業案件としてコラボを依頼する

企業案件としてコラボを依頼する場合のデメリットは、費用が発生する点です。目安は相手チャンネルの平均再生数×10～15円です。さらに、手数料（相場では20%）が上乗せされ、最終的には平均再生数×15～20円程度になると考えられます。平均再生数は、相手チャンネルに投稿されている直近1か月の動画から算出しましょう。

また、お金が絡んだ関係のため、出演者同士の関係値が低いことも考えられます。どのような相手であっても、動画の中で仲の良い姿を見せなければ、視聴者はお金の関係だと見破ります。すると、コラボの効果がなくなるため、事前の打ち合わせが必須でしょう。

メリットには、**お金を払うことで大半のYouTuberとコラボできる点**と、企業案件として受けてもらうため、**こちらから企画を提案しやすいという点**があります。

企画を提案しやすいことのメリットは、先ほど説明したように相手のヒット企画でコラボが実現できるため、ヒットする確率が高まることです。

お金をかけるのであれば、確実にヒットを狙いましょう。そのために、コラボでは企画内容は絶対に指定しましょう。

企画を指定することを前提として企業案件を依頼する場合、「この企画でコラボしていただければ、お金を支払います」と依頼しましょう。我々が依頼するときも、まず**企画ありき**、もしくは条件込みで受けてくれる場合だけお金を払う方法をとっています。

コラボ相手との距離感に要注意

企業案件としてコラボ依頼するデメリットに、コラボ相手と息が合わない可能性があります。お金による関係のため、出演者同士の関係値は高くありません。撮影を通しても出演者同士の距離感が縮まらず、雰囲気が悪くなってしまうと、コラボは失敗になります。

これを防ぐには、出演者のコミュニケーション能力が必須です。コミュニケーション能力の高い出演者であれば、コラボ相手の懐に潜り込み、すぐに良好な関係を構築できます。すると、コラボ後に相手から再びコラボの申し込みがあったり、新しいコラボ相手を紹介してもらえたりと、副次的な利益もあります。

出演者のコミュニケーション能力が低い場合は、スタッフも協力して撮影現場の雰囲気作りに努めましょう。

コラボはビジネス関係ではなく、友達同士のような仲の良さを演出しましょう。

▶ 直接アプローチする場合の注意点

一方、直接アプローチするメリットは、費用が発生しない点です。そのため大量にアプローチでき、コラボ相手との関係構築に成功すると理想的な距離感が実現します。デメリットは企画の指定が難しい点です。仕事の依頼ではないため、コラボ相手に「この企画でなら良いけど」と言われると、提案が難しくなります。

さらに注意してほしい点があります。それは、アプローチ次第で相手に嫌われる可能性があることです。この点は、誰がコラボをアプローチするかによって変わります。

プロデューサーやマネージャーなどの担当者がチャンネルを運用している場合は、担当者がアプローチするでしょう。担当者がいないのであれば、出演者自身がアプローチすることになります。

注意したいのは、出演者自身がアプローチして断られた場合に、その界隈で噂が広まることがある点です。つまり、「あの人、会ったこともないのに馴れ馴れしくアプローチしてきて、ガツガツしすぎてるよね」「有名でもないのにやたらと大物にコラボ依頼しているよね」といった噂が出回る可能性があるのです。そうなると、活動の幅が狭まります。コラボ依頼でもコミュニケーション能力が低いと、トラブルがすべて出演者に降りかかってしまうのです。こういったことを避けるためにも、あなたのチャンネルに出演者以外の担当者がいるなら、必ずその人を通してアプローチしましょう。

代理人によるアプローチのほうがワンクッション置けるので、本人への低評価につながりにくいのです。

お金を使って依頼

メリット
・コラボ依頼が決まりやすい
・コラボ企画を提案しやすい

デメリット
・費用が発生する
・出演者同士の距離感が構築しづらい

直接依頼

メリット
・費用が発生しない
・何件でもアプローチできる
・出演者同士で良好な関係を築きやすい

デメリット
・企画を提案しづらい
・出演者がアプローチして断られた場合、悪い噂が広まる可能性がある

アプローチ方法ごとのメリットとデメリット

ある程度の規模が大きいYouTuber同士がコラボする場合は、いきなり「コラボしましょう」とはなりません。最初は「一度お話ししてみませんか」「食事でもしましょう」というお誘いから始まります。顔合わせの際に良好な関係を築けなかった場合、そこで関係が途切れてしまいます。そのため、自らアプローチする場合は、

コミュニケーション能力が必要になります。

もちろん、何度も顔を合わせて、ときには食事をともにするレベルのYouTuberがいるなら、本人が直接アプローチしたほうが好反応を得られるでしょう。

▶初めてのコラボにおすすめの相手は？

コラボ相手を選ぶ方法を紹介します。まずは、シナジーがありそうなチャンネルを片っ端からリストアップします。続いて連絡先をメモして、**シナジー効果順でランク付け**します。なぜなら、自分のチャンネルにとってシナジーが高いチャンネルは、相手にとってもシナジーが高いため、コラボの依頼が通りやすくなるからです。シナジー効果順に目星を付けることで、コラボ依頼をする手間を削減できます。

相手の連絡先の探し方は、有名人にアプローチする場合（180ページ）と同じです。相手のYouTubeチャンネルを確認し、連絡先を探しましょう。多くの場合、TwitterやInstagramのアカウントで連絡が取れます。チャンネル概要欄の「詳細」に「ビジネス関係のお問い合わせ」としてメールアドレスを載せている場合もあります。

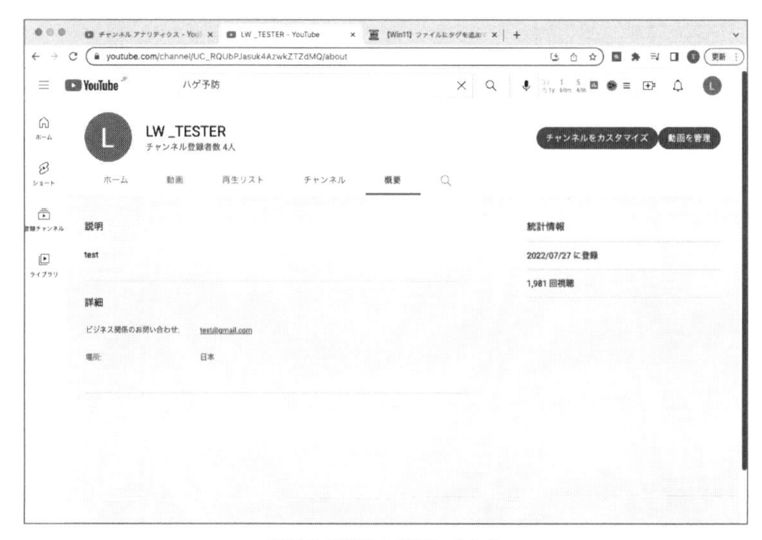

ビジネス関係のお問い合わせ

ただし、アプローチが成功するかどうかは、条件によって変わります。たとえば、自分のチャンネルの登録者数が500〜1000人の場合、登録者数10万人のチャンネルにコラボを依頼しても、成功率は低いです。なぜなら、その規模のチャンネルは、企業案件であれば50万円ほどもらえるからです。その上、その金額を払ってコラボをしたいチャンネルがいる状態だと考えられます。

そんな中で登録者数の少ないチャンネルがコラボ依頼しても、明らかに登録者数を増やす目的だと思われてしまい、敬遠されてしまいます。よほどの好条件を提示できないと、コラボの実現は厳しいでしょう。

初心者は1万〜2万人規模のチャンネルを狙え

初心者のコラボ相手におすすめしたい相手は、**登録者数が1万〜2万人のチャンネル**です。この規模のYouTuberは、相手も初心者の可能性が高いです。コラボを依頼されることが初めてである場合も多く、「えっ、コラボ!? ぜひ!」と企画に乗ってくれる可能性が高まります。登録者数が3万人規模になると、チャンネルの成長を実感し始めているため、コラボ依頼が難しくなります。

1万〜2万人規模のYouTuberは「たまたま1本ヒットして伸びた」チャンネルも多く、「一人で続けていて寂しかったから、うれしいです!」と快諾してくれるケースが少なくありません。

▶ 相手にはない武器でコラボをもぎ取る

続いて、シナジー効果が見込めるチャンネルに、どのようにコラボ企画を提案するか説明します。ポイントは、**相手が持っていないものを提示する**ことです。具体的には、ブランドや自分だからこそ用意できる道具や企画です。

相手は必ずこちらのブランド力を確認するため、ブランド力があるとコラボは決まりやすいです。ミシュランシェフだったり、パリコレ経験者であったりすると、そのブランド力が効きます。

ブランド力を持っていない場合、相手が持っていない道具や企画を提案しましょう。たとえば、学校や街なかで隠れるゲームをしてバズっているYouTuberをコラボ相手にしたい場合、「広い会場をまるごと使った企画ができますよ」と誘えば、相手は思わず乗ってくるでしょう。

このような相手が持っていないリソースを使ったアプローチは、非常に効果的です。プロスポーツ選手とコラボするチャンネルが良い例です。体育会系チャンネルの多くは、プロスポーツ選手とのコネクションはありませんが、プロと対決するというメジャー企画があります。当然プロや代表経験のある人と一緒にコラボしたいと考えているはずです。そこで、元プロスポーツ選手がいる団体がチャンネルを立ち上げる際に、コラボを依頼すると良い反応が得られます。

相手のチャンネルでバズっている企画に合ったリソースを提供できると、コラボ企画が通る確率は高くなります。

▶ 登録者数が少ないチャンネルが依頼する場合

チャンネル登録者数が少ない場合、チャンネル名を明かさずアプローチする手法もあります。この手法では「○○系のチャンネルを運用しているのですが、今度□□企画をしますので、よかったら△△さんと一緒にコラボレーションさせていただけませんか」と、**チャンネル名を明かさず**に企画を提案します。要するに、チャンネルではなく企画で勝負するコラボ依頼です。

この手法の場合は、相手が乗ってきてから話を進めればいいため、比較的決まりやすい傾向があります。登録者数が1000人未満のチャンネルの場合、有効なテクニックです。

ただし、出演者ではなく、プロデューサーなどの担当者がアプローチしてください。出演者が依頼すると、相手にチャンネル名が伝わる可能性があるため、企画案を見てもらえない可能性があります。

ある程度規模が大きいYouTuberは、「登録者数○万人なのに、300人のチャンネルとコラボするなんて……」と釣り合わない相手を敬遠します。まずは、チャンネル名を隠して交渉の場を持つことが必要です。

企画を提案するときは、ブランド力やリソース、できる企画を前面に出して交渉してください。「○○というメリットがあるので、一緒にしませんか」とお願いしましょう。

チャンネル名を隠してコラボを依頼する場合、相手のメリットを提示しましょう。

コラボ依頼の方法の選び方

「結局、どちらの方法でコラボ依頼をすれば良いかわからない」と頭を抱えている方のために、簡単にまとめてみましょう。

まず、あなたのチャンネルにブランド力や特別なリソース(施設の貸切など)がある場合、それらを有効活用した企画を提案してみましょう。アプローチ方法によっては、コラボを快諾してもらえる可能性があります。

ブランド力やリソースがない場合、お金を払って企業案件として依頼する方法を選びましょう。私が携わっているチャンネルも、最初は企業案件としてコラボするケースが少なくありません。多くのチャンネルにアプローチするのは大変なので、お金を払ったほうが手っ取り早く話が進むからです。

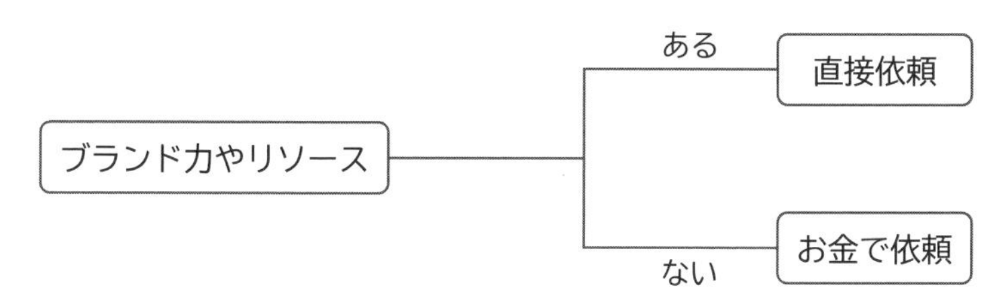

コラボ依頼方法の選び方

ケース・バイ・ケースではありますが、手札を確認してから判断しましょう。

▶初対面でもコラボでは「友達」同士が基本

コラボする段階までこぎつけたら、**コラボ相手との距離感に注意**しましょう。相手をむやみに褒めすぎてはいけません。なぜなら、コラボ相手と「友達」の関係性でいることが重要だからです。普段から仲の良い相手とコラボする場合は、意識しなくてもいいでしょう。そのようなコラボであれば、非常に気楽にできます。

しかし、大半のコラボは撮影時が初対面か、打ち合わせで一度しか会ったことのない相手です。そうなると「はじめまして。□□さんのチャンネル、いつも観てます！」「いえいえ、××さんのチャンネルこそすごいですね」などと、お互いに遠慮しながら会話することが少なくありません。社会的には礼儀として必要な行為ですが、動画に持ち込んでしまうと、コラボは失敗に終わります。

コラボ相手とは、友達のような関係でいることを意識しましょう。初対面でも「やあ、久しぶり。元気？」と話しかけましょう。完全に演技であっても、その感覚が必要です。なぜなら、視聴者は「友達」の話を聞く存在であるため、出演者と視聴者の距離感だけではなく、コラボ相手と視聴者との距離感も重要になるのです。**初対面だと見破られると、視聴者は途端に冷めてしまいます**。これができないと、コラボは失敗すると覚えておきましょう。

事前の打ち合わせで、お互いが友達同士であるという設定を必ず共有しましょう。

▶ コラボでもサムネイル＆タイトルを変えるな！

コラボ動画を投稿する際に、サムネイルやタイトルでコラボを謳うことは間違いです。皆さんもコラボしている２人の顔写真が大きく表示されているサムネイルを見かけたことがあるでしょう。コラボで舞い上がってしまい、このようなサムネイルを作る人が多いからです。

このようなサムネイルはやめましょう。なぜなら、自分のチャンネルの視聴者にとって、コラボ相手は他人だからです。シナジー効果が高い相手とのコラボでも、視聴者がコラボ相手を知っているとは限りません。確かに、一部の視聴者は相手の視聴者でもあり、名前を知っている可能性はあります。しかし、基本的には知らない相手だと考えてください。

そのため、サムネイルに相手の写真を使ったところで効果はないので、相手の写真を入れる必要はありません。いつもどおりヒットを狙ったサムネイルを作りましょう。

コラボ動画でもタイトル＆サムネイルはいつもどおりに作りましょう。

例外は、サムネイルに映るだけで再生数が取れるようなテレビに出ている有名人や芸能人とコラボする場合です。それほどの人であれば顔写真を出す価値はあります。そうでなければ、特に顔を出す意味がないのでやめましょう。

▶ 大原則は投稿日時を合わせること

コラボの大原則は、**投稿時間を合わせる**ことです。基本的には18時に同時に投稿しましょう。同時投稿するため、予約投稿がおすすめです。予約投稿は、通常の手順で投稿を設定し、「公開設定」で「スケジュールを設定」を選択します。ここで任意の日時を設定すると、その時間に投稿することができます。

日時予約投稿

投稿日時を合わせるため、コラボ動画は直前に作るのではなく、事前に余裕を持って編集しましょう。投稿予定日の1週間前には、お互いに限定公開して動画を確認しましょう。この確認作業を怠ると、トラブルになる場合があります。タイトルやサムネイルを含め、双方が確認した上で日時を決めて予約投稿します。

コラボ動画の場合は公開に適した曜日も決まっています。原則は**金、土、日曜日**で、ベストは土曜日です。つまり、土曜日の18時に公開するのが一番狙い目になります。YouTubeにおいて金、土、日曜日は「黄金の3日間」です。

コラボ動画は「黄金の3日間」に投稿しましょう。

▶ コラボ動画のリンクを貼る

コラボにおいて重要なことは、**相手の動画へのリンクを貼る**ことです。相手のチャンネルのトップページではなく、コラボ動画のリンクを貼ることに注意しましょう。なぜなら、あなたのチャンネルの視聴者にとって、コラボとはあなたの動画を観てから、コラボ動画でもあなたを観ることができる企画だからです。そのため、「続きはこちらを観てください」という流れで、コラボ動画へ誘導することが鉄則です。

お互いの動画にコメントする

お互いの動画にコメントすることを忘れないようにしましょう。投稿当日にコメントし、**お互いのコメントをコメント欄の一番上に固定**しましょう。こうすると、視聴者に出演者同士の仲が良いことをアピールできます。コメント欄を見ている視聴者は多いため、コメントからコラボ動画へ流れる展開が期待できます。

▶「プレミア公開」で特別感を演出する

YouTubeの機能に「**プレミア公開**」があります。プレミア公開とは、視聴者に事前予告し、投稿者と視聴者が一緒に楽しむことができる公開方法です。「公開設定」で「スケジュールを設定」から「プレミア公開として設定する」を選択しましょう。

プレミア投稿された動画は、タイトルとサムネイルが公開され、「〇月〇日〇〇:〇〇」と予告がトップページに表示されます。さらに公開直前になると、あと〇分〇秒という画面が現れ、10秒を切ると本格的なカウントダウンが始まります。さらに、ライブ配信のようにチャット機能が使えるため、リアルタイムでコメントを書き込み、「うわ～」「いよいよ！」と視聴者は盛り上がります。このような仕掛けによって、予告時間に視聴者が一斉に観ることになります。

プレミア公開として設定する

プレミア公開はこのような**イベントのように盛り上がる仕組み**です。チャット機能によって、視聴者同士でコミュニケーションが図れるだけではなく、出演者がコメントで参加することで、「初めて○○さんと一緒に話ができた！」と視聴者を喜ばせることもできます。

プレミア公開では、さまざまなテクニックで視聴者の関心を引くことができます。たとえば、事前にコラボすることを告知し、プレミア公開を設定して視聴者を焦らした状態で、いよいよ動画が公開されると反響が大きくなります。事前告知ではコラボ相手を隠し、視聴者に「誰とコラボするの!?」と期待させるテクニックもあります。

プレミア公開でコラボ動画を最大限に盛り上げる仕掛けを作ってみましょう！

7 成長した未来を見据えて

成長戦略

これまでに紹介した施策を行うと、やがてチャンネルの規模は大きくなります。すると、あなたのチャンネルにさまざまな「企業案件」依頼が舞い込みます。将来を見据えて、どのように案件と向き合うべきか紹介します。

▶ 企業案件とは何か？

この章の最後として、チャンネルが成長した先に必ず訪れる**企業案件**について説明します。あらかじめ対応方法を学んでおくことで、いざ案件が来たときに慌てないようにしましょう。

企業案件の依頼は、動画の説明文テキストの中に「取材・コラボ・お仕事関係の連絡はこちらから」に入力した連絡先に問い合わせが来ます。

問い合わせには、「○○の企画を始めるので、一度打ち合わせできませんか」と打診されるパターンと「企画を依頼した場合の金額を教えてください」と尋ねてくるパターンがあります。そのため、自分で企業案件を受ける際の金額をあらかじめ決めておきましょう。

いきなり金額を聞かれても基準がわからないと思います。**私が考える平均相場は、平均再生数×10～15円ほど**です。しかし、これはあくまで平均相場であり、皆さんが金額を聞かれたときに、必ずしもこの相場どおり答える必要はありません。場合によっては、この相場の2倍の金額を提示しても案件が決まる場合もあります。

連絡先の設定を忘れて、企業案件のチャンスを逃さないように注意しましょう！

▶ 企業案件を安易に受けてはいけない

企業案件を受けるメリットは、お金になることと企業とタイアップすることで箔(はく)がつくことが挙げられます。企業とタイアップすることで、チャンネルの信頼度（ブランド力）が増します。どちらも魅力的なメリットでしょう。

しかし、舞い込んだ案件のすべてを受けてはいけません。なぜなら、企業案件を受けることで、チャンネルのコンセプトからズレてしまい、チャンネルの価値がなくなってしまう可能性があるからです。

重視すべき点はチャンネルのコンセプトと合致しているかどうかです。

受けるべきではない企業案件

お金が入るからといって、むやみに企業案件を受けることは絶対にやめてください。チャンネルが成長すると、さまざまなジャンルの企業案件の問い合わせが来ます。メーカーや通信販売系の企業から健康食品や美容品などのプロモーション依頼は、基本的には断りましょう。

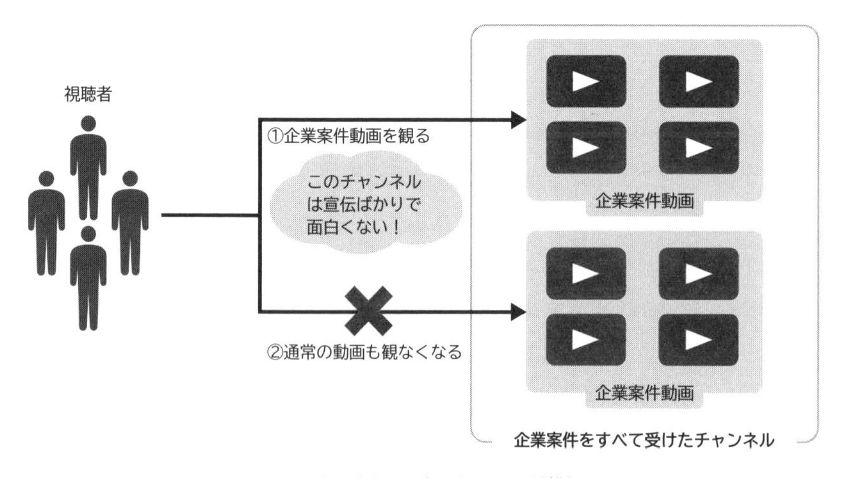

アフィリエイターになるとファンが離れる

皆さんが目指しているのはビジネス系YouTuberであり、アフィリエイターではありません。小金に目がくらみ、さまざまな販売促進動画を投稿すると、視聴者から「宣伝用のチャンネルだ」と見做されます。すると、ファンだった視聴者さえ離れてしまい、死んだチャンネルに成り下がります。

企業の中には大手メディアからタブー視されている企業もあります。こうした案件を受けると、テレビ出演などの可能性が断たれてしまいます。有名な企業の案件であっても、依頼を受けることでライバル企業と関係を築くことができなくなることもあるので十分に調査しましょう。

金銭面以外にメリットがない企業案件は断りましょう。

受けるべき企業案件

では、受けるべき企業案件とはどのような案件でしょうか。ビジネス系のYouTuberが受けるべきなのは、**ブランド力が向上するか販路が拡大する案件**です。たとえば大手企業、上場企業からの案件です。この考え方をできないと、YouTubeを使ったビジネスで拡大することが難しくなります。

企業案件を受けることでブランド力が増し、本来のビジネスでプラスに働くのであれば理想的です。そのような案件を受け、それ以外は断るようにしましょう。

通販以外では、出版の打診や情報サイトなどのメディアからの取材依頼もあります。これらは、とりあえず話を聞きましょう。どのような企業からの依頼を受けるかは、メディアメイキング戦略と密接なつながりがあります。

企業案件を受ける際は、YouTubeビジネスのゴールをどのような設定したか、あらためて確認しましょう。

第6章

思わず二度見する
超サムネイル理論

サムネイル基礎講座

サムネイル

ここまで、ヒット企画を生み出すためにサムネイルがいかに重要か学んできました。しかし、本当に価値があるサムネイルを作るには、まだまだ説明が必要です。この章では、丸ごとサムネイルに絞って説明します。

▶サムネイル作りが上手くなるには？

サムネイルにこれほどページを割く理由は、再生数を伸ばすには**何よりもサムネイルが重要**だからです。にもかかわらず、世に出ている大半の動画は、サムネイルが非常に弱いです。サムネイルに魅力がない動画は、どんなに企画が良くても視聴者はクリックしません。

「いろいろ対策したのになぜ再生数が伸びないのだろう」と疑問を持っている方は、サムネイルを磨くことをおすすめします。視聴者を引きつけるサムネイルがクリックされてから、すべては始まります。

練習あるのみ！

YouTube講座を開くと、「サムネイルの上達方法を教えてください」という質問をされることがあります。その際に私は「100回作らないと上達しません。この100回をすべて命がけで作ってください」と答えています。

タイトルとサムネイルがYouTubeにおける「命」です！

「全然伸びないんですが……」と相談に来る方の動画は、申し訳ありませんがセンスを感じられません。命がけどころか、何も考えずに作っているのではないかと疑いたくなります。

サムネイル作りは奥が深く、長い時間をかけて学び続けることが必要です。さらに、すべての動画で手を抜くことなく、死に物狂いでサムネイル作りに励まなければなりません。たとえ再生数がゼロだったとしても、関係ありません。毎回あなたがヒットすると思うタイトルとサムネイルを、全力で作らなければいけません。

サムネイル作りの勘所を摑めるようになるのは、動画100本分、およそ3か月かかります。これでも十分ではありません。さらに上達するため、研究と研鑽（けんさん）を重ねなければなりません。

しかし、多くのチャンネルでは、ヒット動画のサムネイルを猿真似して作っています。これでは、100本分のサムネイルを作成しても上達しません。

デザインセンスを磨け

サムネイル作りを上達させるには、**デザイン**を学ばなければなりません。デザインセンスは、猿真似では身につきません。

デザインの参考書を読んでみたり、専門講座に通ってみたり、インターネットで調べてみたりと、学び方は自由です。しかし何もしていない方は、サムネイルを本気で考えていません。それで「伸びないんですが……」と言われても、助けようもありません。

サムネイル作りを上達させたいのであれば、デザインセンスを磨きましょう。

▶ サムネイルが上達する人の特徴

私は長年の経験から、サムネイルが上達する人に共通する特徴を発見しました。それは**ヒットする理由を明確に説明できる人**です。「ヒット動画を真似すればヒットする」では説明になりません。「明確に」とは、理屈を説明できることを指します。あなたのサムネイルについて「ここのフォントはなぜゴシックなのか？」「この人の顔が真ん中にあるのはどうして？ 右端だとなぜダメなの？」と尋ねられた際に、自分なりに理屈で説明できるでしょうか。

理屈を説明できる人は、サムネイルの分析ができています。まずは、サムネイルの自己分析を徹底できているかを確認しましょう。これが、サムネイル上達の大前提です。

サムネイルを分析する

サムネイル分析力を身につける練習をしましょう。まずは、自信があるサムネイル、もしくは良いと感じているサムネイルを出しましょう。次に、そのサムネイルがなぜ良いか理由を書き出します。まだ投稿していない段階であれば、YouTubeでサムネイルが良いと感じる動画を探しましょう。

良いと感じた理由を言語化しましょう。

「自信のあるサムネイルを出してください」と言われて、すぐに自信作を出せるかが重要です。すぐに出せる人は、日常的に分析しているのでしょう。なかなか出せない人は、何も考えていないのでしょう。すぐにでも、サムネイル分析を習慣にしましょう。

皆さんはどちらでしょうか。後者であれば、まだノウハウを学ぶ段階ではありません。理論を学んでも、分析しない人は成長しません。サムネイルに関して成長しない人は、本当に成長しません。まずは自己分析を徹底しましょう。

▶ サムネイル上の文字数は減らせ！

タイトルとサムネイルは、YouTubeで動画を観てもらえるかどうかを決める入り口です。視聴者はタイトルを左脳で、サムネイルを右脳で見ています。右脳で見るサムネイル作りのポイントは、できるだけ**文字数を少なくする**ことです。

具体的な例を挙げてみましょう。次の画像は歯科医のチャンネルが作ったサムネイルです。画像に「知覚過敏の原因は歯磨き粉」と文字が入っています。これは典型的な悪い見本です。

サムネイルの悪い例

皆さんはどこが悪いのかわかりますか？　答えは、サムネイルに文字を入れすぎていることです。サムネイルに文字を詰め込み、動画の内容を説明しようとしています。しかし、これはタイトルに入れるべき内容です。

サムネイルの文字数は抑える

タイトルを「知覚過敏の原因は歯磨き粉」とした場合、サムネイルはどのように変更すべきでしょうか。

皆さんは「知覚過敏」という言葉から、何を想像しますか。「しみる」「痛い」「つらい」「悶（もだ）える」……。このように、**連想ゲーム**で言葉を探しましょう。連想ゲームで見つけたキーワードとタイトルで使ったキーワードを組み合わせ、視聴者の目を引くキャッチコピーを作りましょう。たとえば、「寿命が縮まる歯磨き粉」のように、「使うと死ぬ！」と危機感を煽るのもいいでしょう。「スーパーで売っている歯磨き粉はヤバい」になると、サムネイルのキャッチコピーとしては長すぎます。

サムネイルの良い例

サムネイルに使うキャッチコピーは、とにかく短くしなければなりません。理想的なサムネイルは、文字が入らなくても内容がわかるものです。説明はタイトルに入れ、サムネイルは視聴者の目を引く言葉を最小限に絞って使いましょう。

良いサムネイルやタイトルを作るには、**ラテラルシンキング（水平思考）**も必要です。ラテラルシンキングとは直感的で斬新、ユニークな発想を生み出す思考法です。本気で上達したい人は学習しましょう。

▶ タイトルとサムネイル作りは時間をかけろ

タイトルとサムネイル作りにかけている時間の目安を紹介します。まず、**10分以内でサムネイルを作っている方は要注意**です。

タイトルとサムネイルに使用する文字を決めるだけでも、一流の動画投稿者は10分以上かけています。YouTube講座の相談者の中には、サムネイルの作成を含めて10分も時間をかけていない方もいます。それでは良いサムネイルができるわけがありません。

サムネイル作りはリサーチを重ね、リサーチした中から使える動画を選びます。さらに動画を分析してから、最もインパクトが強い動画を選ばなければなりません。私が最速でサムネイル作りをしても15分かかります。さらにタイトルとサムネイルは、少なくとも10個は候補を出します。その10個以上のタイトルとサムネイルから、理想的なものを選びます。経験が浅い人であれば、画像編集作業が得意な方でも30分はかかるでしょう。毎日投稿を1年続けた人でも、30分はかかります。

つまり、YouTubeを始めたばかりで画像編集経験がない人が、数分でタイトルとサムネイルを完成できることはありえません。数分で完成しているのであれば、適当に作っていないか疑いましょう。そのようなサムネイルの動画を投稿しても、99%ヒットしません。

タイトルとサムネイルの案を10個ずつ出しましょう！

タイトルとサムネイルでそれぞれ10個あれば、組み合わせて100パターン検討できます。その中からベストを選ぶため、必然的に時間はかかります。一流になるには、このくらいタイトルとサムネイルに労力をかける心構えが必要です。

2 右脳に訴えるサムネイル作り

サムネイル

サムネイルは右脳に訴えかけなければなりません。ここでは右脳に響くサムネイル作りのコツを紹介します。その際には準備が必須です。まずは、実際にサムネイルを作り始めるのではなく、準備に力を入れましょう。

▶ タイトルとサムネイルを作るタイミング

我々がどのようにタイトルとサムネイルを作っているか紹介します。大まかにふたつパターンがあります。**先にタイトルとサムネイルを決めてから撮影**するパターンと、**撮影した動画からタイトルとサムネイルを決める**パターンです。後者の場合は、インパクトの強いタイトルやサムネイルが作れないため、ハイライトとなるようなシーンを追加で撮影することが多いです。

どちらのパターンの場合でも、タイトルとサムネイルが決まってから撮影することになります。そのため、企画の段階でタイトルとサムネイルのイメージが、頭の中になければなりません。

皆さんはどうでしょうか。タイトルとサムネイルを、ぼんやりとでもイメージしてから撮影しているでしょうか。もし、イメージができていない状態で撮影しているのであれば、ヒットしなくて当然です。

サムネイルに使える素材を収集する

撮影中には、サムネイルに使えるシーンを見つけましょう。ヒット動画を作るのであれば、サムネイル用の画像が20～30枚は必要です。当然、むやみやたらに撮影するのではなく、ポーズやシーンを変えた画像を用意しましょう。

撮影した写真は、机などに並べて俯瞰(ふかん)的に見ましょう。すべての写真をまとめて見ることで、右脳的な判断を下すことができます。

写真を俯瞰的に確認する

この作業では直感が重要です。俯瞰的に見たときに、ピンときたものを選びましょう。

▶ サムネイルで再生率は100倍変わる

「20〜30枚のポーズやシーンを変えた画像を用意してください」と説明すると、「ノウハウをトークするチャンネルなので、動きが出せない」と相談される方が非常に多いです。

ポーズやシーンを変えられないのであれば、**表情を変えたり小物を使ったりする**テクニックが有効です。小物はサムネイル作りにおいて大活躍します。シーンを変えづらいチャンネルを運用している場合は小物が必須です。小物を使うことでサムネイルにインパクトを加えられるだけではなく、どんなチャンネルかというコンセプトを出すことができます。

小物でサムネイルを強化する

小物を使ったサムネイル例を紹介します。ある医療系チャンネルの動画で、人体模型にヨーグルトを塗り、病原菌を見える化した画像を作りました。完全なイメージ画像ですが、強烈なインパクトがあるサムネイルに思わずクリックしてしまうのではないでしょうか。

小物でインパクトのあるサムネイルを作る

タイトルとサムネイルのインパクト次第で、再生率は100倍の差がつきます。毎日動画を投稿してもチャンネルが伸びない場合は、サムネイルをチェックしましょう。

サムネイル作りが苦手なら外注する

サムネイル作りはデザインセンスが必要であるため、努力をしても上達しない方がいます。もちろん、上達して自らサムネイルを作成できることが望ましいです。しかし、どうしても成長しないのであれば、**外注**も考えましょう。

ランサーズやクラウドワークス、ココナラなどで、1000～3000円でサムネイル作成をデザイナーに発注できます。キーワードや企画をリサーチし、撮影に力を入れて動画を作っているのであれば、サムネイルにも力を入れなければもったいないです。

サムネイルを外注すれば、普段のビジネスや企画探しなどに時間を割けます。このように、できないことを誰かに任せるという考え方が、ビジネスを成長させる上で必須でしょう。

3 視聴者を呼び込むサムネイル術

サムネイル

タイトルとサムネイルはYouTube動画の入り口です。どんなに素晴らしい企画、どんなに面白い内容であっても、視聴者がクリックして動画を観なければ始まりません。ここでは、思わず入りたくなる動画の入り口作りを紹介します。

▶ クリックさせる技術はメルマガで学べ

タイトルとサムネイル作りでは、ラテラルシンキングとコピーライティングの能力が必要だと説明しました。事実、コピーライターはタイトルやサムネイル作りが上手です。特にメルマガ（メールマガジン）系のコピーライターは頭抜けています。

メルマガ系は、キャッチコピーひとつでクリックさせなければなりません。大量のメルマガの中で、受信者にクリックさせる件名でなければ意味がありません。クリックさせるための分析や経験を重ねているため、YouTubeにおいても力を発揮します。

メルマガのテクニックを学び、思わずクリックしたくなるタイトルとサムネイルを作りましょう。

コピーライティングを学ぶのであれば、『[カラー改訂版] バカ売れキーワード1000』（堀田博和著／KADOKAWA）が参考になります。タイトルだけでクリックさせる手法を知りたいなら、一度目を通しておきましょう。

メルマガとYouTubeの差異

メルマガとYouTubeではクリックさせるという目的は同じですが、クリックさせた後に大きな違いがあります。メルマガやネットビジネスの世界では、クリックさせることができれば目的が達成するのに対して、YouTubeではクリックさせるだけでは意味がありません。それどころか、**クリックだけを目的としたタイトルやサムネイルは厳禁**です。

なぜならYouTubeのアルゴリズムは、タイトルやサムネイルが本編と異なると不正と見なすからです。

女性が出演者のチャンネルで、「ついに脱ぎました！」というタイトルとそれらしいサムネイルを使った動画を投稿すると、クリック率は上がります。しかし、動画に「脱いでいる」シーンがないと、悪質なサムネイル詐欺と判断され、ブラウジングに表示されなくなります。そうなると、チャンネルパワーも減少し、動画だけではなくチャンネルも成長しなくなるので、絶対にやめましょう。

ただし、タイトルとサムネイルが本編と一致しているかどうかの判定は、非常に曖昧な面もあります。AIの判断基準は視聴者が納得しているか否かになるため、低評価が少ないなど視聴者の評価が悪くなければ問題にならない場合もあります。

タイトルを「貝殻で〇〇してみた」にして、貝殻ビキニを着たように見えるサムネイルを使った動画があったとします。本編では出演者が貝殻ビキニ柄のTシャツを着ていただけだった場合でも、視聴者が納得していれば、ヒットする可能性もあります。

視聴者が納得する範囲であれば、積極的にインパクトがあるタイトルとサムネイルを使いましょう。

▶動画からサムネイルを作る手法

さまざまなYouTubeチャンネルに携わって、動画ができてからタイトルとサムネイルを考える人が多いことに気づきました。後からサムネイルを作ることはなかなか難しいため、可能であれば避けましょう。

どうしてもこの手法にこだわる場合、まずサムネイルを作るときに使うキーワードは、フックが強いことが大前提です。サムネイルはインパクト勝負なので、視聴者の目を引くようなキーワードが見つかるかがかなり重要になります。

しかし、フックのあるキーワードが動画で使われていないケースあります。そのような動画の多くは、「フックがない」どころか、動画そのものが面白くありません。

面白い動画から良質なサムネイルが生まれます。

サムネイル用に後撮りする

撮影済みの動画にフックとなるキーワードが使われていない場合、30秒ほどの**タイトルとサムネイル用の動画**を撮影しましょう。たとえば、メイクをしながらトークするだけの、何もフックがない10分間の動画があったとします。ゼロから撮り直しては投稿予定日に間に合わない状況であれば、ひと言だけフックがあるセリフを撮影しましょう。

「結婚式直前」や「出勤前の5分しか時間がないとき」というセリフを動画の冒頭に入れると、特別な場面におけるメイクを教える企画に変わります。そのシーンを追加することで、フックのあるワードをタイトルやサムネイルに入れることができます。

▶ サムネイルは3語以内でまとめる

サムネイルにおけるキーワードの使い方を説明します。「**4語以上の語句を入れない**」という基本ルールを守りましょう。しかし、単純に短くすればいいわけではありません。

たとえば、「虫歯100%防ぐ方法」というキーワードをサムネイルに使った場合を考えてみましょう。これは4語あるため、修正が必要です。語句はできる限り3語以下にまとめましょう。「虫歯100%防ぐ方法」ではなく、「虫歯100%防ぐ」としたほうがいいでしょう。

キーワードを3語にまとめた例

キーワードを4語にまとめた例

大半の人は「方法」まで入れてしまいます。4語と3語では視聴者の受け取り方に差が生まれます。皆さんが考える以上に、**視聴者はサムネイルを「読んで」いません。**

サムネイルは「見る」ものであって、「読む」ものではありません。

単語がいくつも並んでいると、それだけで頭に入らなくなります。3語以内にまとめる。サムネイルにおいて、この概念は重要です。

▶ 言葉を「横展開」しよう

タイトルとサムネイルには、思考のパターンがあります。これを理解していると、本編を観なくともタイトルとサムネイルが作れます。

たとえば、「学校では教えてくれない性行為で予防できる病気」という企画のタイトルとサムネイルを作るとします。まずは「学校では教えてくれない」という言葉を横展開できないかと考えてみましょう。

この言葉から連想できるであれば、何でもかまいません。「恋愛」や「セックス」「風俗店の使い方」など、とにかく**連想した言葉を羅列する**ことが大切です。

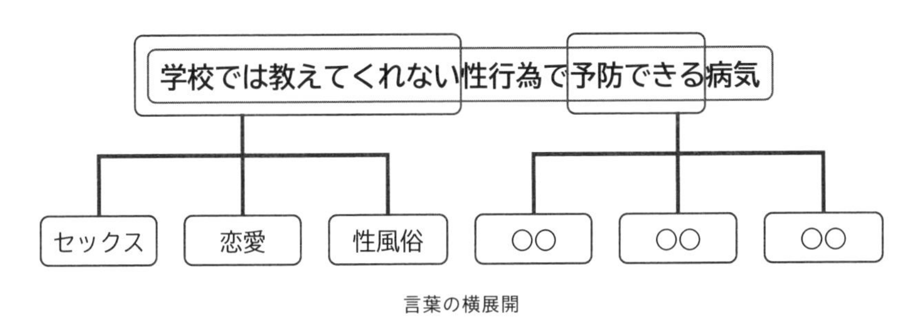

言葉の横展開

横展開する際は、「ひとつの言葉をまったく違う言葉に変えられないか」考えましょう。最初に考えたタイトルやサムネイルではインパクトが弱いと感じたら、言葉を横展開しましょう。

連想して別の言葉に置き換えられないか、ひたすら繰り返します。横展開の作業は、初心者であれば30分ほどかかりますが、毎日続けることで、作業時間は短くなります。私であれば10分で作業ができますが、それでも10分はかかります。

毎日、言葉の横展開でフックの強いキーワードを見つけましょう。

▶フックの基本は「ありえない」

言葉の横展開によって連想して、シンプルでインパクトがあるサムネイルを作りましょう。

たとえば、「99%の病気はセックスだけで治る」という言葉はどうでしょうか。これはサムネイルとしては長いため、タイトルに使いましょう。では、このタイトルの動画の場合、サムネイルはどのようなキーワードを使うのでしょうか。

「セックスでがんが治る」「セックスでコロナ撲滅」「セックスで10キロ痩せる」など、炎上しそうなキーワードでもさまざまな案を考えましょう。これらのキーワードを見て、皆さんは「こんなことありえないだろう」と感じたのではないでしょうか。その感覚を大切にしてください。**タイトルとサムネイルは「ありえない」ことでなければならない**のです。

そのため、ロジカルシンキングでタイトルとサムネイルを作ると失敗します。当たり前な発想しか出てこないからです。

「これ、ありえないよね。どういうこと？」と思って視聴者はサムネイルをクリックします。動画を観てから「なるほど。そういうことか！」と腑に落ちる内容であれば、間違いなくヒットします。

▶「どういうこと？」と「ウソ」の違い

「ありえない」サムネイルを作ろうとして、ひと目で「ウソ」だとバレるサムネイルを作ってしまう方が少なくありません。視聴者は「ありえない」けれど実現できそうだと感じれば、サムネイルをクリックします。しかし、「こんなこと実現不可能だ」と感じると、サムネイルをクリックしません。この違いを理解できないと、インパクトのあるサムネイルを作れても、動画はヒットしません。

実現できる「ありえない」案

ストレッチ動画で考えてみましょう。ストレッチでありえないことを思い浮かべてください。私の講座では「10秒で痩せる」という意見が出ました。確かにそれもいいです。ただし、これは以前にヒットしたキーワードで、今では旬が過ぎています。それ以外には「足が長くなる」が挙がりました。

「身長が10センチ伸びるストレッチ」という案が出ました。なかなか良いと思います。補足するのであれば、この企画が「3分でできる」としたら、目を引くのではないでしょうか。

普通では「ありえない」けれど、実現できそうなサムネイルはクリックされます。

実現不可能な「ありえない」案

美容系の動画で、絶対に「ウソ」だとバレてしまった例を紹介します。「ほうれい線を取る」という企画で、ビフォー・アフター系で「これでほうれい線が消えました」というキーワードを入れたサムネイルを作りました。

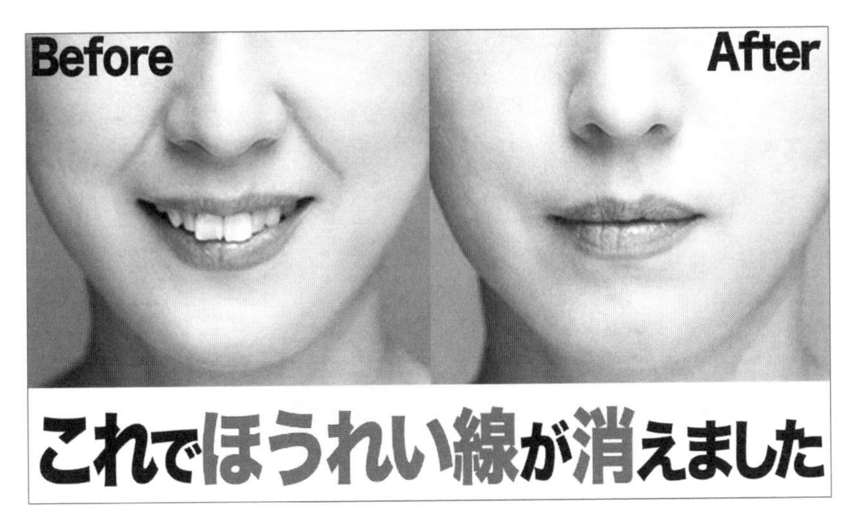

「ウソ」だとバレるサムネイル

ヒットしなかった理由は、ビフォーで笑っていることが丸わかりだったからです。笑顔になれば、ほうれい線が出るのは当然です。アフターで笑顔をやめたらほうれい線が消えて当然だと、サムネイルで判断されてしまいました。

4 ラテラルシンキングで発想力を向上させる

サムネイル

良質なタイトルやサムネイルを生み出すには発想力が必要です。これまで、さまざまな左脳的なテクニックを伝授しました。YouTubeで成功するには、左脳だけではなく、右脳をフル活用しなければなりません。右脳を使うラテラルシンキングに慣れましょう。

▶ ラテラルシンキングとは？

良質なタイトルやサムネイルを作るには、コピーライティングだけではなく、ラテラルシンキングも必要です。では、ラテラルシンキングとは、どのようなものでしょうか。

ラテラルシンキングとは、「水平思考」とも呼ばれ、**直感的で斬新、ユニークな発想を生み出す思考法**です。YouTubeではロジカルシンキング（論理的思考）が必要ですが、同時にラテラルシンキングも備わっていないと伸びていきません。左脳（ロジカルシンキング）と右脳（ラテラルシンキング）を両方使うことで、ヒット動画が生み出されます。

各種ツールなどの数値を検証して分析することは、ロジカルシンキングです。しかし、ロジカルシンキングだけでは、YouTube運用は成功しません。なぜなら、ヒット企画にはプラスアルファの要素が必要になるからです。このプラスアルファの要素は、ラテラルシンキングによって生み出されます。

ラテラルシンキングを実感しよう

ラテラルシンキンを実感してもらうため、簡単な例題を出します。まず1問目。次の図を見て正解を1分間で答えてください。

①水が一番早くいっぱいになるのは何番のカップ？

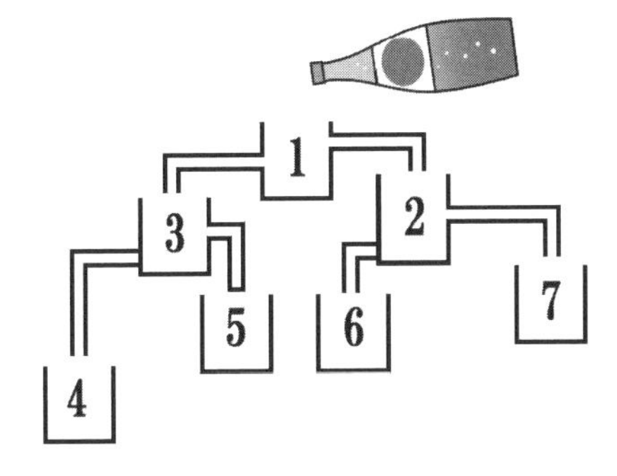

どうでしょうか。まず、「5番ではない、6番、7番も違う、4番も間違い……」と気づいた人は多いと思います。線がつながっていないものもありますね。「残りの1、2、3番のうち、2番ではないから、1番か3番かな」と考えている方が大半ではないでしょうか。

「そもそも流す速度によって答えが変わってくるのでは」と主張する人もいます。そういう人は完全にロジカルシンキング、左脳派の人です。これはロジカルシンキングで解く問題ではありません。実はこの問題の**正解は、「1個も答えがない」**です。なぜなら、瓶のフタが開いていないからです。

では2問目。これも有名な問題です。

②13個のスイカを3人でぴったり正確に均等に分けて食べる方法は？

さまざまな考えが思い浮かびますが、「**すべてミキサーにかけてジュースにして3等分する**」ことが正解です。必ずしも「切らなければならない」わけではないからです。「切る」ことを前提にして考えた人は、ロジカルシンキングで物事を捉えることに慣れきっています。

例題を通して、常識にとらわれていることを、あらためて認識できたのではないでしょうか。

▶「前提」を疑うラテラルシンキング

ラテラルシンキングでは「**世の中の前提を疑う**」ことが前提です。「これって本当にそうなのかな？」と疑うことから始めましょう。

サムネイルや企画では、この思考法で右脳を活用しましょう。まずは、世界中の企画やサムネイルを疑うことが必要です。そして、ひとつの視点（論理的思考）だけでなく、まったく別の視点（水平思考）でも見るようにしてください。豊かな発想とは、そのようにして培われます。

前提を覆した税理士チャンネル

以前、とある税理士チャンネルから、アドバイスを求められました。税理士系のジャンルは、ヒット企画が出尽くしていて、税金対策のような企画しかありません。ロジカルシンキングで企画を考えた場合、多くのチャンネルがこの企画に行き着くのでしょう。そんな中で「税金対策」企画を出しても、オンリーワンの企画にはならず、チャンネルカラーの差別化ができません。

そこで、前提を変え、「税金対策ではなく脱税の仕方を教えるというのはどうだろう？」ということを冗談半分で提案しました。もちろん、実際のビジネスで脱税方法を教えていたら問題になり、YouTubeであっても脱法を教えていると、利用規約に反することになりますし、仕事のブランドイメージに影響が出るため、実現しませんでした。

アイデアを見つけるため、さらに話を聞くと、この税理士の周囲には元国税庁の職員など、その道のプロが何人もいました。相談を受けていた頃は、ニュースで何度も脱税事件が報道され、節税対策と称した行為も、最終的には逮捕されてしまうという話題になりました。

それを聞いて「税金のプロVS何でも脱税させる脱税のプロ」というコンセプトを思いつきました。「この方法であれば絶対に税金逃れができます」という側と「必ず徴税する」という側が、対決したら面白いのではないかと提案しました。

もちろん脱税は、絶対にしてはいけない犯罪です。ただ、私がお伝えしたいのは、ラテラルシンキングにおいては、いったんゼロベースで考え、**タブーという枷(かせ)をどれだけ外せるか**がアイデアを生み出す重要な要因になるよ、という話です。

常識や前提から外れる発想を大事にしましょう。

▶ 発想の転換でヒット企画を生み出す

YouTubeで伸びているチャンネルを見ると、大半のチャンネルはそのジャンルの前提から外れています。

たとえば、不動産系のチャンネルを調べると、株式投資や住宅ローン、経済についての企画ばかり並んでいて、不動産投資はメインの企画になっていません。そのうえ、YouTubeで「不動産」はヒットしやすいジャンルとは言えません。その場合、もし不動産関連でYouTubeに参入したい場合は、困ってしまうでしょう。そのようなときに、ラテラルシンキングで発想転換してみましょう。

タブーを武器にする

まずは、不動産ジャンルのタブーは何でしょうか。不動産ジャンルでは、一般的に不吉な事故物件はタブーとされています。しかし、「全国に事故物件がどれだけあるか」は気になるのではないでしょうか。実際に、日本全国の自殺や殺人事件などが起きた事故物件を公開している事故物件情報サイトが人気を博しています。

タブーとは、誰も話題にあげないようにしている事柄です。しかし、**タブーは多くの人が気になる**ことでもあります。そのため、タブーを取り上げた企画は、高確率でヒットします。

一度ゼロベースで考えてタブーから横展開すると、オリジナリティのある企画が生まれてきます。さらに、タブーを扱った企画は、インパクトがあるサムネイルを作りやすいです。「事故物件に当たる確率」というタイトルで、サムネイルに「事故物件は全国に〇〇件」とすると、ヒットする予感がしないでしょうか。

▶ ラテラルシンキングの３つの思考方法

ラテラルシンキングには、主に以下の手法があります。

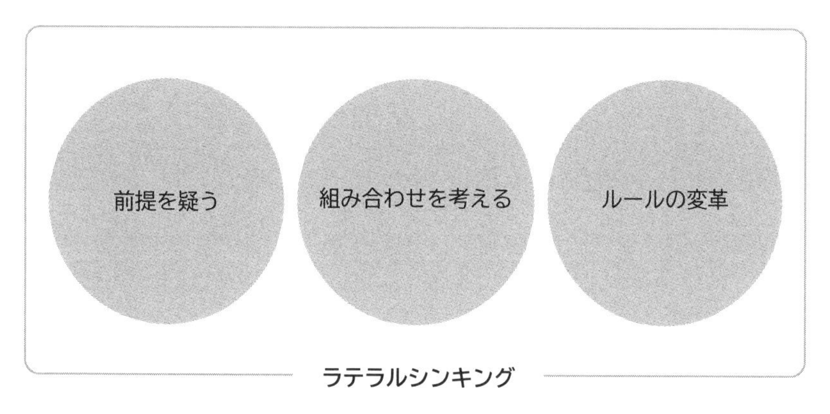

ラテラルシンキングの3つの思考法

前提を疑う

タブーや常識から外れるだけでは、不十分です。それに加えて「当たり前を疑う」ことが必要です。皆さんの業界にも「当たり前」と思われていることがあるでしょう。普段は気がつかないかもしれませんが、業界外の人から「何でこんなこと聞いてくるのだろう」と感じる質問をされた経験はないでしょうか。その質問こそが、あなたが気づいていない常識なのです。「業界の当たり前」を考えることが、「前提を疑う」第一歩です。

組み合わせを考える

タイトルやサムネイルだけではなく、企画作りでも役立ちます。特に無関係のものを組み合わせて考えることが重要です。

たとえば、ポスト・イットをご存じでしょうか。これはセレンディピティ（偶然もたらされた幸運）の代表例とされ、「開発に失敗した非常に弱い接着剤を本のしおりに応用できないか」という思いつきから生まれました。このように、**一見関係のない組み合わせから、新しいものが生まれます**。

ルールの改革

世間で当たり前とされているルール自体を変えることです。「ルールを変えた場合にどうなるのか」という視点を持っていると、さまざまな場面で非常に役立ちます。

▶ ルール変革でライバルと差をつける

ルールの変革について、詳しく説明しましょう。

たとえば、ボウリングにはガターというレーンの両脇にある溝にボールが落ちると、得点が入らないというルールがあります。このルールを子ども向けに変え、レーンに柵を立てることでガターにならないようにすることができます。このように本来のルールを変えることが、ルールの改革です。

ルールそのものを変えるのではなく、「**反則ルールを入れる**」方法もあります。既存のルールに、反則的なルールを追加することです。この代表例がAmazonです。Amazonは「本は書店で買う」という当時のルールを破り、事業をスタートさせました。「本は書店で買うものではない。ネットで買おう」という考え方を浸透させて、世間の「当たり前」を変えようとしたのです。この手法は業界から嫌われます。Amazonも当初は出版業界で叩かれました。しかし、今では業界の中心に位置するようになりました。これが戦略です。

さらに、**ライバルのルールを無視する**ことも意識しましょう。YouTubeで企画やサムネイルを作るときに、皆さんの頭の中にライバルが存在するはずです。ライバルのルールを無視することで、彼らの一歩上に立つことができます。

大半の人はライバルの調査をして、彼らの手法を真似してしまいます。たとえば、近年YouTubeで増えている漫画投稿系のチャンネルでは、毎日1投稿がお約束、つまり業界のルールになっています。この方法で大半のチャンネルは伸びているため、漫画投稿系を始めるのであれば毎日1投稿を徹底しようと考えてしまいます。

しかし、それでは二番煎じにすぎません。ルールを無視し、毎日3回投稿してみるのはどうでしょうか。昼12～13時に1本、夕方16～18時に1本、夜18～20時に1本、という具合に3回投稿すると、ヒットすると思います。

ライバルはいない。周りは無視すると考えましょう。

守らなければいけないルールとは？

業界やライバルのルールは無視しても、守らなければならないルールがあります。それは**顧客のルール**です。YouTubeにおける顧客とは視聴者です。視聴者が喜ばないルールの無視であれば、絶対にしてはいけません。

視聴者のルールは守りましょう。

5 理屈で作るサムネイル

サムネイル

ラテラルシンキングを学び、サムネイル作りの幅が広がったのではないでしょうか。もちろん、サムネイルは右脳的発想で作る必要がありますが、理屈で良質なサムネイルを作ることもできます。

▶ ロジックで視聴者を引きつけろ

ロジカルシンキングの視点から、良いサムネイルを作るコツもあります。それは、表情を喜怒哀楽のどれかに絞ることです。**特に反応が良い表情は「喜」です**。脳科学的にも喜んでいる顔や笑っている顔は、好意的な反応を得ることができます。特に、赤ちゃんや動物を抱いている写真はクリック率が高まります。

しかし、むやみに赤ちゃんや動物を登場させても意味がありません。皆さんのチャンネルのコンセプトからズレない範囲であれば、赤ちゃんや動物をサムネイルに使ってみましょう。

ギャップの威力

チャンネルのイメージを逆手に取り、**ギャップを見せる**手法もあります。たとえば、普段の動画は笑顔のサムネイルに使っているチャンネルが、突然泣き顔のサムネイルを使った動画を投稿したらどうでしょう。当然、視聴者は「この出演者に何が起きたのだろう」と疑問に感じ、思わずクリックしてしまうでしょう。

ギャップは繰り返すと威力が弱まります。何度も「大事なお知らせ」というサムネイルが使われていたら、クリックしようとは思わなくなります。

ギャップのあるサムネイルを使うタイミングは、勝負の１本を投稿するときです。

▶ ビフォー・アフターサムネイルの４パターン

サムネイルで定番の構図である**ビフォー・アフターサムネイル**は、視聴者の反応が良い傾向があります。

ビフォー・アフターサムネイルとは、大きく分けて４パターンあります。

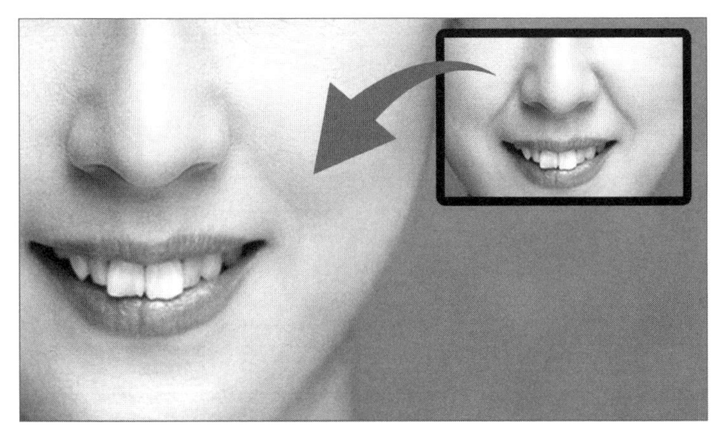

パターン①　画面の奥に小さくビフォー画像を配置し、手前に大きくアフター画像を配置する。

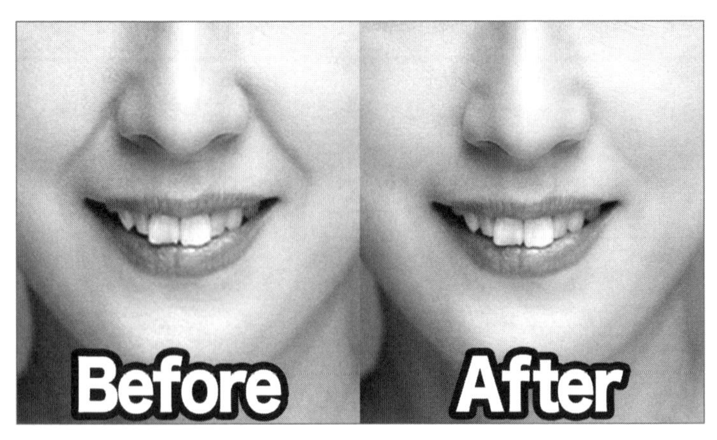

パターン②　画面の左右にビフォーとアフターを分けて、実際のできばえの差を見せる。

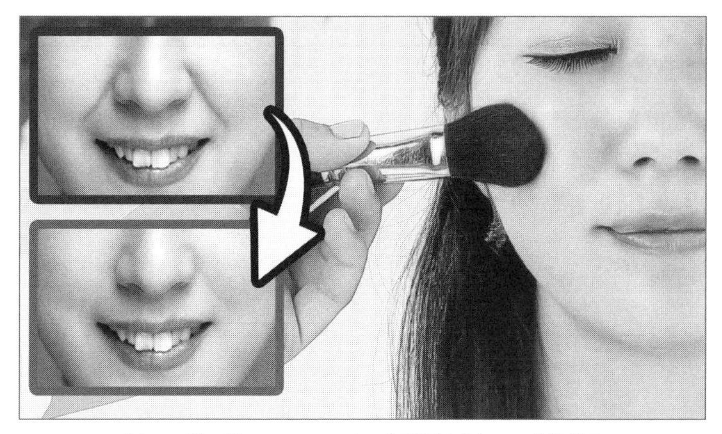

パターン③　ビフォー・アフターと動画の名シーンを見せる。

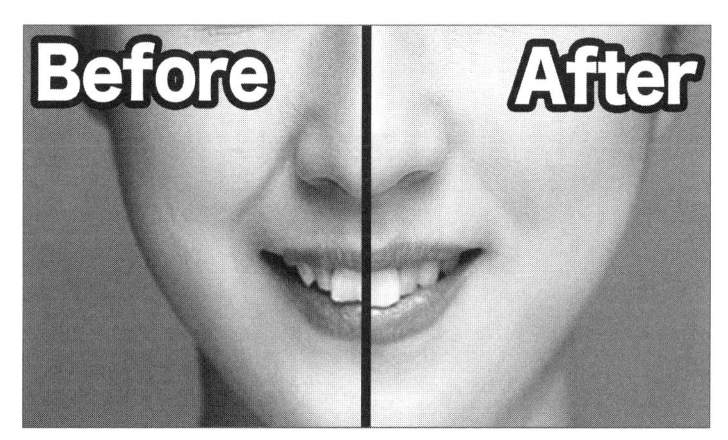

パターン④　画面を分けずにビフォー・アフターを見せる。

この中でもパターン②が最も使われています。ヒット動画のサムネイルでは、パターン②やパターン③が多く見られます。ビフォー・アフターでは、変化を矢印で表現することもあります。矢印を入れるかどうかは、ケース・バイ・ケースで決めましょう。

ヒットしやすいビフォー・アフター系のサムネイルを積極的に活用しましょう。

▶ 画像の位置やフォントの選び方

サムネイル編集で多くの方が迷いやすいポイントは、画面の配置と文字のフォントです。どちらも基本を守りましょう。編集に凝ってしまうと、見づらいサムネイルになってしまうので注意しましょう。

画面配置について

まず、画面の配置で重要になるのが、出演者の画像をどこに配置するかです。基本は画面の中央に、肩から上の画像を配置しましょう。次に文字を配置します。配置に決まりはないので、さまざまな配置を試して、最もしっくりくる場所を見つけましょう。

唯一文字を配置してはいけない場所は、画面の右下です。なぜなら、YouTubeでサムネイルは、この部分に動画の長さ（時間）が表示されるからです。

文字が画面右下の時間表示と重ならないように注意しましょう。

背景と文字

サムネイルの背景は、**白だとクリック率が高まり**ます。経験上、白背景に文字だけ載せると、クリック率が高まる傾向があります。使用するフォントはゴシック系か明朝系にしましょう。文字色は赤がおすすめです。赤を使うとクリック率が高くなるため、YouTubeではよく使われています。

大人向けサムネイルは使うべきか？

時折「大人向けのサムネイルを使うべきでしょうか」と質問されますが、ビジネス系のチャンネルであれば使うべきではありません。ただし、露骨なエロではなくセクシー路線であれば問題ありません。この違いがわからない人は、手を出さないようにしましょう。

ストレッチ系のサムネイルで、鎖骨や胸元が少し見えている程度であればセクシーです。なぜなら、意図的に胸を見せているわけではなく、偶然映っているだけだと考えられるからです。これが露骨に胸の谷間が見えていると、大人向けのコンテンツと捉えられるため注意しましょう。

▶「誰も言っていない」多くのキーワードを使う

最後に、基本を発展させた手法を紹介します。サムネイルは3語以内にすると紹介しましたが、ヒットしている動画には、多くのキーワードが入ったサムネイルもあります。

実は、文字が多いサムネイルでも、ヒットさせるパターンもあります。

基本的にサムネイルの語句は減らしましょう。どうしても多くなる場合は、キーワードの強さが重要です。「強さ」といっても、ネットビジネスでよく使われる「魔法の」「究極の」「3秒で」といったパワーワードではありません。

YouTubeにおける「強い」キーワードとは、「**他の誰も言っていない**」キーワードを指します。この「誰も」は、同業者に限ります。

たとえば、メイク系のチャンネルであれば、**他のジャンルのヒットキーワード**であり、メイク系では使われていないキーワードを使うことができると、ヒット動画を作ることができます。

メイク系のチャンネルでは、「闇」や「都市伝説」というキーワードはあまり使われません。しかし、他のジャンルでは、このキーワードでヒットしている企画があります。そこで、「メイクのプロの間で使われている都市伝説」というワードはどうだろうと考えましょう。

6 サムネイルをどう活かす？

サムネイル

ここまでで、サムネイルの作り方はご理解いただけたのではないでしょうか。その作り方を応用して、動画の企画を生み出したり、伸びない動画の再生数を伸ばすことができます。そんな手法を紹介します。

▶ YouTubeで一番重要な要素は結局何か？

タイトルとサムネイルに力を入れるべきだと本章で説明しましたが、「コンセプト」や「トレンド」「企画」「出演者」なども、欠かすことができない重要な要素です。

そのため、「結局、何が一番重要なんですか？」と疑問を抱いている方も少なくないのではないでしょうか。そこで、YouTubeにおける要素の重要度を順番に紹介します。

コンセプトを遵守せよ！

最も大切な要素はコンセプトです。なぜなら、コンセプトによって視聴者層が決まるからです。コンセプトと視聴者層が決まり、視聴者層を分析します。すると、どのような動画が視聴者に求められているか判断でき、そこから企画やトレンドを調査して動画作りに入ります。

まずはコンセプトありき。そこからすべてが始まります。

やんちゃ系チャンネルで「コインランドリーで目の前にいる美女がいきなり脱ぎだしたら」という企画がヒットしていたとします。この企画を美容系チャンネルで投稿したら炎上間違いなしでしょう。なぜなら、この企画はやんちゃ系チャンネルのコンセプトだからこそ、視聴者に受け入れられたのです。この例からも、コンセプトの重要性がご理解いただけると思います。

コンセプト以外の要素は？

コンセプトの次に大切な要素は企画とトレンド、出演者が同順です。その後が**タイトルとサムネイル**です。

もちろん、タイトルとサムネイルが重要であることは間違いありません。それでも最重要かと聞かれると、企画が悪いとヒットせず、それ以前にコンセプトがズレていてもヒットしないので、この順番で土台を作ることが必要です。

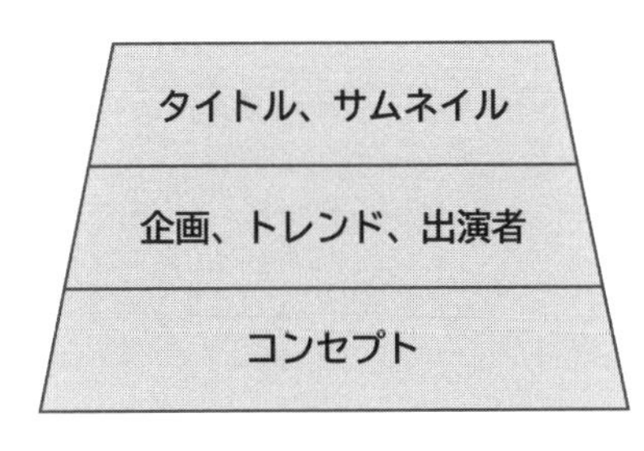

チャンネルの土台（要素の重要度）

▶ 重要度の逆順で発想しよう

タイトルとサムネイルから作った「メイクのプロの間で使われている都市伝説」という企画について考えてみましょう。企画を作ったら、次はチャンネルのコンセプトに合っているかを検証しなくてはなりません。コンセプトに合わなければボツにします。コンセプトに合っていたら撮影しましょう。

面白いと思えるタイトルとサムネイルから企画が生まれ、コンセプトに合っているかチェックする一連の流れが重要です。

つまり、YouTubeにおける重要度はコンセプト、企画、タイトルとサムネイルの順番ですが、動画作りでは逆順にすることがポイントです。

まずはタイトルから決めて、それを企画に落とし込み、最後に一番重要なコンセプトに合うか検証します。コンセプトに合ってから、ようやく撮影が始まります。

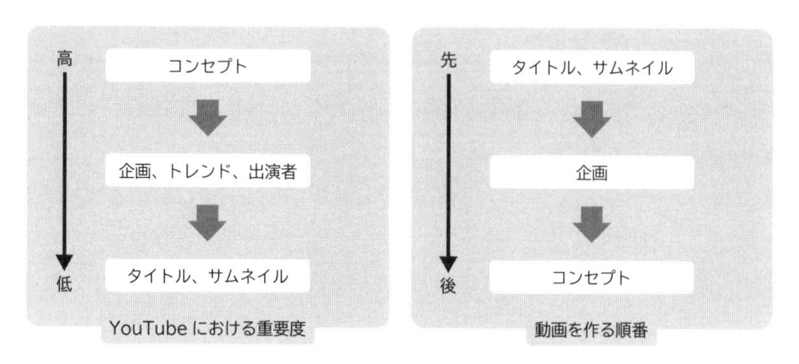

YouTubeにおける重要度と動画作りの手順

この重要度の逆順で作成した動画ほど伸びやすいのですが、この考え方で企画を作っている人は非常に少ないです。確かにコンセプトを重視して、それに沿った企画を考えることが王道です。ただし、実践的な手法としては、逆順手法のほうが良い動画を作れる傾向にあります

逆順でヒット動画を生み出しましょう！

▶ 横展開と繰り返す術

強いキーワードを探す際に私が頻繁に行っているのは、雑誌から拾う手法です。雑誌のキャッチコピーはトレンドのプロが作っているため、強力なキーワードが使われています。「富士山マガジンサービス」などを使い、雑誌を定期購読することで、キーワードが自然に集まります。

さらに、雑誌からは新しいワードを見つけることもできます。雑誌の特集記事で「ゼロ〇〇」というキーワードが使われていたら、それを自分のチャンネルコンセプトに合わせて活用できないか考えましょう。たとえば、メイク系チャンネルで

あれば「ゼロメイク」という新しいキーワードを生み出せます。

雑誌で見つけた強いキーワードを積極的に横展開しましょう。

ヒットしていたら繰り返すことが鉄則

皆さんが忘れてしまいがちな手法が、**ヒット企画と同じタイトルとサムネイルを繰り返す**手法です。タイトルとサムネイルでヒットした場合、企画もヒットしていると考えられます。そこで、次の動画も同じようなタイトルとサムネイルを作るのです。

多くの人が「似たものを繰り返すと視聴者に飽きられてしまう」と思い込み、いつしか繰り返すことをやめてしまいます。「視聴者は飽きているだろう」という思い込みは捨てましょう。飽きているのはあなただけで、視聴者は飽きていません。

再生率が悪くなるまで似たような動画を作り続けましょう。

あえてオリジナリティを加えるなど、余計なことは一切不要です。この手法を知っている人でも挫けてしまう方が少なくありません。まずは1回、繰り返す手法を試してください。きっと認識が変わると思います。

▶ タイトルとサムネイルでテコ入れ

サムネイル用の画像が複数あれば、再生数で伸び悩んでいる動画のタイトルとサムネイルを差し替えてテコ入れができると紹介しました。企画は定期的に整理して、ヒットしなかったものはタイトルとサムネイルを変えてみましょう。

「ヒットしていない基準は何で判断すればいいですか」という疑問もあるでしょう。これは、皆さんの**チャンネルの中で、再生数が明らかに少ない動画**を指します。

いったん伸びなくなった動画はYouTubeで紹介されることがないため、そこから日の目を見るのは、なかなか難しいことです。しかし、ある動画がヒットしたときに、似た動画を作っておけば関連動画として紹介され、ヒットにつながる可能性があります。

以前、「防弾ベストの耐久性を測る」という企画の動画をリリースしたことがありますが、なかなか伸びませんでした。その後、バトルロイヤルゲーム「荒野行動」が流行したため、タイトルに「荒野行動」というキーワードを入れてみました。さらに、動画に出てくる防弾ベストが荒野行動で使われたものに似ていたので、サムネイルや概要欄でもそのベストを紹介したところ、一気に再生数が伸びました。

ヒットする動画には、投稿してすぐに再生数が伸びる動画と、途中から急に伸びる動画の2パターンがあります。前者はブラウジング（トップ画面のおすすめ動画）から、後者は関連動画から再生されるケースが多いです。

つまり、ある程度時間が経った企画はブラウジングからの流入ではなく、**中期的な伸びを期待してタイトルとサムネイルを変えてみましょう**。「どのタイミングで変更すればいいでしょうか」という疑問もあるでしょう。これに明確な答えはありません。人によっては1週間、10日でヒットしないと感じたら変更してみてもいいでしょう。私の場合は、投稿してから1か月後にはすべての動画を見直してみます。1か月経っても再生数が伸びる傾向になければ、すぐにタイトルとサムネイルを変えましょう。

第7章

世界進出するための海外への市場拡大プラン

海外でヒットする企画を調査する

海外戦略

ここからは、海外へとビジネスを展開したい方に有意義な手法の数々を紹介します。「私は日本だけで活動するから読み飛ばそう」と思った方にも役立つ手法が存在します。なぜなら、世界はひとつだからです。

▶ 海外ではどのような動画がヒットしているか？

YouTubeは**日本だけが市場ではありません**。YouTubeは、発祥の地であるアメリカはもちろん世界各国で人気があり、約20億人のユーザーがいます。

これだけ利用者が多いと、すでに日本の市場も飽和状態になっていると感じるでしょう。ここ数年で新規参入者が増え、新型コロナウイルスによる自粛生活で新規チャンネルが激増しました。当然、多くのヒット企画は食い荒らされた状態で、二番煎じ、三番煎じの企画を出しても勝負になりません。そこで多くの人が海外に目を向け始めています。

海外で重視される要素とは？

YouTubeチャンネルに必要となる基本要素は、海外も日本と同じです。**専門的な特化型チャンネル**を立ち上げなければなりません。特化型のチャンネルには、専門性が高いコンテンツが欠かせません。

それに加え海外ではブランド力が重視されます。特に出演者の肩書きです。これは日本でも同じでしたね。しかし、皆さんにはアドバンテージがあります。海外では**「日本」に強いブランド力がある**という点です。

ただし「日本」のブランド力とは、和の文化や日本酒などの外国人のステレオタイプな日本イメージではありません。YouTubeでヒットする可能性を秘めている「日本」ブランドとは、**サブカルチャー**です。アニメや漫画、日本の若者が使っている言葉など、サブカルチャー全般が海外ではヒットしやすい傾向にあります。

▶ 海外のヒット動画は日本でもヒットするか？

海外のヒット動画は、日本でもヒットする可能性は高いです。なぜなら、海外の市場規模が日本の市場よりもはるかに大きいからです。確かに、日本のYouTube人口は年々増加傾向にありますが、飽和している面と未成熟な面が両立している状態です。

この未成熟な面が狙い目です。海外でヒットし、日本には未上陸の企画を動画にすると、ヒット企画になる可能性が非常に高いです。

海外のヒット動画を探す基準とは？

海外でヒット動画を探すときは、**企画ではなくチャンネルをチェック**しましょう。まずチャンネルがヒットしているかを確認します。その次に企画を確認します。海外の場合はこの順番でチェックしましょう。

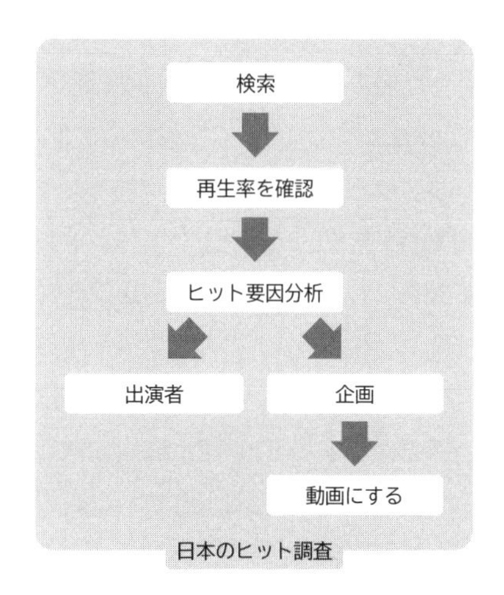

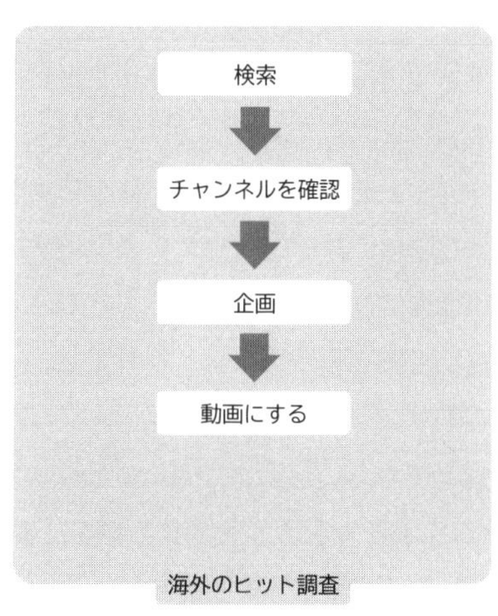

日本と海外のヒット動画のリサーチ方法の違い

なぜなら、海外でヒットしているチャンネルは、コンセプトが作り込まれているケースが多いからです。つまり、海外のヒット動画はコンセプトがヒットしてい

7 海外でヒットする企画を調査する

る要因なのです。

海外でヒットしている企画

日本には未上陸ですが、海外でヒットしている企画に**カープール（Carpool）**があります。カープールとは、本来は「相乗り」を意味する言葉で、有名な歌手を助手席に乗せて歌ってもらう動画が爆発的にヒットしました。「Carpool Karaoke」で検索してみましょう。ビリー・アイリッシュやBTSなど世界的なアーティストが車の中で雑談をしながら歌う動画があります。再生数が２億回を超える動画もあります。

そこで、日本未上陸の海外のヒット企画を輸入してみましょう！

▶ 最低限覚えるべきYouTuber

それでは海外展開におけるリサーチポイントは**急上昇ランキング**と**vidIQ**です。メニューを開いて「場所：」を変えると、各国の急上昇ランキングを確認できます。

ただし、急上昇ランキングは参考程度にしましょう。よく「急上昇ランキングの企画を真似すればいいのでしょうか？」と質問されますが、真似をしてもヒットする可能性は低いです。急上昇ランキングで確認すべきことは、**企画やトレンドを大まかに把握すること**です。あくまでもリサーチの材料であり、そのまま流用すべきではありません。

覚えてもらいたいことは、急上昇ランキングに登場するYouTuberの名前です。YouTubeチャンネルを始めた頃は、有名なYouTubeチャンネル名ですら知らないことが大半です。少なくとも、

- 誰もが知っている人気YouTuber
- 急上昇ランキングの常連YouTuber
- 自分のチャンネルとコンセプトが近いチャンネルの名前

といったところは押さえておきましょう。

国内はもちろん、海外のYouTuberもある程度は押さえておきます。メモする必要はありませんが、確認することが必要です。これらのYouTuberを知らないまま海外のリサーチをすると、リサーチする観点がズレてしまって失敗する可能性が高いです。

▶ヒット企画を探す

急上昇ランキングで大まかなトレンドを摑み、vidIQで企画を探しましょう。アメリカに進出する場合はメニューから「場所：」を「アメリカ」、「言語：」を「英語」に変更しましょう。設定を終えたら、英語でキーワードを入力します。

メイク系のジャンルでアメリカ市場を狙う場合は、「makeup」というキーワードで検索します。場所や言語設定を変更した状態で検索すると、その国の動画が表示されます。その中からヒット企画を探しましょう。

調べ方は日本の場合と同じです。平均再生回数もチェックしつつ、基本的には再生率が300％以上であればヒット企画です。300％に届かなくても、100％を超えていればチェックしましょう。当然、再生率が1000％の動画があれば、メガヒット企画として確保しましょう。

アメリカは市場規模が日本よりも大きいため、多くのヒット企画を出しているチャンネルがすぐに見つかるはずです。さらに、メガヒット企画の数も多いため、こまめなリサーチが成功への最短距離です。

2 海外向けの動画を投稿する事前準備

海外戦略

海外でヒットしている動画の調査が済んだら、いよいよ海外向けの動画を撮影しよう……と考えがちですが、それは勇み足です。まずは、海外展開するための事前準備をしましょう。

▶ 要因分析力を身につける

「ヒットした要因」を分析する必要性は、皆さんも十分に理解できていると思います。チャンネルが伸びない人の大半は、「なぜヒットしたのか」の答えを持っていません。そこで海外でヒットを狙う前に、皆さんはヒットした要因が答えられるようになるためのリサーチをしなければなりません。自分のチャンネルだけではなく、他のチャンネルもリサーチしましょう。

自分のチャンネルでヒット動画があれば、その動画がヒットした要因を分析します。さらに他のチャンネルのヒット動画も、ヒットした要因を分析しましょう。ここまでは海外展開を狙っていないチャンネルであっても、必ず必要な作業です。これができないとYouTubeチャンネルは成長しません。

「ヒットしない要因」も調査する

ヒットした要因を分析することは、キホンのキです。ここで重要なのは、ヒットした要因と同じように「**ヒットしない要因**」も調べることです。

ヒットしない要因分析では、特に人気YouTuberをチェックしましょう。

皆さんの業界にも人気YouTuberが何人もいると思います。人気YouTuberを分析する理由は、人気チャンネルでもヒットしていない（再生数が伸びていない）動画があるからです。ヒット動画の中で、「なぜこの動画はヒットしなかったか」を考えることで、YouTubeに必要なセンスが磨かれます。その要因を言語化できるよう、分析を繰り返しましょう。

▶ 狙うべき国はどこ？

海外展開する場合は、ターゲットとなる国を決めなければなりません。ターゲットとするべき国は、**YouTubeユーザーが多い国**でしょう。YouTubeの利用者数ランキングは複数あり、正確なデータはわかりません。しかし、複数のデータを比較すると、アメリカとインドのユーザー数が群を抜いています。

海外展開において狙うべき国はアメリカとインドです。

アメリカとインドに加えて、さらにチャンネルへのリーチ（ユーザーの流入）数を増やしたいのであれば、上位に入っている国をすべて対象にしてもいいでしょう。次に市場規模が大きいのは、イギリス、ブラジル、タイです。タイは市場規模が大きいにもかかわらず、参入者が少ないためおすすめです。

▶ タイトルと説明文を各国語に翻訳する

海外展開を狙うチャンネルの必須事項を紹介します。

最優先事項は**翻訳**です。さまざまな動画が並ぶ中に、外国語の動画があった場合、クリックしようと思うでしょうか。大半の方は「何だかあやしい」と感じてクリックしないでしょう。

そこで海外進出の第一歩として、タイトルと説明欄を各国語に翻訳しましょう。

タイトルと**説明欄**を翻訳する方法は、vidIQの有料版を使っている場合は、設定画面を開いて「Translate」というボタンをクリックするだけです。または、DownSub やGoogle翻訳を活用して、各国語に翻訳したテキストをコピペするだけでも十分です。

翻訳精度を追求するな

自動翻訳の精度を気にする人もいると思いますが、翻訳のクオリティを気にすることはやめましょう。翻訳という作業は、専門家であっても非常に時間がかかります。YouTubeではひとつの言語だけではなく、複数の言語を設定しなければならないため、労力と時間が非常にかかってしまいます。

YouTubeでは、**完璧な翻訳は求めない**という心構えが必要です。皆さんも海外の日本料理店に入ったときに、メニューに書かれているおかしな日本語を目にした経験があるのではないでしょうか。確かにおかしな日本語ですが、大意は理解できたでしょう。そのレベルの翻訳で十分です。

翻訳の精度よりも、まずは字幕を設定することが優先です。

完璧は求めない

これは字幕の設定に限りません。**YouTubeは完璧を求めても永遠に完璧にはなりません**。毎日投稿すれば誤字脱字はあって当然で、最高の企画だと自信を持って投稿した動画がヒットしない場合もあります。

そこで必要になる考え方が、先に出してから、ブラッシュアップするという**デバッグ思考**です。デバッグとはプログラミング用語で、バグを見つけて改善するという意味です。有名な話では、Windows95が発売された当時、約3500個ものバグが残っていたと言われています。しかし、Microsoft社はすべてのバグを潰すよりも、先に市場へ出してからアップデートする方式をとりました。

YouTubeも、初めから完璧なものを作ることは困難です。先に投稿して、後からブラッシュアップするデバッグ思考を持ちましょう。

海外向けのSEO対策

海外向けのSEO対策も設定しましょう。YouTube Studioでメニューの中の「設定」から、「アップロード動画のデフォルト設定」を開いてください。一番下に「タグ」入力欄があります。ここに各国語のキーワードを入力しましょう。

投稿する動画ファイルとサムネイル画像にも各国語を入力しましょう。

3 海外戦略における注意点

海外戦略

海外展開の準備が完了したら、いよいよ海外でヒットさせる動画作りに入ります。そのためには入念な調査だけではなく、日本と海外の違いを理解しなければなりません。ここでは「文化」に着目して、その違いを理解しましょう。

▶ 輸入する企画の「ヒット要因」を分析する

海外ではカープールのほかに、「Vlog(ビデオブログ)」と「MV(ミュージックビデオ)」を組み合わせた企画も数年前にヒットしました。

Vlogとは、従来はブログなどに文字で書いていたような内容を、映像を使ったコンテンツとして投稿するものです。これにMVを組み合わせたジャンルが生まれました。MVはアメリカでヒットしやすいジャンルのため、この組み合わせは大ヒットしました。そして、VlogとMVがヒットする文化を背景に生まれた企画がカープールです。

これらの企画はアメリカだけではなく、インドやフィリピンなど世界各国に広まっています。同じ文化的背景を持つ企画が、世界中でヒットしているのです。これらの企画がヒットしている要因は「**チャンネルのコンセプト(文化)**」にあります。

海外のヒット動画を調査する際は、どんなコンセプトが流行っているかに着目しましょう。

日本に輸入する際の注意点

Vlogは日本でも増えています。しかし、Vlog動画がすべてヒットしているわけではありません。日本では、大学生の日常をテーマにしたVlogが人気を博しています。動画の内容は「大学生の日常あるあるネタ」が大半で、「これの何が面白いの？」と思う人も多いでしょう。

このチャンネルの視聴者は主婦層です。自分の子どもが大学に進学して会えなくなった主婦を、視聴者として取り込んでいると考えられます。視聴者は自分の息子を見守る気持ちになり、出演者を定期的に観に来るはずです。

海外と日本のVlogの違い

海外のVlog	MVと組み合わせた「カープール」が人気
日本のVlog	大学生の日常ネタが人気

このように海外からヒット企画を輸入する場合は、企画をそのまま使うのではなく、**「ヒットした要因」を分析してローカライズする**ことが重要になります。

▶「文化」の違いとは？

海外でヒットしている企画でも、日本ではヒットしない企画もあります。その原因は**文化の違い**です。文化の違いとは、大まかに言うと**ローコンテクストの国**か、**ハイコンテクストの国か**の違いです。海外向けの動画作りにおいて、この違いに注意しなければなりません。

ローコンテクストとは、言葉による表現を重視する文化です。それに対してハイコンテクストとは、言語以外の文脈や文化的な背景などを読み取る文化です。

一般的に「空気を読む」ことが求められる日本は、ハイコンテクスト社会と評されます。しかし、YouTubeにおいて、日本でヒットしている動画は「文字を多用した」ローコンテクストな動画です。さらに、**ローコンテクストの動画がヒットするのは日本だけ**です。

日本と海外では、ヒットする文化が異なります。

サムネイルにも文化が表れる

サムネイルも日本と海外ではまったく違います。同じジャンルで検索すると、違いが一目瞭然です。「地域：」を日本に設定して「メイク」で検索すると、大半のサムネイルには文字が入っています。「地域：」をアメリカに変更すると、ほとんど文字が入っていないシンプルなサムネイルが並んでいるはずです。

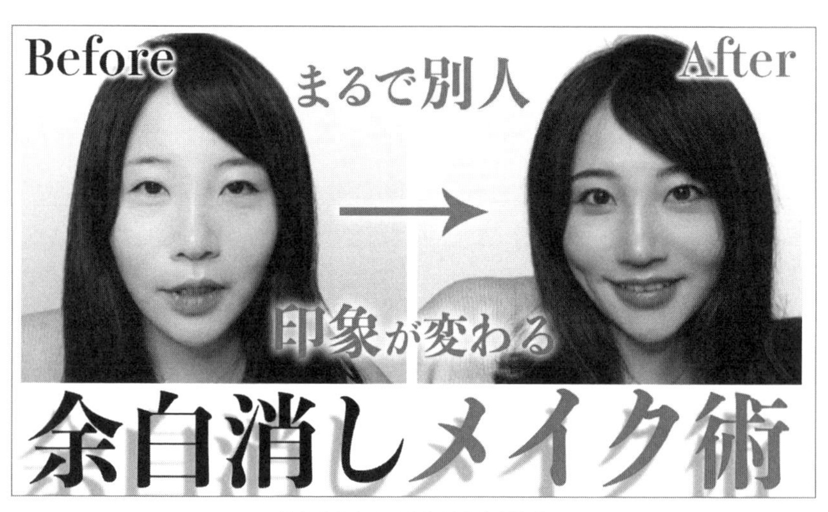

日本のサムネイルには文字が入る

アメリカ（海外）のサムネイルは文字がなくシンプル

ハイコンテクストの国でヒットするコンテンツは、言葉を必要としないものです。たとえば、さまざまな材料を使って包丁を作るチャンネルは、典型的な海外でヒットするタイプのチャンネルです。

日本と海外の両睨みは可能か？

ビジネス系チャンネルのノウハウを話す動画は、残念ながら海外ではヒットする可能性が低いでしょう。海外でヒットさせるには、語ってはいけません。ボディランゲージなど動きで表現する必要があります。

しかし、ここで非常に難しい問題が生じます。日本ではハイコンテクストな動画はヒットせず、海外ではローコンテクストの動画がヒットしません。では、一体どちらのスタイルを目指すべきなのでしょうか。

両方の市場を狙うのであれば、中間のスタイルを確立しなければなりません。トークも入れつつ、動きだけでも理解できる内容にする必要があります。これは非常に難しいですが、音を消しても説得力がある映像作りを意識しましょう。

日本と海外の両睨（りょうにら）みは困難ですが、不可能ではありません。

▶ 文字なしでクリックしたくなるサムネイル

海外向けの動画のサムネイルでは、文字を入れないのが原則です。文字を入れる場合も、「Before After」程度で十分です。

YouTubeでは、サムネイルを国ごとに変更できません。そのため日本の市場も同時に狙う場合は、文字がなくても視聴者の目を引くような工夫が必要です。

近年、海外展開を狙う日本の人気YouTuberが増えており、文字がないサムネイルを使った動画を投稿しています。ぜひ、参考にしましょう。

海外向けのジャンルとは？

文字を入れないサムネイルを使って、日本でヒットする動画を作るのは非常に困難です。さまざまな動画を投稿して、検証するしかありません。私の経験上、文字を入れずにヒットさせるには、インパクトのあるシーンをサムネイルに使うことが鉄則です。

しかし、ビジネス系のチャンネルの場合は、文字がないサムネイルでは苦戦します。また、ノウハウを話す動画は、そもそも海外では人気がないため、海外展開は厳しいと考えられます。

海外展開に向いているジャンルは、サッカーなど世界的に人気のあるスポーツ系チャンネルや、ストレッチなどの施術系チャンネルが挙げられます。ほかにも言葉を使わずに視聴者に訴えかける力のある「特殊メイク」や「物作り」は、海外でも勝負できるのではないでしょうか。

海外の視聴者を流入させる

海外戦略

海外向けのチャンネル作りができても、海外の視聴者がいなければ動画は再生されません。ここでは、海外の視聴者をチャンネルに流入させる手法を紹介します。

▶ まずは視聴者を呼び込め！

さて、ここまでに紹介した設定を終えて、海外向けの動画を投稿しても、海外から視聴者は増えません。「えっ、これまでの設定はムダなの？」と思うかもしれませんが、実は今までの作業は、海外展開のための土台作りです。土台作りが完了したら、いよいよ海外から視聴者の流入を増やす段階です。

YouTubeは、各国ごとにチャンネルにどのくらい視聴者の流入があるのかを測っています。数値を確認するにはYouTube Studioを開いて「アナリティクス」を選択します。次に「視聴者」タブを選択し、「詳細」をクリックします。詳細画面の「地域」タブをクリックすると、各国ごとの視聴回数などのデータを確認できます。

地域	視聴回数 ↓		総再生時間（時間）		平均視聴時間
合計	499,976		11,140.6		1:20
日本	488,766	97.8%	10,903.9	97.9%	1:20
アメリカ合衆国	1,197	0.2%	28.3	0.3%	1:25
台湾	693	0.1%	12.0	0.1%	1:02
韓国	627	0.1%	14.0	0.1%	1:20
インドネシア	407	0.1%	8.8	0.1%	1:17
タイ	301	0.1%	6.4	0.1%	1:16
ベトナム	154	0.0%	2.1	0.0%	0:49
香港	151	0.0%	2.2	0.0%	0:53
ブラジル	141	0.0%	2.5	0.0%	1:03
ドイツ	137	0.0%	2.7	0.0%	1:11
イギリス	126	0.0%	2.6	0.0%	1:14
フランス	87	0.0%	2.1	0.0%	1:28
カナダ	69	0.0%	1.3	0.0%	1:10
イタリア	59	0.0%	1.3	0.0%	1:19
マレーシア	57	0.0%	0.8	0.0%	0:48
スペイン	51	0.0%	0.7	0.0%	0:49
オーストラリア	48	0.0%	0.7	0.0%	0:51
ロシア	47	0.0%	0.6	0.0%	0:49

各国ごとの視聴者のデータ

YouTubeはこのデータをもとにして、あなたのチャンネルが再生されている国のユーザーにインプレッションします。そのため、たとえ日本で数百万再生されるメガヒット動画でも、海外のユーザーには気づかれることすらありません。

そのため、狙った国ごとに視聴者を増やしていかなければならないのです。どんなチャンネルも、最初は海外の視聴者がいません。そこで、まずは海外のユーザーの外部流入を増やし、次に海外のユーザー間で拡散させるというプロセスが必要です。

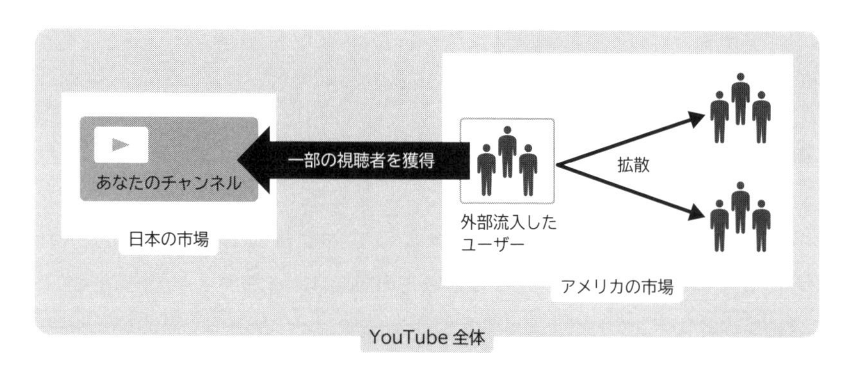

海外展開を狙ったプロセス

▶ 初期段階の外部流入にはココナラがおすすめ

YouTubeチャンネルの初動においては、最初の登録者が起点となって成長します。これは日本におけるチャンネル運用だけではなく、海外展開においても必要な施策です。

チャンネル開設した段階では、YouTubeがあなたのチャンネルを認識しておらず、関連動画などに表示されないため、最初の登録者以外は動画を再生しません。

ここでは、我々にとっては定番ですがほとんどの人が使っていない施策を紹介します。スキルマーケットサイトの「**ココナラ**」を使った外部流入の施策です。

外部流入を増やすなら、ココナラを使え！

ココナラの使い方

まず、ココナラのトップページにある検索欄にキーワードを入力します。

ココナラ（https://coconala.com/）で検索する

「Twitter」で検索しすると、「アフィリエイトをサポート」や「○万人に宣伝」「フォロワー増やします」など、1万件以上のサービスが提供されています。「すべてのカテゴリ」で絞り込みもできます。ココナラを使うのであれば、「マーケティング・Web集客」からサービスを選びましょう。

▶ YouTubeに直接影響を与えるサービスNG

外部流入でココナラのようなサービスを使う際は、**YouTubeに直接影響を与えるサービスは使わない**ように注意しましょう。

たとえば、「マーケティング・Web集客」のカテゴリから「YouTube・動画マーケティング」を選ぶと、YouTubeに関するさまざまなサービスが表示されます。

ココナラの「YouTube・動画マーケティング」カテゴリ

利用すべきではないサービス

この中の「YouTubeチャンネルの登録者数を1000人増やします」といったサービスを使ってはいけません。なぜなら、このようなサービスは見せかけの数字が増えるだけだからです。チャンネル登録者数が増えても、実際に動画の再生数が増えないなら、YouTubeは実体のあるチャンネル登録者数とは見なしません（168ページ）。

チャンネル登録者数を増やすサービスだけではなく、自分の動画に「いいね」やコメントが来るようなYouTubeに直接的に働きかけるサービスは利用してはいけません。なぜなら、オーガニック登録者ではないユーザーによる行為が、YouTubeにどのように捉えられるか不透明だからです。場合によってはペナルティを科される可能性もあります。

外部サービスを使って増やした登録者数は百害あって一利なし！

利用すべきサービス

一方で、TikTokやTwitter、Facebook、Instagramなど**YouTubeの外部で拡散**をさせるサービスは積極的に利用しましょう。

たとえば「TwitterにYouTube動画のURLを投稿して、外部からのアクセス数アップさせる」ようなサービスであれば、YouTubeにとっては外部からユーザーが流れてくるためペナルティにならないどころか、むしろ外部からのアクセスはYouTubeの内部評価がプラスになります。

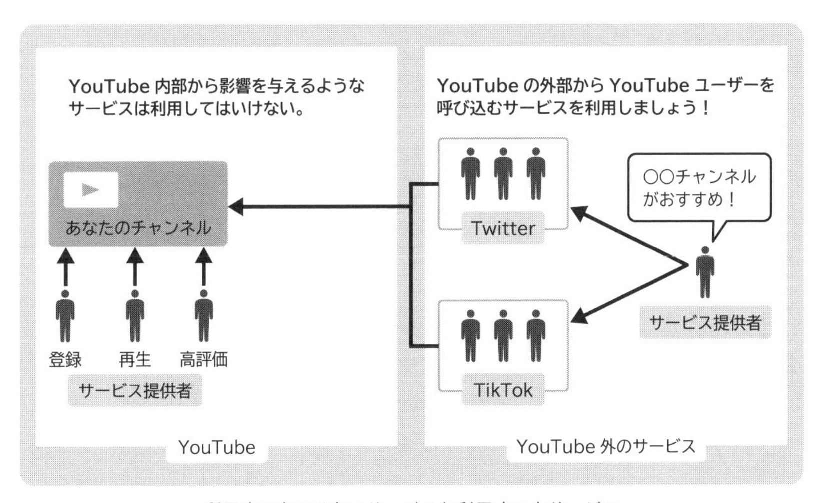

利用すべきではないサービスと利用すべきサービス

外注相手の選び方

ココナラのようなサービスは、依頼相手によって結果が大きく変わります。インターネット上の情報のように、**サービス提供者は玉石混交**です。そこで、一度に複数のサービス提供者に同じ依頼、たとえば「Twitterで○万人に拡散します」といったサービスを依頼してみましょう。

サービス提供者から「拡散しました」と連絡が入ったら、YouTubeのアナリティクスを開いて、視聴者の流入数などを確認しましょう。すると、サービス提供者によって、効果に差があることがわかります。何度か実験を繰り返し、効果が高いサービス提供者に続けて依頼することで、費用対効果の高い運用を実現できます。

外部流入施策のデメリット

チャンネル運営や海外展開の初期段階で、ココナラのようなサービスを利用して外部流入を増やすことは非常に効果的です。そもそもYouTubeは動画を再生してもらえなければ始まらないからです。

しかし、初期段階を越えてもこの施策を続けると、落とし穴にはまります。初動で流入してファン化した視聴者がいる状態で、外部からオーガニックではないユーザーが流入すると、YouTubeの内部評価が下がる可能性があります。さらに、定期的に拡散投稿するサービスを使っていることが視聴者にバレると、チャンネルのブランドに傷がつきます。

お金を使った外部流入は、チャンネル運用の初期段階だけにしましょう。

▶ 海外からの流入はメジャー企画に集中させる

メジャー企画があなたのチャンネルの軸です。あなたのチャンネルが軌道に乗っている段階で海外展開を始める場合は、チャンネルの軸であるメジャー企画に外部流入を集中させましょう。そうすることで、海外のユーザーに「このようなチャンネルなら観てみようかな」と思わせるのです。

海外展開先を決める

ひと口に海外と言っても、アメリカやインド、欧米各国、アジアなど多岐にわたります。まずは、ターゲットを絞りましょう。

大半の方はアメリカを選ぶのではないでしょうか。私もアメリカがおすすめです。なぜなら、YouTube市場の規模が最大であることに加えて英語圏であるため、アメリカでヒットするとイギリスなど英語を主要言語とする国々へ拡散する可能性があるからです。

海外展開のタイミングは？

チャンネル開設した段階から海外向けに活動に発信をする方は少数だと思います。大半の方は、まずは日本でチャンネル規模を大きくして、そのブランド力を武器にして海外進出を目論(もくろ)んでいるのではないでしょうか。

海外展開を見据えている方から、「いつ海外進出すべきでしょうか」という質問が少なくありません。この答えは明確です。

日本でメジャー企画を生み出してから海外展開を目指しましょう！

なぜなら、メジャー企画がない状態で海外からの流入を増やしたところで、海外のユーザーは「何のチャンネルかわからない」と感じてしまい、あなたのチャンネル登録者にはならないからです。

まずは日本でメジャー企画を生み出し、チャンネルカラーを確立しましょう。そして、そのメジャー企画に海外のユーザーを流入させましょう。1本の動画が海外でもヒットすると、チャンネル内の他の動画を観てくれる視聴者が増えます。あらゆる手段を使ってメジャー企画に外部流入を集中させましょう。

▶ YouTube広告のパターンは3つ

海外展開でも広告戦略は有効です。海外展開でYouTube広告を使う場合は、**メジャー企画**と**総集編**、**漫画動画**を使いましょう。

メジャー企画

まずはメジャー企画に誘導するパターンです。前述のとおり、メジャー企画とはあなたのチャンネルの軸です。それを観てもらうことで、海外のユーザーにあなたがどのようなチャンネルか認識してもらえます。メリットは既存の動画を使うため、手間がかかりません。デメリットは、その動画に低評価がついてしまうと、YouTubeの評価が著しく低くなることです。

総集編

チャンネルのコンセプトに合った3〜6本の動画を、30〜60分ほどの長さで1本の動画にまとめましょう。YouTubeのユーザーは、チャンネル内の動画を2〜4本視聴してからチャンネル登録する傾向があります。そのため、1本で数本分の動画を観せることができる総集編は、比較的効果が高い手法です。

漫画動画

近年増加しているのが漫画動画です。**海外では漫画動画の効果が高い**傾向にあるため、おすすめです。

漫画動画は外注しましょう。「漫画動画」でWeb検索すると、専門の制作会社が見つかります。費用の相場は12万〜50万円ほどです。ランサーズやクラウドワークスなどのサービスでも依頼できます。ナレーション付きの漫画動画が2万〜2万5000円で仕上がるため、専門の制作会社と比べると破格の値段です。

日本のアニメーションはブランド力です。海外展開における効果は絶大です。

▶ 低料金で拡散できる海外版ココナラ

動画への海外からの流入方法として、ココナラには海外向けに発信するサービス提供者も存在します。私も頻繁に活用していますが、エンタメ系のチャンネルに強く、ビジネス系のチャンネルには弱いため、皆さんのチャンネルとは相性が悪いかもしれません。

そこで、おすすめしたいサービスが「**Fiverr（ファイバー）**」です。このサービスは、いわば海外版ココナラです。

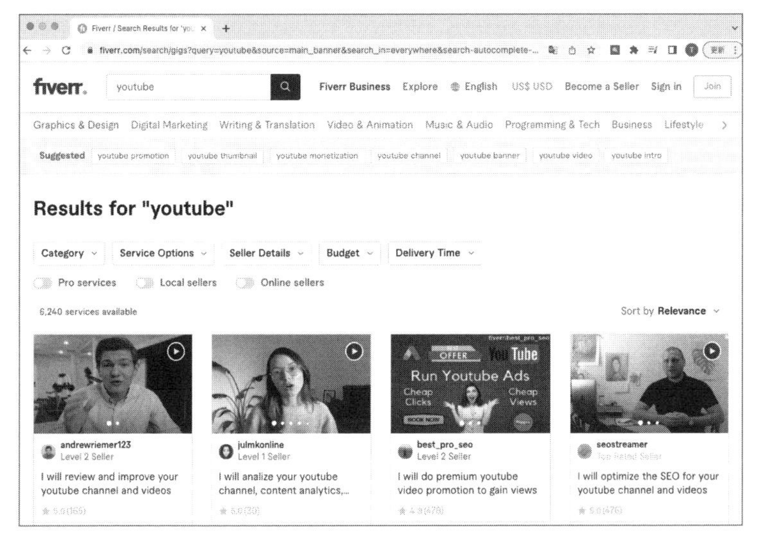

Fiverr（https://www.fiverr.com/）

このサイトから現地のサービス提供者に依頼する手法も有効です。ココナラと同じ感覚で利用できます。キーワードで検索し、カテゴリで絞り込み、サービスを探します。

外部サービスを使うコツ

YouTubeでは闇雲に登録者数を増やしても意味がありません。ココナラやFiverrでは、**評価が高いサービス提供者**を選びましょう。

依頼者が少ないサービスの場合は、評価で絞り込めないことがあります。Fiverrであれば「Best Selling（ベストセラー）」順に並べ替え、ココナラであれば「ランキング」や「お気に入り数順」順に並べ替えましょう。

並べ替えで上位に表示されるサービス提供者は、多くのユーザーが利用している可能性が高いため、信頼性があります。このように、サービスを利用する際は、依頼先を慎重に決めましょう。

本当に効果的なサービスか？

サービスを依頼したら、その効果をアナリティクスで確認しましょう。日本から配信している通常の動画は国内の視聴者がほとんど90%以上（90〜98%）です。ところが、Fiverrなど海外のサービスを利用して海外流入を図ると、このパーセンテージが変わってきます。

ただし注意点もあります。海外からの流入が増える一方、視聴者層の変化をYouTube側が認識することで国内の流入が減る恐れがあるのです。したがって、海外向けのマーケティングを意識した運用、つまり日本語でなくても内容が理解できる動画にする必要があります。外国人を視聴対象として狙いを定めないと、サービスによってはまったく無意味になり、最悪の場合はチャンネルが使いものにならない状態に陥ってしまいます。

たとえば国内商品の販売は制約が多く、言語を使用した商品説明が必要となるため、物販系はやめるべきです。言語を意識せずに視聴できるダンスやストレッチ、DIYといったノウハウ系を中心にしましょう。

▶ 現地のYouTuberに直接依頼する

マルチチャンネルネットワーク（MCN）を使ってインフルエンサーとコラボする方法もあります。MCNとは、「UUUM」や「VAZ（バズ）」「Kiii（キー）」などに代表されるYouTuber事務所です。YouTuberのマネジメントやコンテンツ制作などをサポートします。海外にも複数のYouTuberと提携し、コラボに出演者を提供することをビジネスにしている企業があります。そこに依頼すれば、大物YouTuberとコラボできる可能性もあります。

ただ、私はこの手法をおすすめできません。依頼料が高額であることと組織的な機能不全が起きているため、利用価値はごくわずかです。多くの事務所が発足したものの、大物YouTuberたちは組織から独立し、個人で活動することが主流になりつつあります。

私がおすすめする手法は**海外のYouTuberと直接やり取り**して、コラボやチャンネルを紹介してもらうことです。依頼先や依頼方法、相場は日本の場合と変わりません。あなたのチャンネルの規模から依頼先のチャンネルの規模を選定し、シナジーがあるか確認します。TwitterかInstagramのアカウント、メールアドレスなどから連絡します。

▶ 海外YouTuberとのコラボを成立させるコツ

海外のYouTuberへのコラボ依頼も、お金を払う企業案件か、相手にメリットがある提案によるアプローチのふたつのパターンがあります。海外の場合は、お金を払うパターンはほとんど使いません。なぜなら、海外にはないものをメリットある提案としてできるからです。

この「メリットがある提案」とは、相手の企画が盛り上がる内容であれば何でもかまいません。どの国のYouTuberも、チャンネルが伸びることを第一に考えています。チャンネルを伸ばすことができる提案をすると、コラボは決まりやすい傾向があります。相手が持っていないブランド力や企画を提示することが効果的でしょう。

ブランド力がない場合でも、海外には日本に憧れているYouTuberが多いため、「日本のYouTubeチャンネルである」という理由で、積極的にコラボしてくれるYouTuberも少なくありません。

「日本」があなたのブランド力になります。

海外のYouTuberとのコラボ方法

海外YouTuberとのコラボには大きな問題があります。海外と日本という距離の壁があるため、お互いの動画で共演することが非常に難しいのです。実際にコラボが決まったとしても、どのような形式でコラボするかが問題になります。

海外YouTuberとコラボする場合は、**ライブ配信でコラボするパターン**と**タイアップとしてお互いのチャンネルを紹介するパターン**があります。ライブ配信であれば、対談動画形式が無難でしょう。

多くのYouTuberは、宣伝することを避けようとします。そこで、タイアップ形式でコラボを依頼する場合は、相手にメリットがあるような提案をしましょう。我々は「**Vyond（ビヨンド）**」というツールを使った提案をしています。Vyondというアニメ制作ツールを使って、「あなたのチャンネルをアニメーションにして日本で紹介します。その代わりあなたもチャンネルを紹介してもらえないでしょうか」と提案すると、タイアップが成立しやすい傾向があります。Vyondであれば1本1万～1万5000円ほどで制作できるため、お金を支払ってコラボ依頼するよりも費用を抑えられます。

▶最後の力技——インバウンドプロモーション

インバウンドプロモーションとは、本来は訪日外国人向けに観光スポットや商品、サービスを紹介するためのマーケティング手法で、YouTubeに関係した言葉ではありません。

インバウンドプロモーションを行っている企業は、海外のインフルエンサーを活用して商品やサービスを宣伝しています。そのため、多くの海外YouTuberやインフルエンサーとのコネクションを持っています。

インバウンドプロモーションを行う会社には、「**TOKYO Creative**」や「**Tokyo Otaku Mode**」などがあります。このような会社に依頼をして、海外流入やコラボを獲得することも不可能ではありません。しかし、この業界は変化が激しいため、定期的に情報のアップデートが必要です。

そのため、「今」「どこで」「どんな」サービスがあるのかを知る必要があります。この調査には「**メディアレーダー**」というサイトを使いましょう。メディアレーダーは広告媒体やマーケティング資料のポータルサイトです。

「インバウンド」や「海外　インフルエンサー」「海外　YouTube」などで検索してみましょう。「海外向けYouTuber PR」「外国人インフルエンサーを起用して認知度を急拡大」といった資料が見つかると思います。

メディアレーダーの資料を読み込んでから依頼しましょう。

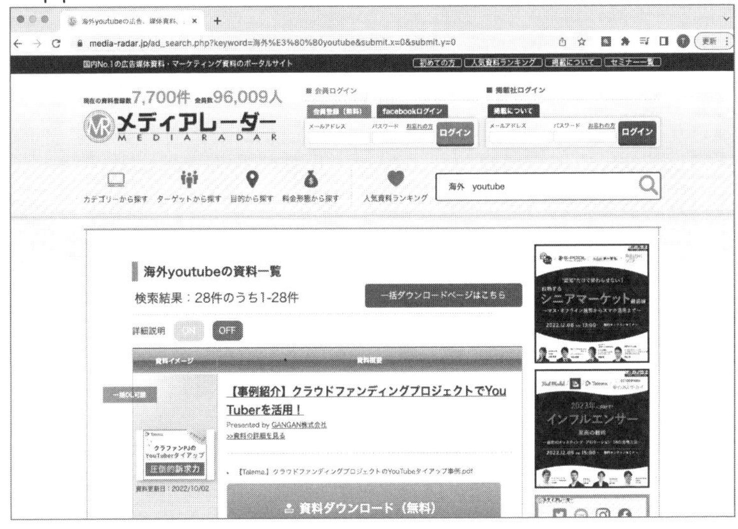

メディアレーダー（https://media-radar.jp/）

おわりに

本書を最後まで読んでいただき、ありがとうございます。

今のあなたはもしかしたら、自分の人生とはこんなものだと諦め、日々のルーティンを繰り返すだけの生活になっていませんか？

でも、そんなあなたも子どもの頃は、「こうなりたい」「あれがやりたい」と、いろいろな未来を持っていたはずです。それを「現実を知る」という言葉を理由に諦め、既存の枠組みでの生き方を選ぶことを「大人になることだ」と思っていませんか？

今回の動画マーケティングを通じて自分を表現することに年齢は関係ありません。

本書を読み終えても行動しないことには何も変わらないですし、YouTubeの世界に限らず、この世界は日々変化し続けています。

動画マーケティングを通じて自分を表現するために、ぜひやってほしいことがあります。

それは「予期せぬイベントを引き起こす」ことです。

理想の自分に向かって必要なことをリストアップし、それをイベントとして予約することは、もちろん、あなたを変えていくためにとても重要です。ただ、それだけでは劇的に人生が変わるとまではいかないと思います。

これまで思いもつかなかったような表現者やアーティストとしての人生を手に入れたいなら、自分がしたいことや興味のあることだけに限定せず、まったく新しいジャンルのイベントを予約してみることが重要になります。

たとえば、普段は会社員で「英語をマスターする」という目標のために英会話を習ったり、語学系のイベントはチェックしているものの、それ以外には特に何も予定を入れていない、というのであれば、自分がこれまで関わったこともないボランティア活動やリトリート、断食合宿などのイベントに参加してみる、といった具合です。

興味も経験もないことをやってみるのは、大人になるとなかなか難しいものです。

なぜかというと、脳には新しい刺激を避けようとする傾向があるからで、そのためよほど意識してチャレンジしない限り、人は今いる世界から抜け出すことができないままなのです。

この本を読んだことをきっかけに、新しいジャンルを体験できるイベントを定期的に予約する習慣をつけましょう。

私自身も普段から、自分が全然興味のないジャンル、たとえば女子向けのサイトで目に留まった「能」の舞台を予約したりしています。また旅行に行くときも、どこに行くかを決めず、適当に吉方位だけで選んでみたりするので、自分が行きたいところだけではなく、思いもよらないところへ旅することもあります。

このように意識的に「予期せぬ」イベントを予定に入れていくことで、思考や行動が偏ることを防ぎ、運命が大きく変わる可能性が生まれるのです。

今後は、人工知能（AI）の発達により、お金で買えないような体験こそが価値を創造する時代に突入していくことは明らかです。

また、セミナー、講座、勉強会、イベントなどの種類に関係なく、参加するポイントとして「参加している人と交流すること」が大切です。

なぜなら参加者を通じて主催者とつながったり、他のイベントやあなたの人生を変えるようなパートナーを紹介されたりと、ビジネスチャンスなども大きく広がる可能性があるからです。

当然、自身の視野もどんどん広がっていくでしょう。

人生を大きく変える最初のきっかけ、つまり「種」は、まさに「人にあり」ということです。

それから、まったく新しい体験といえば、やはり旅に出ることです。

たとえば、自分とは異なる価値観の人たちとの出会いや、大自然の法則に触れ、まったく新しいアイデアが湧いてくるかもしれません。

また単純にいつもの場所から移動することで、非日常的な空間に身を置き、思考をリセットすることもできます。

日常から離れた時間がたっぷりあることで、自分自身を見つめ直し、じっくりと将来のビジョンや次なる目標を考えることも可能です。

この数年で、私たちを取り巻く生活環境は劇的に変化しています。

スマホ片手に手軽に動画を楽しめるようになったYouTubeをはじめ、LINEやTwitter、Instagram、Facebookなど、今、社会に溶け込んでいるあらゆるサービスは、実はいずれも最近10年ほどの間に出現したものなのです。

そして、今後ますます、テクノロジーが進化する速度は爆発的にアップすると予測されています。人工知能の飛躍的な発達やロボットを含めた自動化などによる著しい技術革新で、私たちの働き方、ひいては社会全体が変わるとさえ言われています。

そうした近い将来に想定される混沌とした社会を華麗に泳ぎ抜くには、「体験」と「成長」がより重要になってくる、私はそう考えています。

また、その「体験」と「成長」を誰よりも多く得ることができ、人々に刺激と感動、学びを与え続けることができる生き方こそ、YouTuberであり、動画で自らの個性や才能を表現していく生き方なのです。

私はいつも次のように考えております。

日常の中にあふれる「楽しさの追求」こそが、新たな発想を生み、社会を豊かにする。

表現者になるためには、特別な才能は必要ありません。本書をお読みいただいたあなたは、すでに表現者への第一歩を踏み出しているはずです。今までにない新しい視点を手に入れ、景色がこれまで見えていたものとは大きく変わってきたのではないかと思います。この変化を恐れず、勇気を持ってどんどん進んでください。

最初から大きなことを目指す必要はありません。本書の中で気になった小さなことからでいいので、まずは行動してほしいと思います。

きっとひとつひとつは小さな点にすぎないでしょう。しかし、こうした小さな点が、1年後、3年後、5年後に振り返ったときに、大きな塊となり、あなたの財産となっていきます。

今からすぐに実践すれば、あなたも1年後には間違いなく、大きな収穫を実感していることでしょう。

ここまで読み進めてくれたあなたのためだけに、プレゼントを用意しました。

こちらにあるQRコードよりご登録いただければ、最短最速でチャンネル登録者数を増やすための具体的な行動に移せる方法をお伝えしていきます。最新のアップデートがあった際にはその情報をお送りいたします。

またはスマホでLINEを開いていただき「@youtube-taizen」をＩＤ検索していただいて、申請していただいてもOKです。なお、コンテンツのご提供は予告なく終了する場合がございます。興味がありましたら、ご登録はお早めに。

行動を変えれば、習慣が変わり、自分を変えることができます。
自分が変われば、未来が変わり、世界を変えることができるのです。
さあ、今日からあなたの新しい人生がスタートします。
人生に遅すぎるという言葉はありません。人生は楽しんだもの勝ちです。

最後になりましたが、今回「YouTube大全」というテーマで世の中に自分の意思を発信することができたのは、これまでYouTubeの講座やセミナーなどに参加していただいた方々、その関係者の方々、すべての皆様の支えがあったおかげです。

私を取り巻くすべての方々へ——心から感謝しております。
本当にありがとうございました。

また、本書を出版するにあたり、編集を担当していただいた伊藤直樹さんをはじめとするKADOKAWAの皆様、ありがとうございました。

そして、最後まで読んでくれたあなたへ。
大人気YouTubeチャンネルの運営者として、最初の一歩を踏み出してくれたあなたと直接お会いできる日が来ることを心待ちにしています。

小山竜央

装　丁　　　　菊池 祐
本文デザイン　　リブロワークス・デザイン室
編集協力　　　　株式会社リブロワークス
編　集　　　　伊藤直樹

小山 竜央（こやま たつお）

1982年、香川県生まれ。ゲーム業界にてアバガチャの概念を広めるきっかけになった国内最大のアバター売買サイト「みるぴめ」の設立者。集客に特化したマーケティングを専門に扱い、法人へのビジネス指導と大規模な講演会を全国で開催し、これまでに40万人以上が参加している。Apple創業者のスティーブ・ウォズニアック、Facebook Live最高経営責任者のランディ・ザッカーバーグをはじめ、世界的に著名なマーケターたちを招致し、マーケティングの普及、後進の育成に努める。また、マーケティング戦略のプロフェッショナルとして、PRプランナー、出版コンサルタント、SNSコンサルタントなどの顔を持ち、特にYouTubeについては、これまでに指導した人、プロデュースした人を含めるとチャンネルの総登録者数は7000万人を突破。年間200億円以上の売上を生んでいる。現在、CMO（最高マーケティング責任者）としてマーケティングと事業のスケールアップまでの指導を行い、M＆A、IPO（新規株式公開）のサポートを行い、自身も投資家としてスタートアップなどに出資を行っている。著書に『パブリック・スピーキング最強の教科書』(KADOKAWA)、『ストーリー思考で奇跡が起きる』『神速スモール起業』(ともに大和書房) など多数。また、ジェイ・エイブラハムの『《新訳》ハイパワー・マーケティング』(KADOKAWA)の監修も務める。

【超完全版】YouTube大全
6ヶ月でチャンネル登録者数を10万人にする方法

2023年3月25日　初版発行
2023年6月25日　4版発行

著者／小山竜央

発行者／山下直久

発行／株式会社KADOKAWA
〒102-8177　東京都千代田区富士見2-13-3
電話0570-002-301（ナビダイヤル）

印刷所／凸版印刷株式会社

ISBN 978-4-04-605557-6 C0030